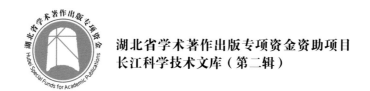

湖北省学术著作出版专项资金资助项目
长江科学技术文库（第二辑）

中强地震震源参数反演方法研究

ZHONGQIANG DIZHEN ZHENYUAN CANSHU
FANYAN FANGFA YANJIU

倪四道　韦生吉　何骁慧　贾　哲　陈伟文　著

长江出版传媒
湖北科学技术出版社

图书在版编目（CIP）数据

中强地震震源参数反演方法研究 / 倪四道等著.—武汉：湖北科学技术出版社，2023.9

ISBN 978-7-5706-2402-7

Ⅰ.①中…　Ⅱ.①倪…　Ⅲ.①震源参数—反演—研究　Ⅳ.①P315.6

中国国家版本馆 CIP 数据核字（2023）第 019150 号

策　　划：宋志阳	封面设计：喻　杨
责任编辑：宋志阳　李　彤	责任校对：陈横宇

出版发行：湖北科学技术出版社

地　　址：武汉市雄楚大街 268 号（湖北出版文化城 B 座 13-14 层）

电　　话：027-87679468　　　　　　　　　　　　　　　　　邮编：430070

印　　刷：湖北金港彩印有限公司　　　　　　　　　　　　　邮编：430040

787×1092　　1/16　　　　　　　　　　　　　16 印张　　330 千字

2023 年 9 月第 1 版　　　　　　　　　　　　　2023 年 9 月第 1 次印刷

定价：220.00 元

序 一

地震是地球上最主要的自然灾害之一,具有突发性和巨大破坏性的特点,在人类文明发展的历史长河中地震给我们留下了不可胜数的生命和财产损失的痛苦记忆。中国位于世界两大地震带——环太平洋地震带与欧亚地震带的交汇部,地震断裂带十分发育,是一个震灾十分严重的国家。中强地震具有频度高、分布广的特点,快速准确的震源参数测定和发震断层判定将为地震成灾预估、震后快速救援、强余震趋势判断等提供关键信息,是地震减灾研究的重要基础。随着我国经济的快速发展,发生在人口集中地区的中强地震会造成显著的灾害,例如,仅2022年国内陆续发生了门源、康定、泸定、花莲、台东等多个破坏性地震,损失严重。因此,中强地震震源参数快速准确测定方法研究是地震学家的重要任务。

由地震仪记录到的地震波形资料是测定震源参数的重要基础,但是由于地震震源和地球结构信息相互耦合、相互影响,因此,研究震源需要可靠的地震波速度模型,而研究地球结构又需要知道震源的位置和机制,那么,如何分离解耦地震波中震源和介质结构的效应,降低模型的误差对结果的影响,一直是地震学家关注的,也是地震学方法研究的重要问题。该书第一作者倪四道及其团队在国家级项目的支持下,开拓了地震波震相的多指标识别提取理论体系,发展了高频震相波形快速正演算法,提出了地球内部结构及震源信息的震相组合解耦及震源破裂方向性测定新方法,从而实现了多震相联合的中强地震震源参数可靠反演。

由倪四道、韦生吉、何骁慧、贾哲、陈伟文撰写的《中强地震震源参数反演方法研究》一书总结了他们对中国赤峰地震、鲁甸地震等中强地震的研究成果,通过分析体波、面波等震相波形对各种震源参数的不同敏感性,发展了适用于不同台站分布、不同数据类型的震源断层面、深度以及破裂方向性的系列反演方法;通过远震及近震波形的联合反演,获得了更可靠的震源深度及断层几何参数,有效解决了稀疏台网情形下的震源参数误差较大的问题;针对中强地震发震断层难以确定的挑战,提出了质心位置–起始位置差异方法、直达波震相–深度震相组合方法等测定破裂方向性的新思路,并成功应用于国内外多个地震的研究。

该书提供了地震震源研究的新思路、新方法,对于地球物理研究具有重要的参考价值,可以作为地震学专业研究生的教材,以及地震工作者和地球动力学等研究人员的科研参考用书。

孙和平

2022 年 11 月

PREFACE

序 二

　　地震作为一种突发性的自然灾害,常会引起人员和财产的重大损失。在破坏性地震中,相较于大地震,中强地震因其数量多,分布范围广等特点受到特别的关注。与此同时,中强地震激发的地震波可在全球范围内传播,并在地下介质中发生反射、折射和透射现象。科学家通过观测不同传播路径的地震波形,可以研究地球内部结构。因中强地震的震源时间函数相对简单,能够更加精准提取地球内部结构信息,故中强地震研究对地震学研究中的震源参数确定和内部结构成像,对防震减灾和科学研究均具有重要的意义。其中,中强地震的震源参数反演,是中强地震研究的重点和关键。

　　近几十年,宽频带地震波形观测被广泛应用于中强地震的震源参数研究,可以反演得到可靠的震级、断层面解及深度等参数。而震源参数中的破裂方向性,也是刻画震源过程的重要参数之一,目前理论上对于"地震是否更易于沿某个方向破裂"的问题,科学界尚无定论。中强地震数量众多,对其的破裂方向性分析可以丰富破裂速度与破裂方向的资料,为进一步的震源物理研究提供基础。虽然在台站密集区域,中强地震的破裂方向性测定方法已较为成熟,但在台站分布稀疏且缺乏精细三维速度模型的地区,适用于中强地震的破裂方向性的测定具有挑战性。

　　本书第一作者倪四道研究员及其团队在科技部 973 项目、国家自然科学基金国家杰出青年科学基金项目、重点项目等支持下,开展了系统的地震学研究,在中强地震震源研究中耕耘不辍,形成了基于多种震相的震源参数联合反演方法,在破裂方向性研究中取得了创新成果,促进了团队在地球内部结构探索方面取得重要发现。这些创新理论和新算法,丰富了地震成因理论和中强震源参数测定方法体系,在国内外多次中强地震得到了实践与应用。

　　倪四道研究员撰写的这本关于中强地震震源参数反演方法的专著,是他本人及团队在这一研究领域近 20 年研究成果的凝练与总结。全书思路清晰,内容翔实,在介绍了基础理论和经典的震源参数反演方法基础上,阐述了其团队提出的多震相震源参数反演算法:第 4 章和第 5 章,系统论述了 CAPloc、CAPjoint 和 gGAPjoint 等方法的思路、流程以及相应的软件工具包;第 6 章详细论述了基于相对质心震中的地震破裂方向性测定方法,以及由此发展而来的基于参考地震的破裂方向性测定方法;第 7 章阐述了在噪声定位基础上团队提出的基于波形和基于走时的参考台站法破裂方向测定方法。

　　该书理论与实践结合,算法与震例结合,可作为地球物理学、地球动力学以及大地测量学等领域科研人员的有益参考,也可作为地震学专业研究生的教材。

陈晓非

2022 年 12 月

  时间过得真快,一转眼同倪四道博士在美国加州理工学院同窗一别已经快 20 年了。倪博士学成归国,前后任教于中国科学技术大学和中国科学院测量与地球物理研究所,科研创新,教书育人,在地震震源和地球结构等方面做出了一系列瞩目的成果。他与其领导的震源研究团队最近撰写了《中强地震震源参数反演方法研究》一书,邀请我为书作序,我深感荣幸,欣然答应。

  中国位于世界两大地震带——环太平洋地震带与欧亚地震带的交汇部位,地震断裂带十分发育,是一个震灾严重的国家。一方面,地震作为一种自然灾害,具有突发性和巨大的破坏性等特点,在人类文明发展的历史长河中给人类留下了不可胜数的生命和财产损失的痛苦记忆;另一方面,通过地震产生的地震波,人类得以了解所居住的星球内部的情况,随着 20 世纪初地震记录仪器的发明和全球地震台网的建立,地震学家通过对记录到的地震数据的分析,得到了地球内部从地表到地心不同深度的结构和成分信息。

  原则上说,地震仪器记录到的地震波同时包含了地震震源和地球结构信息,研究震源需要可靠的地球地震波速度模型,而研究地球结构又需要知道震源的位置和机制,如何分离地震波中震源和介质结构的效应,降低模型的误差对结果的影响,一直是地震学方法研究中一个重要问题。在利用宽频地震波形反演地震机制和深度方面,美国加州理工学院地震实验室的 D.V.Helmberger 教授和其学生赵联社博士一起在 1994 年提出了剪切粘贴(cut and paste,CAP)方法,该方法通过分离(cut)地震体波和面波数据,并用波形互相关技术将理论波形相对观测波形进行时移(paste),从而减少震源参数结果对地震定位和地球速度模型的误差的敏感度。本人有幸师从 Helmberger 教授,在 1996 年对 CAP 方法计算波形拟合度加以改进,重新编写了计算机程序包并系统地应用到美国南加州地区 3.5 级以上的地震。自从 CAP 程序包公开发布后,该方法在世界各地得到了广泛的应用。

快速准确的震源参数测定和发震断层判定为地震成灾预估、震后快速救援、强余震趋势判断等提供了关键信息,是地震减灾研究的重要基础。中强地震具有频度高、分布广的特点。随着我国经济的快速发展,发生在人口集中地区的中强地震会造成严重的灾害,这对震源参数快速准确测定提出了需求。根据地震减灾的需求,倪四道研究员及其领导的震源研究团队撰写了《中强地震震源参数反演方法研究》一书。该书主要总结了他们对中国赤峰地震、鲁甸地震等中强地震的研究,以及对 CAP 方法进行的改进,发展了适用于不同台站分布、不同数据类型的反演方法,包括发展了近远震数据联合反演方法,提出了中强地震震源破裂方向性测定新技术。这些研究成果大多发表在国内外学术期刊上。该书综合了研究团队多年的成果,内容全面翔实、新颖实用,在学术上可以代表我国在该领域的领先水平,是地震工作者和基础研究人员的一本难得的指导用书。该书的出版必将对我国的地震减灾工作做出积极贡献。

2022 年 11 月

INTRODUCTION

前　言

地震是具有突发性的自然灾害。尽管 6 级左右的中强地震激发的能量远不如唐山、汶川等大地震，但有时也会造成严重的灾害。例如，1998 年张北 $M_L6.2$ 地震，造成数十人死亡、上万人受伤，经济损失超过 8 亿元；2003 年赤峰 $M_L5.9$ 地震，造成数人死亡、上千人受伤，经济损失超过 10 亿元；2005 年九江 $M_L5.7$ 地震在江西和湖北造成了严重人员伤亡与经济损失；2008 年攀枝花 $M_L6.1$ 地震，造成近千人伤亡，经济损失几十亿元；2014 年鲁甸 $M_L6.3$ 地震造成的人员伤亡也很严重。

大地震发生于明显的构造边界上，而中强地震分布范围广、发震频率也较高，部分地震发震构造不明，其孕震过程及灾害效应需要深入研究。准确的震源参数可为地震成灾预估、发震断层判定、一级强余震趋势判断提供关键信息，是地震减灾研究的重要基础。同时，中强地震震源过程相对简单，其波形数据提供了地球内部结构研究的重要信息，而基于波形的地球结构成像日益成为地球物理研究的重要手段，在此过程中也需要可靠的震源参数。因此，震源的准确测定一直是地震学的核心任务之一。

20 世纪 30 年代，加州理工学院的里克特（Charles Richter）提出了利用地震波振幅等信息测定震级的方法。之后，里氏震级被广泛应用于地震强度的表征；直至今日，它仍然在很多媒体相关报道中被经常使用。大约 40 年后，该校的金森博雄（Hiroo Kanamori）提出了矩震级的概念。矩震级能更好地反映震源的本质特征，已成为地震学定量研究的基本参数之一。目前，多家机构已经实现了对全球较大地震的矩震级及张量解的例行测定。而在区域尺度上，加州理工学院的 D. V. Helmberger 教授研究组提出并发展了测量震源参数的 CAP（cut and paste）方法。该方法权衡了体波、面波的不同强度及不同震中距的幅度，能够反演得到可靠的震级、断层面解及深度等参数,得到了广泛的应用。在此过程中,华人学者赵联社、朱露培、谭英等做出了重要的贡献。

本书的第一作者倪四道先后师从徐果明教授、T.J.Arhens 院士、D.V.Helmberger 院士,并与金森博雄教授开展合作研究。在加州理工学院获得博士学位后,继续在加州理工学院地震学实验室从事了 3 年研究工作,于 2004 年回国。先后在中国科学技术大学地球和空间科学学院、中国科学院测量与地球物理研究所大地测量与地球动力学国家重点实验室从事地震学教学与研究工作,带领研究团队,对赤峰地震、鲁甸地震等中强地震开展了研究,发展了近远震联合反演方法,提出了震源破裂方向性测定的一些新方法。部分研究成果在国内外学术期刊上发表,以及收录于研究生学位论文或实验室的年报。

本书主要论述以多种震相波形为基础的中强地震基本点源参数反演方法,以及震源破裂方向性测定方法。全书共 9 章,分为 4 个部分:第 1 章为绪论;第 2 章至第 5 章主要讨论震级、机制解、深度等基本点源参数;第 6 章至第 8 章主要讨论破裂方向性等扩展点源参数;第 9 章为结论与展望。全书由倪四道构思,倪四道、韦生吉、何骁慧、贾哲、陈伟文执笔,倪四道、何骁慧统稿。田谆君、张宝龙、盛敏汉、钱韵衣、杨凯、刘成林也做了辛勤的润色工作。

本书的研究工作得到了科技部 973 项目、国家自然科学基金(国家杰出青年科学基金项目、重点项目、地区合作项目、面上项目)、中国科学院先导项目及重要方向性项目、中国地震行业基金的资助,并得到了教育部长江学者计划、中国科学院海外杰出人才引进计划、中青年科技领军人才计划等的支持。

向对本书作者给予支持与指导的滕吉文院士、姚振兴院士、陈运泰院士、陈颙院士、石耀霖院士、高锐院士、张培震院士、陈晓非院士、孙和平院士、臧绍先教授、周惠兰教授、席道瑛教授、张先康研究员、郑天愉研究员、郑斯华研究员、朱露培教授、车时研究员、张鸿翔研究员、李明研究员、刘斌教授、宋晓东教授、赵里教授、刘杰研究员、靳平研究员、黄志斌研究员、吴庆举研究员、刘瑞丰研究员、王良书教授、熊熊教授、吴建平研究员、高原研究员等等一并表示衷心的感谢! 向前辈科学家 D.V.Helmberger 院士、许厚泽院士、傅容珊教授表示深切缅怀,他们的鼓励与帮助对本书起到了重要作用。

地震震源研究具有长期历史,前辈科学家的工作及国内外同行的成果为本书提供了重要基础,在此,对相关作者一并表示衷心的感谢。但是相关文献浩如烟海,难免挂一漏万,有可能遗漏了国内外同行的重要工作。此外,作者知识有限,书稿中难免存在疏漏之处,恳请读者与专家不吝批评指正。

著 者

2022 年 11 月

目　　录

第1章　绪论

地震是具有突发性的自然灾害,它引发的强烈地面振动及其导致的海啸、雪崩、山体滑坡、泥石流、堰塞湖等次生灾害给人类的生命、财产安全造成了威胁。大部分的破坏性地震属于构造地震,往往发生在一个或多个断层面上,快速准确的震源参数(水平位置、深度、质心矩张量等基本点源参数,以及发震断层面、破裂尺度、破裂持续时间等扩展震源参数)是发震机理研究及地震灾害评估的基础。例如,震后快速准确计算地震动图(shake map),可提高救灾效率;厘定断层发震习性,可为抗震设计提供关键信息。中强地震(M 5.5~M 7.0)数量多,复发周期短,空间分布广,防震减灾工作对中强地震的震源参数快速准确测定提出了需求。

中强地震能量足够大,激发的地震波可以穿透整个地球,携带了地球内部结构的丰富信息。同时,中强地震的震源时间函数较为简单,有助于波形层析成像,从而揭示出地球内部结构的细节(French and Romanowicz,2015),为地球动力学研究提供关键的线索。而准确的震源参数是波形层析成像的基础,因此,地球内部结构与动力学的深入研究也对中强地震的震源参数准确测定提出了更高的要求。

20 世纪 90 年代以来,宽频地震观测系统日益普及,提供了丰富的三分量波形数据,为基于波形的中强地震震源参数反演奠定了数据基础。地震波形中包含了 P 波(primary wave,也称初至波)、S 波(secondary wave,也称续至波)等体波以及瑞利波(Rayleigh wave、Rayleigh 波)、勒夫波(Love wave、Love 波)等多种震相,对于震源深度、断层面几何形态等参数具有不同的敏感性。如何通过多种震相的有机组合反演,从而可靠地获得震源参数,是本书的主要内容。

1.1　地震与断层

断层与构造地震具有密不可分的关系。断层的规模不等、跨度大,尺度为数厘米至上千千米,例如岩石标本中观测到的数厘米长断层[图 1.1(a)],地貌特征明显、尺度约 15 km 的意大利拉奎拉断层[图 1.1(b)],野外地质调查观测到的地表露出数米至数十米的断层[图

1.1(c)],以及中国东部绵延上千千米的郯庐断裂带[图1.1(d)]。断层是地壳中的薄弱带,具有强度低和易变形的特点,构造地震的孕育、发生是断层作用的重要体现方式,而且往往也是断层反复作用的结果。在1906年美国旧金山大地震后的调查工作基础上,Reid(1910)提出了弹性回跳理论(elastic-rebound theory),解释了断层与孕育、发生地震相关的应变积累-释放过程(Shimazaki and Nakata,1980)。

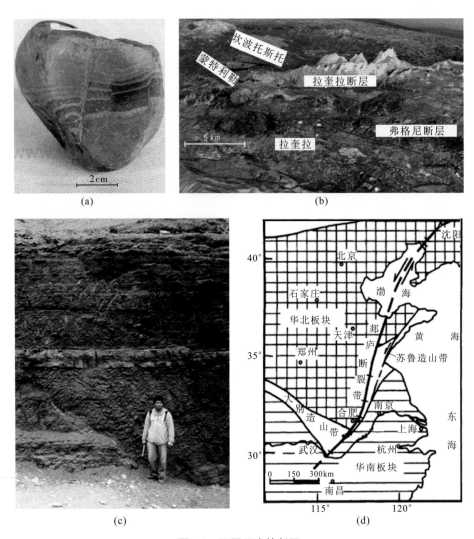

图1.1 不同尺度的断层

(a)岩石标本中的断层;(b)拉奎拉断层;(c)地表断层;(d)郯庐断裂带(朱光等,2004)

研究表明,活动断层(晚第四纪以来有过构造活动的断层)与地震活动性,尤其是与强震(M 7.0+)和中强震(M 5.5~M 7.0)的活动性具有密切的关系(邓起东,1991;张培震和毛凤英,1996)。张培震等(2003)研究了中国活动构造与地震活动的关系,发现全部8.0级、绝大部分7.0~7.9级地震均发生在活动块体边界活动构造带(活动断裂、活动褶皱及活动盆地带)内,同震破裂带及其位移参数与活动构造一致。同时,根据地震标度律(Gibson and Sandiford,2003),M 6.0 地震的破裂长度一般约为 10 km(例如 2008 年 M_S 6.0 盈江地震破裂约 12 km),M 7.0 地震的破裂长度一般约为 30 km(例如 2010 年 M_S 7.1 玉树地震主破裂约 31 km),M 8.0 地震的破裂长度可达数百千米(例如 2015 年 M_W 7.9 尼泊尔地震破裂约 150 km)(秦刘冰等,2014;Chen et al.,2010;He et al.,2015),给定区域内活动断层的尺度往往决定了可能发生的最大震级(Mignan et al.,2015)。2016 年 11 月 13 日,新西兰南岛凯库拉附近发生了 M_W 7.8 地震,造成了强烈的地面运动并引发了大面积滑坡灾害。由 InSAR 数据与地表破裂推断,此次地震发生在多条断层上。根据强震数据与多断层模型得到的地震动图显示峰值地面运动(PGV,peak ground velocity,峰值地面速度;PGA,peak ground acceleration,峰值地面加速度)最大的区域集中在新西兰南岛北部的东海岸附近[图 1.2(a)],与 Stirling 等(2012)通过详尽调查活动断层及历史地震记录获取的地震危险性模型(national seismic hazard model)有较好对应性[图 1.2(b)]。因此,活动断层的发震性能是防震减灾研究的重要内容之一。

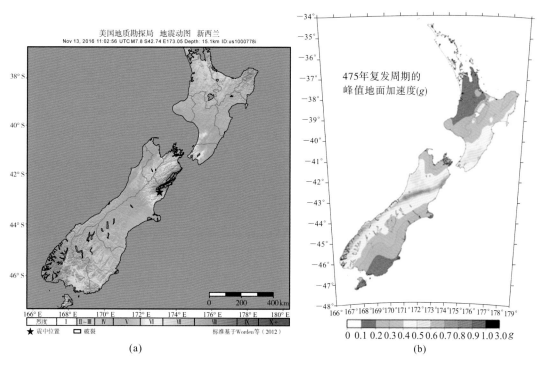

图 1.2　新西兰地震动图及危险性模型

(a)2016 年 M_W 7.8 新西兰地震的地震动图;(b)新西兰地震危险性模型

　　近年来,国内外学者广泛采用静态库仑应力变化(ΔCFS)评估地震发生后产生应力变化的大小,并用来讨论余震与主震关系、地震对临近断层的影响以及强余震间的应力触发作用。研究发现许多地震(如 1992 年 M 7.4 美国兰德斯地震、1999 年 M_W 7.2 土耳其伊兹米特地震、2008 年 M_W 7.9 四川汶川地震等)的大部分余震发生于库仑应力增加的区域(King et al.,1994;Harris,1998;万永革等,2002)。但是,在计算地震造成的扰动应力场之前,需要明确所求库仑应力对应的断层面并确定发震断层几何形态(走向、倾角)和地震破裂面尺寸(石耀霖和曹建玲,2010)。因此,准确的发震断层描述是评估地震危险性的关键。

我国历史上发生过多次 8.0 级以上大地震,如明嘉靖三十四年(1556 年)的陕西华县地震、清康熙七年(1668 年)的山东郯城地震等,导致了数万至数十万的人员伤亡、大面积的房屋倒塌和严重的经济损失。近现代以来也发生了多起大地震,如 1920 年 M 8.5 宁夏海原地震、1976 年 M_W 7.6 河北唐山地震和 2008 年 M_W 7.9 四川汶川地震,给民众的生命财产造成了极大的损失。而且,中强地震(M 5.5~M 7.0)数量更多,复发周期短,近 40 年内发生了 900 余起;空间分布广,在全国范围均有分布;有时会造成严重的灾害,如 1917 年 M 6.25 霍山地震和 2008 年 M_S 6.1 攀枝花地震均导致了 30 多人死亡,2010 年 M_S 7.1 玉树地震造成了 2000 多人死亡,2014 年 M_W 6.2 鲁甸地震也导致超过 600 人死亡。由此可见,中强地震的快速准确震源描述及参数测定是防震减灾研究的重要内容之一。

1.2　中强地震震源描述与基本点源参数测定方法

作为一级近似,中强地震的震源可以简化为空间的一个点,对它的基本描述包含发震时刻、位置(水平位置及深度)、强度三个要素。在此基础上,逐渐发展了包含更多参数的点源描述,包括可用于描述人工爆破、核爆等爆炸源的各向同性点源(isotropic point source,IPS);由两组方向垂直、力矩相反的力偶组成的、较好适用于描述大多数构造地震的双力偶模型(double couple,DC);以及能够描述更复杂情况的质心矩张量模型(centroid moment tensor,CMT)(Honda,1957;Kostrov,1970;Gilbert and Dziewonsk,1975)。双力偶模型对应于在平直断层面上沿给定方向滑动的震源,可以用震级、断层走向、倾角、滑动角度四个参数描述,其中后三个参数也称为断层面解或者震源机制解。而 CMT 不仅可以描述双力偶情形,也可描述体积源(IOS)、补偿线性向量偶极源(compensated linear vector dipole ,CLVD)等。我们将震源位置、深度、震级、断面解或 CMT 解称为基本点源参数。多个机构[如美国地质勘探局(USGS)、日本气象厅(JMA)、德国地球科学研究中心(GFZ)、中国地震局地球物理研究所等]对地震参数进行例行测定,形成了全球或区域的基本点源参数目录(如哥伦比亚大学维护的 Global CMT 目录、GFZ 维护的 GEOFON 矩张量目录、圣路易斯大学维护的北美矩张量目录等)。

尽管点源近似模型一般可以较好地解释长周期地震波形,但难以反映地震在断层面上的演化信息,例如,仅利用 CMT 中双力偶节面难以分辨实际的发震断层面,也无法获取地震的破裂方向和破裂尺度等参数。为了更有效地描述震源过程,在点源模型的基础上进一步发展了包含破裂方向性的 CMT 模型(CMT with rupture directivity)、多质心矩张量(multiple CMT、MCMT)、二级矩张量(second-degree moment tensor)或有限矩张量模型(finite moment tensor,FMT）以及有限断层模型（finite fault）等（图 1.3）。其中,包含破裂方向性的 CMT 模型既提供了断层面、破裂尺度等信息,又保持了原有 CMT 的简洁描述（Velasco et al.,1994;Tan and Helmberger,2010）；而多质心矩张量模型包含了不同位置的多个质心矩张量,在 2004 年 M_W 9.0 苏门答腊地震得到了应用（Tsai et al.,2005）。

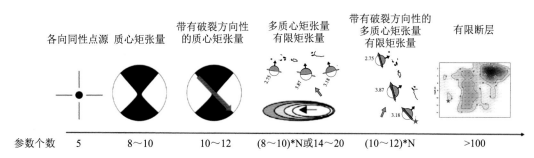

图 1.3 不同的震源描述模型与模型参数个数

［在 Chen 等（2005）、Tsai 等（2005）、Wei 等（2015）基础上发展得到］

Backus 和 Mulcahy（1976a,b）提出可以用二级近似的地震矩张量描述震源的时空分布信息。McGuire 等（2001,2002）、McGuire（2004）建立并完善了不同规模地震的二级矩张量反演方法。Chen 等（2005）在此基础上发展了 FMT 模型,在反演 CMT 参数的同时求解震源的特征长度、特征宽度、震源持续时间与破裂方向性矢量等参数。

构造地震的破裂往往从一个点,即破裂起始点［又称起始震中（hypocenter）］开始,然后沿着断层面以一定的破裂速度向外扩展直至终止。地震破裂经过时,断层面两侧岩石发生错动;根据位错量进行加权平均,可以得到地震的质心震中（centroid）位置［图 1.4（a）］。对断层面上的任一质点,其位错在一定时间,即上升时间（rise time）内从零增加至最终滑移量（slip）［图 1.4（b）］。有限断层模型将整个断层划分为若干子断层,对每个子断层反演滑移大小、滑移方向、破裂时间、上升时间等,可以更加详细地描述大地震的破裂过程（Hartzell and Heaton,1983;Wei et al.,2013）。但是,有限断层模型参数可多达数百至数千个,反演结果的非唯一性比较强。一般需要给定先验信息（CMT 参数、断层几何形态）,结合地震学数据（测震数据、强震数据）与大地测量学数据（高频 GPS、静态 GPS 和合成孔径干涉雷达 In-SAR）以获取可靠的反演结果（Ji and Helmberger,2002;Lay et al.,2016）。

震源的点源模型是常用的震源描述,也是获取破裂方向性、有限矩张量、有限断层等复杂模型的基础,下面简要介绍基本点源参数（水平位置、深度、震源机制解）的研究方法。传统的地震定位方法通常基于多个台站记录到的体波（P 波、S 波及后续震相,如 PKP 等）到时（Geiger,1912）和一维参考速度模型（如 AK135）,通过使多个台站的到时残差极小化,从而求解地震起始震中（hypocenter）位置与发震时刻。目前发布的多个地震目录,包括美国地质勘探局国家地震信息中心（USGS-NEIC）发布的 PDE 目录、国际地震中心发布的 ISC 目录、中国地震台网中心发布的中国地震台网统一地震目录等,给出的地震起始位置与发震时刻都是基于该方法测定得到的。Bondár 和 Storchak(2011)利用爆炸事件或其他位置已准确测定的 GT(ground truth)事件,对 ISC 目录的精度进行标定,发现 95%地震的定位误差在 15~25 km, 70%地震的定位误差小于 10 km。在此基础上,Ritzwoller 等(2003)利用全球三维地壳地幔速度模型(CUB2.0_TH)对 GT 事件进行定位,得到的走时残差显著低于利用一维平均模型的定位残差,定位精度也明显提高(图 1.5)。同时,相对定位法如主事件法(Jordan and Sverdrup,1981)和双差定位法(Waldhauser and Ellsworth,2000)削弱了速度模型造成的系统误差,提高了相对定位精度,被广泛应用于地震序列及震群定位(周仕勇等,1999;房立华等,2013)。除走时信息外,也可以根据观测地震波形与理论波形的拟合程度,在反演震源机制解的同时测定地震水平位置即质心震中(centroid)位置(Ekström et al.,2012;Duputel et al.,2012)。合成孔径雷达干涉测量技术(InSAR)可以直观地观测地表形变,因此也可用于获取地震的质心位置(Weston et al.,2011),但是该方法一般适用于地表植被覆盖稀疏地区的浅源地震。

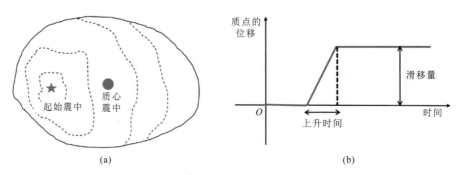

图 1.4 断层面的破裂示意图(a)及任一质点的位移随时间变化(b)

与水平位置定位相比,震源深度(尤其是起始深度)的准确测定是一个难题。这是因为,震源的水平位置可以通过不同方位的台站提供很好的约束,而垂向上的地震射线分布非常有限,对震源深度的约束不足。而且,深度与发震时刻存在折中效应(trade-off),利用直达体波走时测定地震深度往往存在较大误差,仅当台站震中距为深度的 1~2 倍时,可以得到比较准确的地震起始深度(Shearer,1997;罗艳等,2013)。利用不同震中距波形数据的深度震相,如震中距 30°~90°的 pP、sP(Engdahl et al.,1998)[图 1.6(a)];震中距 70~300 km 的 sPn、sPmP、sSmS、SmS(Ma and Atkinso,2006;Ma,2010;罗艳等,2013;张瑞青等,2008;孙茁等,2014)[图 1.6(b)];震中距 60~150 km 的 sP(Langston,1987;Umino et al.,1995);震中距 30~70 km 的 sPL(崇加军等,2010;王向腾等,2014)[图 1.6(c)]等,可以有效约束地震深度。常用的 Engdahl-Hilst-Buland(EHB)地震目录给出的震源深度就是利用远震 pP、pwP、sP 震相测定得到的(Engdahl et al.,1998),测定精度相比于 ISC 目录有明显改善(Engdahl,2006)。浅源地震会激发面波,根据面波振幅谱(主要是频谱零点随深度变化)(Nguyen and Herrmann,1992;Jia et al.,2017)及面波/体波振幅比(Zhao and Helmberger,1994;Zhu and Helmberger,1996)也可以测定地震深度。

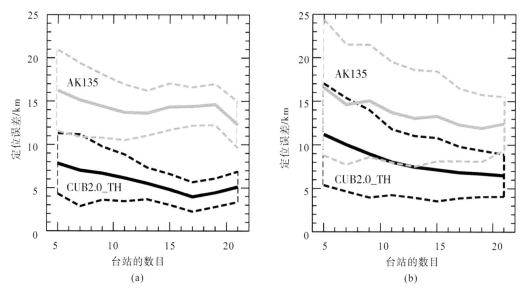

图 1.5 利用全球三维地壳地幔速度模型与 GT 事件的定位精度（Ritzwoller et al.，2003）

（a）爆炸事件；（b）GT 事件

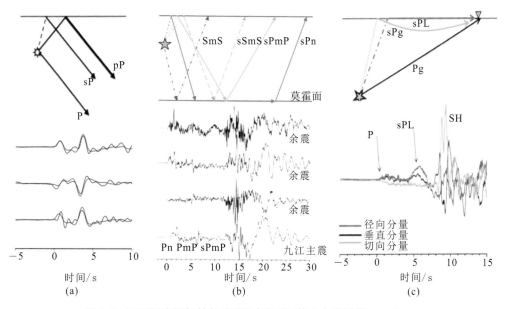

图 1.6 不同深度震相的射线路径与波形（修改自罗艳等，2013）

（a）远震 pP+sP；（b）近震 sPn、sPmP、sSmS、SmS；（c）近震 sPL

在测定地震空间位置后，可以利用地震学数据反演震源机制解。早期的反演方法利用了不同方位角台站 P 波的初动极性信息，根据台站方位角及射线离源角将台站投影至震源球后，根据向上/向下的初动推断台站位于 P 波的拉张/压缩区，从而确定断面解（Nakanishi and Kanamori，1984；Hardebeck and Shearer，2008）。该方法原理直观，在早期地震研究中得到广泛应用，但需要大量不同方位角和震中距的台站对震源球进行充分采样，在稀疏台网地区效果不理想。此外，P 波初动方法只利用了地震波形起始部分信息，对破裂过程较复杂地震的约束差;而应用波形反演方法可以更加充分利用地震波形信息,利用较少的台站数据即可得到比较可靠的震源机制解(Tan et al.,2006)。长周期面波因其振幅大、信噪比高,被最早用于波形反演震源机制解(Kanamori,1970)。随后,短周期体波(Langston and Helmberger,1975;Dreger and Helmberger,1993)、长周期体波(Helmberger and Engen,1980;Dziewonski and Anderson,1981)以及全波形(Helmberger et al.,1992;Zhao and Helmberger,1994)等也被逐渐应用于震源参数反演。目前发布的 Global CMT 目录即综合应用全球台站的长周期体波、极长周期地幔波和长周期面波对全球中强以上地震机制解进行例行分析(Ekström et al.,1997;Ekström et al.,2012)。Kanamori(1993)提出利用 P 波和 S 波之间斜坡状的(ramp-like)长周期震相(W-phase)反演震源机制解,该震相受地壳速度结构影响小,在建立格林函数库后可以应用于快速反演,尤其适用于海啸预警等,现已在美国地质勘探局、太平洋海啸预警中心(Pacific Tsunami Warning Center,PTWC)等机构运行(Kanamori and Rivera,2008;Duputel et al.,2012)。目前,不同目录给出的震源机制解偏差一般在 15° 之内(Helffrich,1997;Frohlich and Davis,1999),但有时也可能高达 30°(Duputel et al.,2012)。

在以上方法的基础上,还发展了适用于震群或特定区域的基于贝叶斯概率模型的反演方法(Brillinger et al.,1980;Natale et al.,1995;Stähler and Sigloch,2014)和基于波形匹配的快速反演震源参数方法(Zhang et al.,2014)。同时,利用数值模拟方法计算格林函数并应用于震源参数反演,在具有可靠三维结构地区得到了应用,提高了高频波形拟合程度(Liu et al.,2004;Chen et al.,2015a;Zhu and Zhou,2016)。

在上述震源参数反演方法中,CAP(cut and paste,剪切-粘贴)方法将波形分割成 Pnl、Rayleigh、Love 三组波形片段,将每组观测波形片段分别与理论波形进行拟合并对其允许不同的时移,使得在利用全波形信息的同时既避免了面波振幅过大造成对误差函数的主导,也削弱了反演对速度模型的依赖,得到了广泛应用(Zhao and Helmberger,1994;Zhu and Helmberger,1996a;Chen et al.,2015b)。在以下章节中,我们应用 CAP 方法求解部分地震的震源机制解与震源深度。

1.3 扩展点源参数、地震破裂方向性及其测定方法

在地震的点源近似中,震源尺度为零,发震断层面与辅助面是等效的、难以确定实际的发震断层面。为了解决这个问题,可以利用震源演化过程中空间或者时间尺度信息。其中,破裂方向性(rupture directivity)可以描述地震的破裂时空过程基本特征,包括破裂面、破裂方向、破裂长度、破裂速度等。我们将破裂方向性等包含了震源尺度信息的参数称为扩展点源参数。地震的破裂方向性可对断层附近的地面运动产生影响(图1.7),主要表现为沿着破

裂方向,即向前破裂方向性(forward rupture directivity)地区地面运动振幅大、持续时间短;逆着破裂方向,即向后破裂方向性(back rupture directivity)地区振幅小、持续时间长(Somerville et al.,1997;Somerville,2003)。断层附近的绝对振幅、持续时间、垂直断层与平行断层的相对振幅等均随空间分布发生变化;破裂速度越接近剪切波速度,方向性影响越明显(图1.8)。

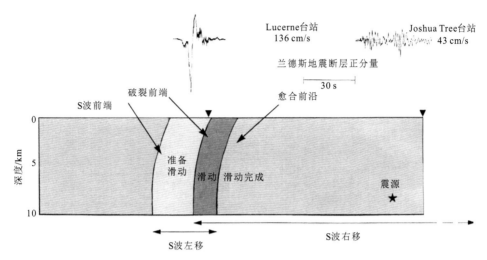

图1.7 破裂方向性效应示意图,以1992年兰德斯地震为例(Somerville et al.,1997)

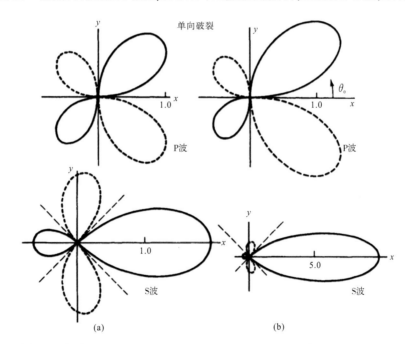

图1.8 P波与S波在破裂方向性作用下的辐射花样,地震由左至右破裂(Lay and Wallace,1995)

(a)$V_r=0.5V_s$;(b)$V_r=0.9V_s$

S波与面波往往是地震记录中显著的震相,对于破裂方向与滑移方向平行的地震(Mode-Ⅱ破裂,包括沿走向破裂的走滑地震和沿倾向破裂的倾滑地震),沿着破裂方向的台站记录到S波与面波受到向前破裂方向性影响,地面运动会被明显放大。从震源辐射出的水平偏振、振幅较大且传播过程存在显著方向性效应的 SH 波和 Love 波会对建筑物造成较大的损害。Aagaard 等(2004)通过数值模拟考察了不同断层几何形态、不同破裂模式下破裂方向性对峰值地面运动强度的影响,发现位于走滑地震的破裂延伸方向,以及向上破裂倾滑地震的断层出露处或地面投影处的台站会受到比较明显的影响(图1.9)。由于建筑物的自振周期一般在 0.2~8 s[图 1.10(a)],与破裂方向性主要作用周期接近[图 1.10(b)],强烈的水平方向地面运动可能会使得位于向前破裂方向性地区的建筑物产生共振从而遭受更严重的损坏。

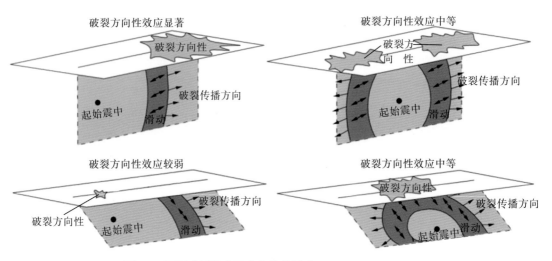

图 1.9 不同破裂模式下方向性的影响(Aagaard et al.,2004)

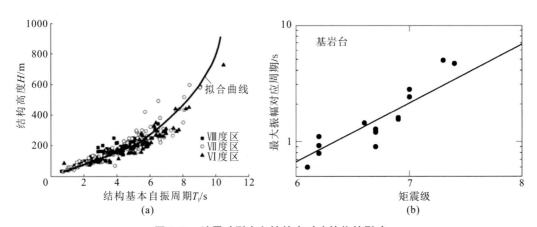

图 1.10 地震破裂方向性效应对建筑物的影响

(a)建筑物结构自振周期与结构高度的关系(沈蒲生等,2014);

(b)矩震级与向前破裂方向性地区速度波形最大振幅对应周期的经验关系(Somerville,2003)

地震之后,快速可靠的地面运动预估,即地震动图(shake map)对评估地震灾害、指导快速救援起着重要作用。通过引入破裂方向性信息,可以在利用地面运动预测方程(ground motion prediction equation,GMPE)计算近场地震动图时采用更准确的参数,从而获得更接近真实烈度分布的预估震动图(图1.11)。

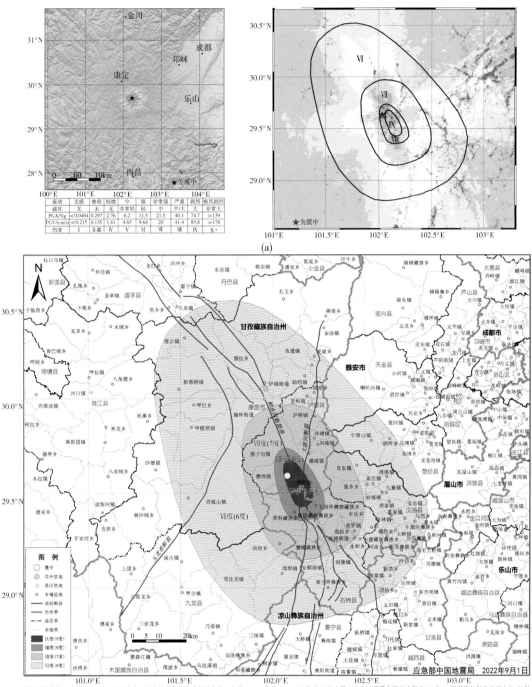

地震烈度图说明。2022年9月5日12时52分在四川省甘孜藏族自治州泸定县（北纬29.59°，东经102.08°）发生6.8级地震。此次地震最高烈度为Ⅸ度（9度），等震线长轴呈北西走向，长轴195千米，短轴112千米，Ⅵ度（6度）区及以上面积19089平方千米，主要涉及甘孜藏族自治州泸定县、康定市、九龙县、丹巴县、道孚县、雅江县，雅安市石棉县、汉源县、荥经县、天全县以及凉山彝族自治州冕宁县、洛扎县，共计12个县（市），82个乡镇（街道），其中甘孜藏族自治州38个乡镇（街道），雅安市石棉县35个乡镇（街道），凉山彝族自治州9个乡镇。Ⅸ度（9度）区面积280平方千米，主要涉及甘孜藏族自治州泸定县磨西镇、得妥镇、燕子沟镇、德威镇；雅安市石棉县王岗坪彝族藏族乡、草科藏族乡、新民藏族彝族乡，共计7个乡镇。Ⅷ度（8度）区面积505平方千米，主要涉及甘孜藏族自治州泸定县磨西镇、得妥镇、燕子沟镇、德威镇；雅安市石棉县王岗坪彝族藏族乡、草科藏族乡、新民藏族彝族乡，共计7个乡镇。Ⅶ度（7度）区面积3608平方千米，主要涉及甘孜藏族自治州泸定县燕子沟镇、泸桥镇、德威镇、磨西镇、冷碛镇、兴隆镇、得妥镇，烹坝镇，康定市榆林街道、贡嘎山镇，九龙县湾坝镇、湾坝镇；雅安市石棉县草科藏族乡、蟹螺藏族乡、安顺场镇、王岗坪彝族藏族乡、丰乐乡、新棉街道、美罗镇、新民藏族彝族乡、水和乡、汉源县宜东镇、天全县牛背山镇，荥经县牛背山镇，共计27个乡镇（街道）。Ⅵ度（6度）区面积14696平方千米，主要涉及甘孜藏族自治州32个乡镇（街道）、雅安市35个乡镇（街道）、凉山彝族自治州9个乡镇，共计76个乡镇（街道）。此外，位于Ⅵ度（6度）之外个别乡镇及其他部分地区也受到地震波及，个别老旧房屋出现破坏或受损现象。

本图涉及名词解释：Ⅸ度（9度）：砖（土、石）木结构房屋大多数毁坏和严重破坏；穿斗木构架房屋少数严重破坏和毁坏，多数中等破坏和轻微破坏；设防砖混结构房屋多数严重破坏和中等破坏，少数轻微破坏；未设防砖混结构房屋少数毁坏，多数严重破坏和中等破坏；钢筋混凝土框架结构房屋少数严重破坏，多数中等破坏和轻微破坏。Ⅷ度（8度）：砖（土、石）木结构房屋少数毁坏，多数严重破坏和中等破坏；穿斗木构架房屋少数严重破坏和毁坏，多数中等破坏和轻微破坏；设防砖混结构房屋少数中等破坏，多数轻微破坏和基本完好；未设防砖混结构房屋少数中等破坏，多数轻微破坏和基本完好；钢筋混凝土框架结构房屋少数轻微破坏，大多数基本完好。Ⅶ度（7度）：砖（土、石）木结构房屋少数严重破坏和毁坏，多数中等破坏和轻微破坏；穿斗木构架房屋少数中等破坏和轻微破坏，多数基本完好；设防砖混结构房屋少数轻微破坏和中等破坏，大多数基本完好；未设防砖混结构房屋少数轻微破坏和中等破坏，大多数基本完好；钢筋混凝土框架结构房屋少数轻微破坏，绝大多数基本完好。Ⅵ度（6度）：砖（土、石）木结构房屋少数轻微破坏和中等破坏，大多数基本完好；穿斗木构架房屋少数轻微破坏和中等破坏，大多数基本完好；设防砖混结构房屋少数或个别轻微破坏，绝大多数基本完好；未设防砖混结构房屋少数轻微破坏和中等破坏，大多数基本完好；钢筋混凝土框架结构房屋少数或个别轻微破坏，绝大多数基本完好。

(b)

图 1.11 2022 年泸定地震的地震动预测图(a)与烈度分布图(b)

地震的破裂方向性不仅有助于指导抗震减灾,还为震源物理研究提供了重要信息:破裂尺度可以用来估算地震的静态应力降、应变能[式(1.1)](Frankel and Kanamori,1983;Lay and Wallace,1995),破裂速度则是连接震源动力学与震源运动学的关键参数。Kikuchi 和 Kanamori(1994)反演了 1994 年 M_W 8.3 玻利维亚深震(637 km)的破裂过程,并发现本次地震的破裂速度约为 1 km/s,应力降约为 110 MPa,地震辐射效率极低。Zhan 等(2014)对 2013 年 M_W 6.7 鄂霍茨克深震(642 km)的研究表明该地震为超剪切破裂,破裂速度约为 8 km/s,应力降约为 32 MPa,地震辐射效率接近 1。两次地震发生的深度接近,但破裂速度和应力降差异巨大,表明俯冲板块深部的应力环境不均一,深震的发生机制复杂。

$$\Delta\sigma = C\mu\frac{\overline{D}}{\widetilde{L}} \tag{1.1}$$

式中,$\Delta\sigma$ 为静态(平均)应力降;C 为描述断层形状的因子;μ 为震源处的刚性模量;$\overline{D}$ 为断层平均滑动(位错);$\widetilde{L}$ 为特征破裂尺度。

地震的破裂速度一般为 0.5~0.9 倍剪切波速度(V_s)。然而,一些地震观测到的破裂速度超过了 V_s,称为超剪切破裂。例如 1999 年 M_W 7.6 土耳其伊兹米特地震、2001 年 M_W 8.1 昆仑山地震、2002 年 M_W 7.9 美国迪纳利地震等,都被确认为超剪切破裂(Bouchon et al.,2001;Bouchon and Vallée,2003;Dunham and Archuleta,2004)。Wang 等(2016)利用远震 P 波反投影方法,分析了 18 个 M_W 7.8+倾滑地震和 8 个 M_W 7.5+走滑地震,发现走滑地震的平均破裂速度(3~5 km/s)接近剪切波速度,普遍大于倾滑地震的破裂速度(1~3 km/s)。Xu 等(2015a)的动力学模拟发现走滑地震的地表破裂部分都是超剪切破裂,而倾滑地震的破裂速度一般低于剪切波速度。

除破裂速度外,破裂方向也是震源物理研究的重要参数,对于"地震是否更易于沿某个方向破裂"仍有较大争议。许多学者认为,对于走滑地震,当断层两侧介质存在差异时,地震更趋向于沿着低剪切模量介质的滑移方向破裂(Ben-Zion and Andrews,1998;Ranjith and Rice,2001;Ben-Zion,2006)。然而,也有部分研究认为破裂传播方向受介质差异影响小,主要受断层几何形态和应力分布影响(Harris and Day,1993,2005;Fliss et al.,2005)。对于倾滑地震,许多研究认为多数地震从断层深部/底部向上破裂(Das and Scholz,1983;Olson and Allen,2005),也有部分研究表明俯冲带和大陆地震的优势破裂方向不一致(Henry and Das,2001;Mai et al.,2005)。中强地震数量众多,对其破裂方向性分析可以丰富破裂速度与破裂方向的观测资料,为进一步的震源物理研究提供基础。

地震的破裂方向性参数主要包括发震断层、破裂长度、破裂方向及破裂速度。发震断层和破裂长度可以通过野外活动构造地质探查、大地测量学观测与反演或基于地震学资料的破裂方向性分析三大类方法进行测定,而破裂方向与破裂速度一般需要使用地震学资料进行分析测定。第一类方法是地质探查的方法。根据出现地表破裂带的统计,大陆强震

（M 6.5+）往往会沿发震活动断层形成数千米至数百千米的地表破裂带（Yeats et al.,1997），活动构造地质学家在震区考察、识别地震破裂带，测定断层位置及走向是判定断层面直接有效的方法。例如，徐锡伟等（2011）对 2001 年 M_W 8.1 昆仑山地震开展了现场考察，得到了地表破裂带的详细空间分布，发现西起库水浣湖、东至青藏公路东的地表破裂带，整体长度约为 430 km，而且同震位移呈多峰状分布，大体可分为西部剪切走滑破裂段、中部张剪切走滑破裂段以及东部剪切走滑破裂段，为发震过程及孕震机理研究提供了重要数据。对 2010 年 M_S 7.1 玉树地震的现场考察表明，沿玉树断裂形成了走向北西—北北西向、长约 51 km 的地表破裂带，由 3 段主破裂左阶组成，破裂整体为左行走滑，兼有挤压逆冲分量（张军龙等，2010）。

第二类方法是大地测量的方法。对于部分强震及 M 6.5 以下的中强震，当震源较深时，地表往往观测不到明显的破裂，例如 1994 年 M_W 6.7 美国北岭地震、1998 年 M_W 5.7 张北地震、2001 年 M_W 7.7 印度古吉拉特地震以及 2013 年 M_W 6.6 芦山地震等（Thio and Kanamori,1996；Li et al.,2008；Bodin and Horton,2004）。采用 InSAR 技术测定地表形变，进而测定断层面与破裂尺度，则不要求存在地表破裂。例如对张北地震，Li 等（2008）利用欧洲空间局 ERS 卫星 032 与 304 轨道数据进行反演，发现地震断层为西倾北东走向（≈200°）的盲逆冲断层，与余震的分布相一致。利用 InSAR 观测研究发震断层，尤其适用于人烟稀少、灾害轻微或者难以到达现场进行实地探查的偏远地区，例如，Wei 等（2011）利用 InSAR 及地震波形数据研究了 2004 年 M 6.2 西藏仲巴地震的破裂过程，发现发震断层为向西倾的近南北向断层，与震中区存在的南北向正断层一致。但该方法也有一定的缺陷。对于短波长的 InSAR 卫星（例如 ERS），该方法只有在植被不茂密的地区较为有效；而且卫星重复轨道数据往往无法快速获取，难以用来快速（当天或者几小时内）测定破裂断层。而且，除了一些极浅震（震源深度 1 km 左右）外（Dawson et al.,2008；罗艳等，2011），对于多数较小的地震，例如 2009 年 M 4.7 美国洛杉矶地震（Luo et al.,2010b）等 5 级以下但震感强烈的地震，由于地表形变很小，也无法利用 InSAR 观测到显著的地面位移测定破裂断层。

第三类方法是地震学的方法。根据余震的空间分布、地面震动强度信息（PGA/PGV 分布或烈度分布）或地震波形反演，推断发震断层、破裂尺度、破裂方向等。研究表明，余震往往集中分布在主震的断层附近，因此可以利用余震的空间分布、展布尺度、与主震的相对位置等推断地震的发震面、破裂长度和破裂方向。例如，高精度定位的余震较好地描绘出了芦山地震发震断层形态（苏金蓉等，2013；Han et al.,2014；Li et al.,2013）[图 1.12（a）]。然而，有些地震的余震在断层面及共轭面均有分布，例如 2014 年 M_W 6.2 鲁甸地震（王未来等，2014）[图 1.12（b）]；有些地震的余震分布主要受区域应力影响而并不集中在主震断层附近，例如 1994 年 M_W 6.7 新西兰阿瑟山口地震（Robinson and McGinty,2000）[图 1.13（c）]，这些情况为判断发震断层带来困难。

一般说来，极震区呈条带状分布，与发震断层具有较好的空间对应性，是研究发震断层的重要资料之一。但是地震烈度调查一般需要较长时间（数天至数月），不能满足快速判定发震断层的需求。密集强震仪记录的 PGA/PGV(或仪器烈度)的空间分布也可以用于判断发震断层的走向及位置(Boatwright and Boore,1982;Boatwright,2007)。但是对于 6 级左右的中强震,场地效应、盆地效应有可能比较明显地改造烈度的空间分布,只有对这些效应有一定了解后才能利用烈度分布比较准确地判断断层形态。

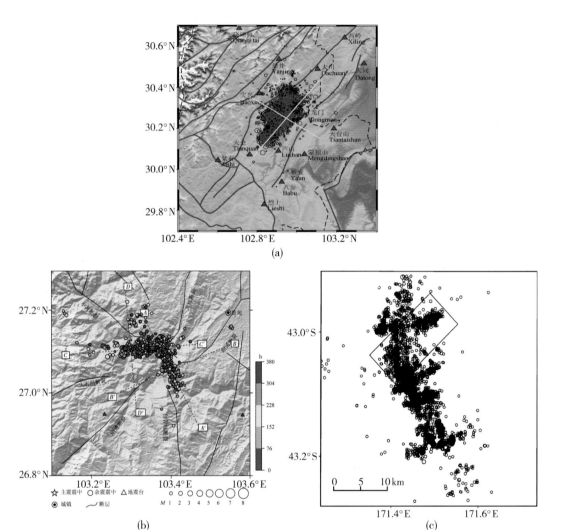

图 1.12　不同地震的余震分布

(a)芦山地震(苏金蓉等,2013),图中红色线表示断裂,红色五角星表示主震,黑色圆圈表示 3 级以下地震,蓝色圆圈表示 3~5 级地震,红色圆圈表示 5~6 级地震,黄色 AA' 与 BB' 表示深度剖面线;(b)鲁甸地震(王未来等,2014),图中蓝色五角星和圆圈分别表示重定位后的主震和余震序列,色标表示地震序列距离主震发生时刻的时间;(c)阿瑟山口地震(Robinson and McGinty,2000),图中圆圈表示余震,矩形为主震断层平面的表面投影

与上述数据资料相比,地震波形研究具有时间分辨率高、数据获取快速的优势。宽频带三分量地震波形数据中包含了震源破裂时间、空间过程的主要信息,因此可以利用不同方位

角台站的地震波形,通过反演有限断层模型、反演有限矩张量、测量不同方位角台站的震源持续时间、测定质心位置与破裂起始位置空间差异等方法测定地震的破裂方向性。对于汶川、玉树等大地震,可以利用远震体波、大地测量学等数据进行有限断层反演,获得地震的破裂过程模型(王卫民等,2008;张勇等,2008a,b)。对于中强地震,若研究区有密集台站,也可以反演得到主要滑移分布,并通过起始震中与最大滑移的相对位置判断破裂方向性(Dreger et al.,2011)。

对于有较好三维速度模型的地区,可以计算三维介质中的格林函数及其空间梯度,并反演中强地震的有限矩张量解(FMT)(Chen et al.,2005)。Hsieh 等(2014)发展了半自动化的 FMT 测定方法,首先求解 CMT 参数,再计算不同断层面、不同破裂速度、不同破裂方向、不同双侧破裂程度下 126 组简化的 FMT 模型的理论波形,搜索得到与实际波形拟合最好的 FMT 模型(图 1.13)。Hsieh 等(2014)建立了中国台湾地区三维速度模型下的应变格林张量(strain Green's tensor,SGT)数据库,并将该方法应用于中国台湾地区的 4 个 M 6.0+地震,得到的大体破裂特征与余震分布等其他研究结果一致。对于已建立三维速度模型 SGT 数据库的研究区,该方法可以得到近实时的反演结果。

对于中小地震,Tan 等(2010)利用密集台站数据,以较小的参考地震为经验格林函数,通过正演模拟得到不同方位角台站的相对震源时间函数(relative source time function,RSTF)的上升时间(rise time)和破裂时间,再对破裂面走向、长度、破裂速度进行拟合,最终得到发震断层面信息。该方法需要比较密集的地震观测台网从而形成良好的方位角覆盖,适用于美国南加州等地区,可以测量低达 M 4.7 的中小地震破裂方向性(Luo et al.,2010)。类似地,不同方位角台站波形频谱的拐角频率也包含了地震的破裂方向和破裂速度信息,尤其适合研究台站密集地区的中小地震震群(Lengliné and Got,2011;Kane et al.,2013)。

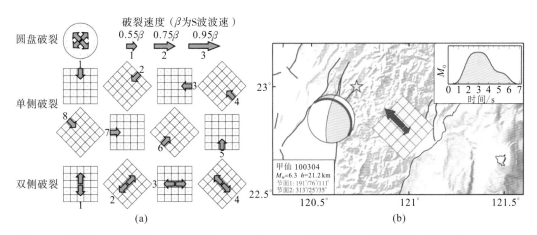

图 1.13　简化的 FMT 模型(a)及该方法对 2010 年 M_W 6.3 甲仙地震的应用实例(b)(Hsieh et al.,2014)

当地震的破裂尺度足够大,使得起始震中与质心震中有显著空间差异时,可以直接根据二者的相对位置测定地震的破裂面与破裂方向。根据 InSAR 观测对 Global CMT 目录的标定,Global CMT 给出的质心位置平均偏差为 21 km(Weston et al.,2011)(图 1.14)。根据 GT 事件对 ISC 地震目录的标定,ISC 等通过体波走时得到的地震目录给出的起始震中位置精度约 10 km(Bondár and Storchak,2011)。因此,对于破裂尺度超过 60 km(≈M 7.2)的地震,起始震中与质心震中的位置差异一般可以直观反映地震的破裂面与破裂方向。

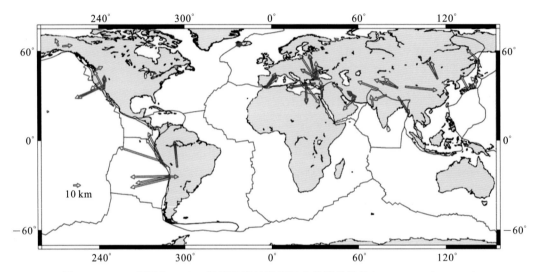

图 1.14　ICMT 目录与 GCMT 目录给出的地震质心位置的偏差(Weston et al.,2011)

箭头指向位置为 GCMT 目录位置

　　对于台网不足够密集而且没有较为精确三维地壳速度结构模型的地区,秦刘冰等(2014)提出了一种基于相对质心震中的地震破裂方向性测定方法。该方法选择主震附近足够小的地震(一般为4.0~5.0级地震)作为参考事件,通过相对定位法测定主震与参考地震的起始震中的差异,再由波形的到时差测定质心震中的相对位置,最终获得主震质心位置与起始位置之间的差异,从而推断地震的破裂方向性。由于该方法测定的位置差异基于主震与参考事件之间的相对到时,因此可以有效降低三维结构的影响,并已成功应用于 2008 年 M 6.0 盈江地震发震断层的研究,得到其破裂面为南北向断层,与重定位的余震序列分布一致(秦刘冰等,2014)。但是,该方法对不同地区的有效性尚未经过更多震例的系统检验。

　　在具有准确三维速度结构模型、台站分布密集的地区,如美国南加利福尼亚、日本、中国台湾地区等,中强地震的破裂方向性测定方法已经发展得较为成熟。然而,世界上地震多发、人口集中的一些地区(例如中国云南和四川、意大利、土耳其、美国中东部等),地震台站分布仍然相对稀疏,也缺乏可靠的精细三维速度模型,传统方法难以适用于中强地震的破裂方向性测定。在发展新方法的过程中,总体思路与已有方法类似,即先测定深度、断层面解、震级等基本震源参数,然后以此为基础,进一步测定破裂方向性等扩展点源参数。

第 2 章 基于点源近似的震源参数反演方法

在地震学发展的早期,研究人员主要利用 P 波等显著震相的到时、初动或振幅信息,测定水平位置(震中)、深度、震级、断面解等基本点源参数。随着研究的深入,地震学家提出了利用质心矩张量表征震源的理论,并发展了一系列基于波形的反演方法。在本章中,我们首先介绍质心矩张量的基本概念,然后再介绍一些有代表性的震源参数反演方法。

2.1 质心矩张量介绍

2.1.1 基本理论

在假定地震为沿着断层发生的错动过程的基础上,按照震源表示定理(Aki and Richards,2002),震源等效体力在发震断层以外区域所产生的位移可以用下式来表示

$$u_n(x,t) = \iint_\Sigma [u_i] \nu_j c_{ijpq} * \frac{\partial G_{np}}{\partial \xi_q} \mathrm{d}\Sigma \tag{2.1}$$

式中,$[u_i]$ 为在包裹断层的曲面 Σ 内断层上的滑动量;ν_j 为断层面法向;G_{np} 为 p 方向的单位力在 x 位置产生的 n 方向格林函数;ξ_q 为曲面上的位置;c_{ijpq} 为弹性常数,在各向同性介质的情况下可以用拉梅弹性模量 λ 和 μ 来表示;* 为卷积符号;公式中采用了相同脚标求和的约定,进行了 $i,j,p,q=1$ 至 3 的求和。考虑一个发生在 ξ 上的力 $f(\xi,t)$,则 $F_p * G_{np}$ 即为在 (x,t) 位置与时刻产生的位移,其中 F_p 为力 f 在 p 方向上的积分。在式(2.1)中,出现的是 G_{np} 对 ξ_q 的偏导。这种偏导可以被看作是 ξ_q 上发生的一个力偶的作用(Aki and Richards,2002)。因此,式(2.1)说明,x 处的位移 $u_n(x,t)$ 可以等效于包裹断层的曲面内多个力偶的叠加。

当断层的尺度远小于研究中所使用地震波的波长以及台站震中距时,震源可以被近似为点源(Honda,1962;Herrmann,1975)。基本的力偶总共有 9 种(图 2.1),而它们的叠加可

以表示无限小的包裹断层的曲面内的等效体力。对于力的方向与力臂方向相同的力偶,即图 2.1 中的(1,1)、(2,2)和(3,3),也称它们为矢量偶极(vector dipole)。

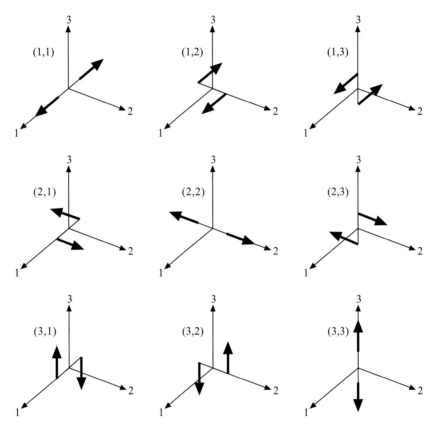

图 2.1　表示震源的 9 个基本偶极(Aki and Richards,2002)

例如式(2.1)中的$[u_i]\nu_j c_{ijpq} * \dfrac{\partial G_{np}}{\partial \xi_q}$,它是 ξ 上多个偶极产生的 n 方向的位移,因此$[u_i]\nu_j c_{ijpq}$可以被看作是(p,q)偶极的强度。定义

$$m_{pq} = [u_i]\nu_j c_{ijpq} \tag{2.2}$$

为矩密度张量的 p、q 分量。此时,震源表示定理式(2.1)可整理为

$$u_n(x,t) = \iint_{\Sigma} m_{pq} * G_{np,q} \mathrm{d}\Sigma \tag{2.3}$$

根据式(2.3),地表位移场可以表示为矩密度张量与格林函数偏导的卷积在曲面内积分。点源假设下整个断层曲面上的矩分布可以被看作处于其质心,因此定义质心矩张量为矩密度张量在曲面 Σ 内积分

$$M_{pq} = \iint_{\Sigma} m_{pq} \mathrm{d}\Sigma \tag{2.4}$$

此时,震源表示定理简记为

$$u_n(x,t) = M_{pq} * G_{np,q} \tag{2.5}$$

地震的质心矩张量解可以描述震源的主要特征,从而计算点源震源激发的静态与动态位移场,因此是地震学的基本参数(Gilbert,1971)。与更复杂的有限破裂模型相比,其较少的参数在反演过程中可以得到可靠的约束。而且矩张量解的反演过程更加快速,也可为有限断层模型提供基本断层几何形态信息。

2.1.2　矩张量的分解与震源的分类

全矩张量是对称张量,它可以被对角化,成为三个彼此正交的偶极的线性叠加。将其对角化的原因是为了将矩张量旋转到三个主轴(1、2、3方向)上进行分析与分解,此时矩张量对角线上的值等同于其特征值。当我们把矩张量对角化,并将迹不为零的部分分离出来,得到下式

$$M = \begin{bmatrix} M_1 & 0 & 0 \\ 0 & M_2 & 0 \\ 0 & 0 & M_3 \end{bmatrix} = \frac{1}{3}\begin{bmatrix} \mathrm{tr}(M) & 0 & 0 \\ 0 & \mathrm{tr}(M) & 0 \\ 0 & 0 & \mathrm{tr}(M) \end{bmatrix} + \begin{bmatrix} M_1^* & 0 & 0 \\ 0 & M_2^* & 0 \\ 0 & 0 & M_3^* \end{bmatrix} \tag{2.6}$$

式中,$\mathrm{tr}(M)$为矩张量M的迹;M_i^*为一个迹为0的矩张量,被称为纯偏矩张量。式(2.6)分解的第一项反映了矩张量M中的各向同性部分,往往与爆炸或内爆等体积变化过程有关。第二项为纯偏矩张量,可以进行进一步的分解,但是不同的分解方式对应了不同的物理解释。

纯偏矩张量M_i^*在对角化后,如果M_1^*、M_2^*、M_3^*有值为0,则其可以看作是两个特征向量方向上的偶极的叠加,此时即为双力偶源(double couple,DC)。Maruyama(1963)、Burridge和Knopoff(1964)证明了双力偶震源与各向同性介质内的断层上的错位滑动之间的等效性。因此,双力偶源被用于大多数天然地震的震源机制描述中。对于双力偶源来说,定义P轴为最大压缩形变主轴,T轴为最小压缩形变(最大拉伸形变)主轴,B轴为与P轴/T轴正交的第三主轴。则双力偶源的矩张量的3个特征值,最小特征值对应的特征向量即为P轴方向,零特征值和最大特征值对应的特征向量分别为B轴/T轴方向。

如果M_1^*、M_2^*、M_3^*均不为0,纯偏矩张量M_i^*可以进行进一步的分解,但是不同的分解方式对应了不同的物理解释。一种直观的分解纯偏矩张量的方法为

$$M_i^* = \begin{bmatrix} M_1^* & 0 & 0 \\ 0 & M_2^* & 0 \\ 0 & 0 & M_3^* \end{bmatrix} = \begin{bmatrix} M_1^* & 0 & 0 \\ 0 & 0 & 0 \\ 0 & 0 & 0 \end{bmatrix} + \begin{bmatrix} 0 & 0 & 0 \\ 0 & M_2^* & 0 \\ 0 & 0 & 0 \end{bmatrix} + \begin{bmatrix} 0 & 0 & 0 \\ 0 & 0 & 0 \\ 0 & 0 & M_3^* \end{bmatrix} \tag{2.7}$$

$$= M_1^* \alpha_1 \alpha_1 + M_2^* \alpha_2 \alpha_2 + M_3^* \alpha_3 \alpha_3$$

式中,α_1、α_2、α_3 为 M_{pq} 的 3 个特征值对应的特征向量。因此,这种分解方式把矩张量分解为 3 个特征向量的偶极的叠加。

同样,纯偏矩张量 M_i^* 还可以被分解为至多 3 个双力偶源的叠加。纯偏矩张量可以被分解为如下形式

$$M_i^* = \frac{1}{3}\begin{bmatrix} M_1-M_2 & 0 & 0 \\ 0 & -(M_1-M_2) & 0 \\ 0 & 0 & 0 \end{bmatrix} + \frac{1}{3}\begin{bmatrix} 0 & 0 & 0 \\ 0 & M_2-M_3 & 0 \\ 0 & 0 & -(M_2-M_3) \end{bmatrix}$$
$$+ \frac{1}{3}\begin{bmatrix} M_1-M_3 & 0 & 0 \\ 0 & 0 & 0 \\ 0 & 0 & -(M_1-M_3) \end{bmatrix} \quad (2.8)$$

式(2.8)中的 3 项为 3 个不同的双力偶源矩张量。

除此之外,纯偏矩张量还可以被分解为多个补偿线性矢量偶极(compensated linear vector dipoles,CLVD)张量。CLVD 张量在一个特征向量方向具有 2 倍强度,而在另外 2 个特征向量方向的强度为其的负 1 倍。M_i^* 可以以如下方式分解为 CLVD 张量,

$$M_i^* = \frac{1}{3}\begin{bmatrix} 2M_1 & 0 & 0 \\ 0 & -M_1 & 0 \\ 0 & 0 & -M_1 \end{bmatrix} + \frac{1}{3}\begin{bmatrix} -M_2 & 0 & 0 \\ 0 & 2M_2 & 0 \\ 0 & 0 & -M_2 \end{bmatrix} + \frac{1}{3}\begin{bmatrix} M_3 & 0 & 0 \\ 0 & M_3 & 0 \\ 0 & 0 & 2M_3 \end{bmatrix} \quad (2.9)$$

纯偏矩张量还可以被分解成为一个主要的和一个次要的双力偶张量。这种分解方式得到的两个双力偶矩张量具有和全矩张量相同的主轴方向。由于纯偏矩张量的 3 个特征值满足 $M_1^*+M_2^*+M_3^*=0$,因此定义 $|M_1^*|\geq|M_2^*|\geq|M_3^*|$。此时,$M_i^*$ 可以表示为

$$M_i^* = \begin{bmatrix} M_1^* & 0 & 0 \\ 0 & -M_1^* & 0 \\ 0 & 0 & 0 \end{bmatrix} + \begin{bmatrix} 0 & 0 & 0 \\ 0 & -M_3^* & 0 \\ 0 & 0 & M_3^* \end{bmatrix} \quad (2.10)$$

式中,第一项具有最大的特征值,因此它是占主导作用的双力偶矩张量分量;第二项代表次要的双力偶矩张量分量。

Knopoff 和 Randall(1970)与 Fitch 等(1980)提出将纯偏矩张量分解为一个双力偶分量和一个 CLVD 分量。沿用上一段中提到的定义:$|M_1^*|\geq|M_2^*|\geq|M_3^*|$,则纯偏矩张量 M_i^* 可以表示为

$$M_i^* = \frac{1}{2}\begin{bmatrix} M_1^*-M_2^* & 0 & 0 \\ 0 & -(M_1^*-M_2^*) & 0 \\ 0 & 0 & 0 \end{bmatrix} + \frac{1}{2}\begin{bmatrix} -M_3^* & 0 & 0 \\ 0 & -M_3^* & 0 \\ 0 & 0 & 2M_3^* \end{bmatrix} \quad (2.11)$$

式中,第一项是一个主轴方向与全矩张量相同的双力偶分量;第二项是一个 CLVD 矩张量分量。这种分解方式可以使得双力偶分量的占比最大化。Dziewonski 等(1981)提出使用参数

$\varepsilon = \dfrac{|M_3^*|}{|M_1^*|}$ 测定 CLVD 分量占比,其参数范围为 $0 \le \varepsilon \le 0.5$。当 $\varepsilon = 0$ 时,M_i^* 为一个纯双力偶矩张量,而当 $\varepsilon = 0.5$ 时,M_i^* 为一个纯 CLVD 矩张量。Dziewonski 等(1981)据此定义了 Harvard CMT 地震目录中震源参数的双力偶占比为 $(1-2\varepsilon) \times 100\%$。

为了使得震源的不同分量得到直观的物理解释,Chapman 和 Leaney(2012)提出了一种双轴的偏矩张量分解方式。定义效能张量 $\boldsymbol{P}$ 为

$$\boldsymbol{P} = \int [\boldsymbol{e}_{\text{free}}] \mathrm{d}V \tag{2.12}$$

式中,$\boldsymbol{e}_{\text{free}}$ 为无应力的应变(震源区从周围介质移除时的应变),$[\boldsymbol{e}_{\text{free}}]$ 为在震源过程内,包裹点源的体积源内的无应力应变的前后变化值。效能张量使用无应力的应变来描述震源,这与矩张量是等效的(Backus and Mulcahy,1976a,b)。通过四阶弹性常数张量 c_{ijpq},我们有矩张量 $M_{pq} = c_{ijpq} P_{pq}$(Ben-Zion et al.,2003)。将效能张量 P 旋转为主轴系张量 P_i,并分解为各向同性和纯偏矩张量部分如下

$$P_i = \frac{1}{3} \begin{bmatrix} \text{tr}(P_i) & 0 & 0 \\ 0 & \text{tr}(P_i) & 0 \\ 0 & 0 & \text{tr}(P_i) \end{bmatrix} + \begin{bmatrix} P_1^* & 0 & 0 \\ 0 & P_2^* & 0 \\ 0 & 0 & P_3^* \end{bmatrix} \tag{2.13}$$

式中,$\text{tr}(P_i)$ 为效能张量的迹;P_1^*、P_2^*、P_3^* 为效能张量的纯偏部分的 3 个特征值。Zhu 和 Ben-Zion(2013)引入无量纲参数 ζ 来描述效能张量中的各向同性成分如下

$$\begin{cases} \zeta = \sqrt{\dfrac{2}{3}} \dfrac{\text{tr}(P_i)}{P_0}, \\ P_0 = \sqrt{2P_i P_i.} \end{cases} \tag{2.14}$$

式中,ζ 的范围为 -1(纯内爆源)到 1(纯爆炸源)。

对于纯偏效能张量 P_i^*,将其归一化得 $D_i^* = \dfrac{\sqrt{2/(1-\zeta^2)}}{P_0} P_i^*$。定义其 3 个特征值大小为 $D_1^* \ge D_2^* \ge D_3^*$,则由纯偏张量的性质

$$\begin{cases} D_i^* = 0, \\ D_i^* D_i^* = 1 \end{cases} \tag{2.15}$$

可得

$$\begin{cases} P_1^* + P_2^* + P_3^* = 0, \\ P_1^{*2} + P_2^{*2} + P_3^{*2} = 1 \end{cases} \tag{2.16}$$

由此可得 $-\sqrt{\dfrac{1}{6}} \le P_2^* \le \sqrt{\dfrac{1}{6}}$,当 $P_2^* = 0$ 时,P_i^* 就是一个纯双力偶效能张量。Chapman 和 Leaney(2012)将 P_i^* 分解为一个双力偶分量和一个 CLVD 分量,其中 CLVD 分量的中心对称方向与 P_i^* 的第二个特征向量的方向,即 B 轴方向一致。此时

$$D_i^* = \frac{D_1^* - D_3^*}{\sqrt{2}} D_i^{DC} + \sqrt{\frac{3}{2}} D_2^* D_i^{CLVD} \tag{2.17}$$

其中,

$$\begin{cases} D_i^{DC} = \frac{1}{\sqrt{2}}(\boldsymbol{a}_1\boldsymbol{a}_1 - \boldsymbol{a}_3\boldsymbol{a}_3), \\ D_i^{CLVD} = \sqrt{\frac{1}{6}}(2\boldsymbol{a}_2\boldsymbol{a}_2 - \boldsymbol{a}_1\boldsymbol{a}_1 - \boldsymbol{a}_3\boldsymbol{a}_3) \end{cases} \tag{2.18}$$

式中,$\boldsymbol{a}_1$、$\boldsymbol{a}_2$、$\boldsymbol{a}_3$ 分别为 P_1^*、P_2^*、P_3^* 对应的特征向量。Zhu 和 Ben-Zion(2013)使用无量纲参数 χ 来定量表示上述分解方式中 CLVD 张量占有的分量,

$$\begin{cases} \chi = \sqrt{\frac{2}{3}} P_2^*, \\ D_i^* = \sqrt{1-\chi^2} D_{pq}^{DC} + \chi D_i^{CLVD} \end{cases} \tag{2.19}$$

式中 χ 的范围为-0.5(纯 CLVD 源)到 0.5(纯 CLVD 源)。当 $\chi=0$ 时,偏张量变为纯双力偶震源。

在各向同性弹性介质下,矩张量可通过弹性参数 μ、ν 和系数 ζ,与归一化的纯偏效能张量表示

$$M_i = \sqrt{2}\mu P_0(\frac{1+\nu}{1-2\nu}\zeta\boldsymbol{I} + \sqrt{1-2\zeta^2} D_i^* \tag{2.20}$$

因此在震源区速度结构已知时,我们可以使用 5 个参数 ζ、χ、φ、δ、λ 来描述震源矩张量,其中 φ、δ、λ 为双力偶震源滑动矢量对应的 3 个几何参数。这对矩张量反演是十分有利的。

2.1.3 双力偶源与非双力偶源

长久的研究表明,大多数天然地震与断层上的剪切滑动密切相关,因此应该具有双力偶的震源机制。图 2.2 展示了双力偶震源的体波辐射花样。P 波的辐射花样在每个空间象限内都有一个最大出射方向,相邻空间象限的出射波极性相反。这四个最大出射方向中有两个等同于 P 轴和 T 轴的方向。四个空间象限被两个平面分隔,在这两个平面处出射 P 波振幅减为零。这两个平面中的一个是断层所在的平面,而另一个平面则与之共轭。S 波的辐射花样同样相对于这两个平面对称,区别在于,在这两个共轭节面上 P 波振幅最小,而 S 波振幅最大。由于地震体波的辐射花样对震源机制解的敏感性,不同方向出射的 P 波的极性可以被用于测定震源机制。当一个地震为一个剪切错位源时,P 波的零值或者极性变化的出射方向可以很好地约束震源节面。尽管不能从单个地震的 P 波和 S 波观测分辨出破裂发生在哪个节面上,对大量地震进行系统的双力偶震源机制分析,则可对解析区域应力状态和断层几何形态提供关键约束,从而帮助了解地震的过程、发震机理以及板块构造过程(Sykes,1967;Isacks et al.,1968)。

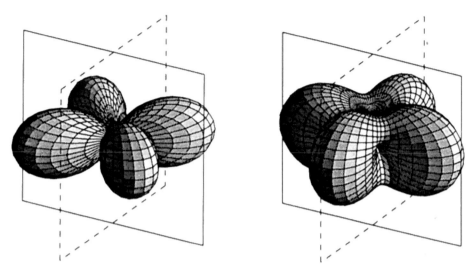

图 2.2 双力偶震源机制解的 P 波 (左图) 和 S 波 (右图) 的辐射花样 (Julian et al. , 1998) , 实线代表真实的断层所在平面 , 虚线代表垂直于断层所在平面的共轭面

　　然而 , 双力偶震源机制的广泛应用 , 在一定程度上是由于早期的地震数据的数量和质量有限造成的 。随着宽频带地震仪器的广泛布设与震源矩张量波形反演方法的应用 , 地震学家也发现 , 有一些地震表现出双力偶解以外的震源的性质 。这些地震被测定出具有不同于剪切滑动的震源过程 。它们可以出现在许多不同的构造区域 , 例如许多非双力偶地震在火山和地热区域发生 , 而另一些则分布在俯冲带较深的震源深度上 。同时 , 随着高质量的全球宽频带台网的应用 , 例行震源矩张量反演的结果显示 , 大多数地震的矩张量并非是纯双力偶源 , 而是带有较小的非双力偶分量 。当然 , 其中多数地震的非双力偶分量应该是由于噪声和不精确的地球速度结构模型造成的 , 但仍有相当数量的地震难以用纯双力偶震源较好解释观测到的地震波 。

　　随着地震学的发展 , 学者发现不少地震的矩张量并非是纯双力偶源 , 而是带有一部分 CLVD 分量 。尽管部分 CLVD 分量可能是由数据噪声和不精确的地球速度结构模型造成的 , 但仍有一部分地震事件具有显著的非双力偶性质 。相对于双力偶震源机制 , 非双力偶的震源产生的体波辐射花样具有不同的形状 , P 波零值对应的可能不再是一个节面 , 使得 P 波极性对全矩张量的约束更加困难 。因此 , 为了能够可靠约束非双力偶的震源机制 , 震源矩张量反演中应该加入更多信息 , 例如体波和面波波形 。地震表现出显著的非双力偶矩张量性质 , 这反映了它们可能具有不同于剪切滑动的物理过程 。

　　一个典型的例子是滑坡和火山喷发 , 它们的震源通常可以用单力矢量来进行描述 。例如 , 1980 年 5 月 18 日美国西部的圣海伦火山爆发开始时 , 伴随着一次巨大的滑坡 。滑坡相当于一个单力震源 , 会激发较强的 P 波和很弱的 S 波 。对此次火山爆发的地震学研究表明 , 这次事件的震源可以用两个单力来表示 : 一个近水平方向的力 (反映滑坡) 和一个垂向的力

（反映火山喷发）（Kanamori and Given，1982；Kanamori et al.，1984；Kawakatsu，1989）。非双力偶地震也常常发生在地热活动地区。例如，美国加利福尼亚州长谷火山口有较多与地热活动相关的地震事件。地震学家使用多种方法进行了独立的震源矩张量反演，发现其中最大的事件，同时也是具有丰富波形数据记录的事件，具有近似 CLVD 的震源机制（Given et al.，1982；Ekström and Dziewonski，1985；Julian and Sipkin，1985）。这次地震可能与岩浆房的膨胀、岩浆侵入断层缝隙有关。证据包括，在这次地震之前的两年里，小地震持续发生，并且地震活动性与地表变形程度在不断加剧（Rundle and Hill，1988）。

深源地震中同样有相当数量的事件具有非双力偶震源机制。在大陆地区，大多数地震由脆性破裂造成，它们多发生在地表以下 10 km 左右范围内，称为浅震。然而在俯冲带内，地震可以在深达数百千米的深度上发生，温度和压强都远远高于允许脆性破裂产生的温压条件。研究表明，深震具有较少的余震，同时它们的持续时间相对于浅震更短（Vidale and Houston，1993），暗示深震与浅震可能具有截然不同的物理过程。对深震的发震机理，地震学家提出了几种可能的模式，包括塑性失稳，剪切热失稳和多态相变等（Green and Houston，1995）。研究表明，一部分深震具有较大的 CLVD 分量（Miller et al.，1998）。而且，Houston（1993）发现，深震震源的 CLVD 分量所占比例可能随着震源深度变深而系统性增加。Kuge 和 Kawakatsu（1993）的研究表明，不同地震学数据和震源矩张量反演方法测定得到的深震的 CLVD 分量较为一致，这显示了测定得到的 CLVD 分量并非由数据噪声或反演方法造成，而是可靠的震源特征。

除了天然地震以外，人类活动同样能造成非双力偶地震事件，例如一些矿震。这是因为采矿行为使得矿井中空，对原有的地下应力场产生了很大的影响，有可能产生"岩爆"事件。例如，在南非金矿区发生的 10 次地震中，地震学家使用记录到的 P 波与 S 波波形反演震源矩张量，发现 7 次地震具有显著的体积收缩特征（McGarr，1992a,b）。人工地下核试验也可视为典型的非双力偶震源，以各向同性成分为主，并有可能包括 CLVD 成分，甚至有少许的双力偶成分。

2.2 常见的质心矩张量反演方法

2.2.1 哈佛大学矩张量解

Global Centroid Moment Tensor（Global CMT，GCMT）目录提供中等以上地震事件发震时间、位置、震级、震源持续时间、震源机制解和矩张量等信息。该项目由 Adam Dziewonski 在哈佛大学创建,曾被称为"Harvard CMT",2006 年项目迁移至美国哥伦比亚大学,同时更名为 The Global CMT Project,信息通过 www.globalcmt.org 网站发布。CMT(质心矩张量或矩心张量)包含描述震源机制解的六个矩张量分量参数。在反演过程中,还包括描述质心在空间和时间上分布的四个参数(经度、纬度、深度和质心时间)。

GCMT 反演方法是由 Dziewonski 等(1981)在地球简正模式的基础上发展的。该方法基于零阶矩张量的 6 个独立参量之间的关系(Gilbert,1971),要求地震破裂尺度与地震波长相比较小,持续时间也要小于所使用滤波周期。起初的 GCMT 方法使用全球台网记录中长周期(T>45 s)波形记录,基于球对称地球模型(PREM 模型)的简正模式求和计算合成地震图(Dziewonski and Anderson,1981),通过波形拟合进行最小二乘反演得到 GCMT 解。Dziewonski 和 Woodhouse(1983)将该方法运用到 1981 年的全球地震活动性分析中,并对其进行了扩展,加入了更长周期(T>135 s)的面波(也被称为地幔波)。随着上地幔层析成像模型 M84C 的建立(Woodhouse and Dziewonski,1984),GCMT 合成地震图计算过程中开始考虑地球三维结构效应(Dziewonski and Franzen,1984)。其后,基于更新的全地幔剪切波速度模型 SH8/U4L8(Dziewonski and Woodward,1992),GCMT 方法加入了地球速度结构的横向不均匀性修正。地幔速度模型的发展,使得 GCMT 算法中能够更好地拟合长周期(T>45 s)的体波和甚长周期(T>135 s)的面波。随后的 35~150 s 周期 Rayleigh 波和 love 波频散模型的发展(Ekström et al.,1997),使得 CMT 方法采用中等周期的面波数据成为可能。中等周期面波往往是浅源地震长周期远震波形中振幅最大的震相,加入该震相使得 CMT 方法能够反演更小震级的地震(Ekström et al.,2012)。此后,即使对于中等深度地震,标准的 CMT 反演中也加入了中等周期面波。

中等周期的面波、长周期体波和甚长周期的面波 3 种类型的波形数据可以提供对震源的相互补充约束(Ekström et al.,2012)。中等周期的面波由于其振幅较大、信噪比较高,为较小震级地震的分析提供了有用的数据;体波对地震震源球的采样相对均匀;甚长周期的地幔波在水平 2 个相反方向上对地震进行采样,扩大了采样范围,此外,由于它们的长周期特性,对震源的空间范围和时间过程不太敏感,点源近似更为有效。在 CMT 反演中,根据震级对 3 种类型的波形赋予不同的权重:对于 M<6.5 地震,体波和中等周期面波给予较大权重;对于 $6.5 \leq M \leq 7.5$ 地震,权重则相对减小;对 M>7.5 地震则权重为零。地幔波对 M<5.5 地震权重为零;对 $5.5 \leq M \leq 6.5$ 地震权重会线性增加;对 M>6.5 地震则权重取最大。

Global CMT 目录提供的震源参数信息被广泛应用于地球科学的研究中,其算法具有以下优势:①对于地球速度模型依赖性较小,长周期滤波可以减小介质中小尺度结构对波形的影响,有效地提高反演的稳定性;②由于加入了中等周期面波,对于中等强度地震同样适用,而不只是对大地震适用;③能够在较少人工参与下完成反演,自动化效果好。但是,由于所用波形数据的长周期特性,对震源深度约束较差,尤其是对浅源地震震源深度的约束不佳。例如,Global CMT 目录给出的地震震源深度均不小于 12 km,对于更浅的地震,不能提供准确的震源深度信息。

2.2.2 基于 W-phase 的矩张量测定

W-phase 是由 Kanamori(1993)提出的,在位移地震波形图上表现为 P 波和 S 波之间斜坡状的长周期震相(100~1000 s),群速度范围为 4.5~9.0 km/s,比传统的面波速度更快,可用于快速测定震源参数,服务于海啸早期预警。例如,W-phase 在 50°左右震中距时,能量集中在发震时间之后的 23 min 之内,明显早于面波。基于 W-phase 的矩张量反演方法由 Kanamori 和 Rivera 在 2008 年提出,通过时间域反卷积的方法从宽频带全球地震台网数据中提取 W-phase,采用点源的线性反演方法确定地震的矩震级和震源机制。他们将该方法应用于几个较大地震的研究中,包括 2004 年的苏门答腊地震($M_W = 9.2$)、2007 年库里尔岛地震($M_W = 8.1$)和 2007 年的苏门答腊地震($M_W = 8.4$),取得了良好效果。

起初的 W-phase 方法是利用地震数据的垂直分量反演,Hayes 等(2009)在美国地震信息中心(NEIC)实现了该方法对全球 $M_W \geq 5.8$ 地震的实时分析,并将该方法扩展到了三分量地震数据的应用上。Duputel 等(2012)进一步完善和发展了 W-phase 反演方法,并且用该方法分析了 1990—2010 年全球 M 6.0 以上地震,与 Global CMT 的结果对比,验证了其对中强地震震源参数反演的可靠性。改进后的 W-phase 反演方法分为 3 个阶段:①一般在地震发生后约 23 min,使用 50°震中距以内台站的地震数据垂向分量 W-phase 振幅估计震级;②根据震级的估计值给出震源持续时间,进行 W-phase 反演;③地震发生后约 35 min,当 90°震中距范围内台站数据可用时,使用更多的数据,反演得到更稳定的震源参数。

目前,W-phase 反演方法已经实现实时自动化反演,在美国 NEIC 和太平洋海啸预警中心(PTWC)业务化运行。W-phase 反演方法已经成为一种成熟的震源参数反演方法,其反演结果也被广泛应用于和震源参数相关的地震学研究中。W-phase 方法有诸多优点:①W-phase 有较快的群速度,能够在地震发生后进行快速反演;②W-phase 主要的传播能量在地幔中,由于地幔速度结构较为均匀,其波形可由合成地震图较好描述;③W-phase 包含多种体波震相,扩大了采样的震源球范围,且兼具长周期特性,可以更可靠地反演大地震的震源参数。然而,由于反演中使用波形的长周期特性,对中等强度地震参数的约束较为一般,尤其对于浅源地震的震源,其提供的约束更少。

上述 2 种方法在全球震源参数测定中得到了广泛的应用,而在区域尺度上,学者们也发展了一系列方法,基本上可以分为两类,包括基于全波形的方法(Dreger et al.,1987;Šilený and Panza,1991),以及基于主要震相波形的方法。后者包括长周期面波(Kanamori and Given,1981;Thio and Kanamori,1995;Lay et al.,1982;许力生和陈运泰,2004),体波(Dziewonksi et al.,1981;Dreger and Helmberger,1993),以及综合体波和面波的 CAP 方法(Zhao and Helmberger,1994;Zhu and Helmberger,1996)。

2.3 基于主要震相波形的震源参数反演方法(CAP)

与大地震不同,对于中强地震,使用中等周期的波形数据可以测定可靠的点源机制解参数及深度(Dreger and Helmberger,1990,1991a,1991b,1993;Dreger et al.,1998;Liu and Helmberger,1985;Dreger,2003)。在我国一些地震活动性强的省份,地震工作者基于中等周期近震波形,编制了震源机制解目录。常用的方法包括 Zhao 和 Helmberger 等(1994)提出的 CAP 方法。由于该方法使用了体波和面波等主要震相的波形数据,更充分地利用了地震记录所提供的信息,可以很好地用于震源机制解反演。

经过多年的发展,CAP 方法衍生出多种算法,介绍如下。

2.3.1 基于近震波形的 CAP 算法

CAP 方法是一种利用近震和区域地震数据反演双力偶机制解的方法,该方法将宽频带数字地震记录分为体波部分(Pnl)和面波部分,分别计算它们的理论波形和实际记录的误差函数,在相关参数空间中进行网格搜索得出最佳解(Zhao and Helmberger,1994;Zhu and Helmberger,1996)。

在波形反演中,理论地震图(也称为合成地震图)的计算是重要的环节,可以用三种基本断层对应的格林函数加权线性组合来表示,其权重为震源和台站几何参数所表示的震源辐射花样

$$s(t) = M_0 \sum_{i=1}^{3} A_i(\theta - \phi_s, \delta, \lambda) G_i(h, t) \qquad (2.21)$$

式中,$i = 1$、2、3 分别为 3 种基本的断层类型,分别是断层倾角 90°的走滑断层(vertical strike-slip)、断层倾角 90°的倾滑断层(vertical dip-slip)、断层倾角 45°的倾滑断层(45° dip-slip);G_i(h,t)为格林函数;h 为震源深度;A_i 为辐射系数;θ 为台站方位角;ϕ_s、δ、λ 为所求震源机制解的走向、倾角、滑动角;M_0 为标量地震矩。

在反演过程中,以合成地震位移 $s(t)$ 和观测地震位移 $u(t)$ 一致作为目标,即

$$u(t) = s(t) \qquad (2.22)$$

实际上,二者难以完全一致,实际的反演目标为二者偏差的极小值。由于参与反演的震源机制解的未知参数不多,且 $0° \leq \phi_s \leq 360°$、$0° \leq \delta \leq 90°$、$-180° \leq \lambda \leq 180°$,因此直接采用网格搜索的方法在 M_0、$\theta - \phi_s$、δ、λ 以及震源深度空间搜索得到最佳的震源机制解、矩震级和震源深度。

考虑到因几何扩散对不同震相幅度的改造效应,Zhu 和 Helmberger(1996)使用经震中

距校正后的绝对误差值作为误差函数,定义为

$$e = \left\| \left(\frac{r}{r_0} \right)^p \right\| \cdot \| u - s \| \tag{2.23}$$

式中,$\| \quad \|$为 L2 范数;r 为震中距;r_0 为选定的参考震中距;p 为指数因子,一般而言,对体波 $p=1$,对面波 $p=0.5$。

CAP 方法具有如下优点。

(1)综合利用了近震记录的体波和面波信息,约束更为全面。CAP 方法将体波和面波分开进行拟合,并在反演的过程中允许它们在适当的时间变化范围内相对移动,一定程度上有效压制了地下速度结构不准确造成的影响,对速度模型和地壳横向变化的依赖性较小。

(2)反演过程中分别对体波和面波赋以不同权重和滤波频段范围,通过给体波部分赋以更大的权重和选择适当的滤波范围来避免反演主要受面波信息的控制,同时由于面波相对于体波更容易受震源深度的影响,这种反演方式可以充分利用体波和面波的振幅比,对地震深度及机制解有更好的约束。

(3)在误差函数中引入距离影响因子,充分考虑到振幅的距离效应,从而避免反演主要受到近处台站资料的过大影响。

(4)在误差定义中使用绝对振幅而不是归一化振幅,避免振幅归一化带来的其他局部极小值解,能更好地识别震相的节面(nodal)。

图 2.3 显示了 CAP 方法对速度模型的敏感性测试案例。我们用 4 个地壳模型计算出不同方位角和震中距上的理论地震图,震源参数分别为断层走向 30°、倾角 42°、滑动角 140°、震源深度 9 km、矩震级 M_W 6.0。然后用一个平均地壳模型对这些数据进行反演,一方面检验 CAP 方法获取震源机制解、震级和震源深度的准确性,另一方面也检验该方法对模型的依赖性。所用台站名为 S1~S12。其中 S1~S3 的数据是根据-5%模型(相对于平均地壳模型)生成的,S4~S6 是由+5%模型生成的,S7~S9 是由-10%模型生成的,S10~S12 是根据+10%模型生成的。从反演的结果可以看出,使用 CAP 方法可以有效地复原这些震源参数。这些测试还显示了面波和 Pnl 波走时对模型敏感度的差别。

CAP 方法在获取 M_W>3.5 的近震机制解上是相当有效并且稳定的(Zhu and Helmberger,1996)。一般而言,对体波的滤波周期范围取 5~50 s,对面波取 10~100 s,这样的滤波频段范围内的地震波信噪比主要受低频信号控制,而对于震级更小的地震,由于缺乏足够的低频能量,要用 CAP 方法反演其机制解需要使用更高频的信号,此时,三维结构的影响已经不能忽略,需要利用其他方法处理模型的不精确性造成的误差。我们可以使用如图 2.3 所示类似的方法,对不同方位角上的地震记录采用不同的一维模型进行拟合,在有可靠三维模型的地区也可以直接使用三维模型计算的理论地震图(Liu et al.,2004),或者还可以使用其他方法进行校正。我们将在随后的内容中介绍适用于高频地震波信号反演小震机制解的 CAP_h 方法。

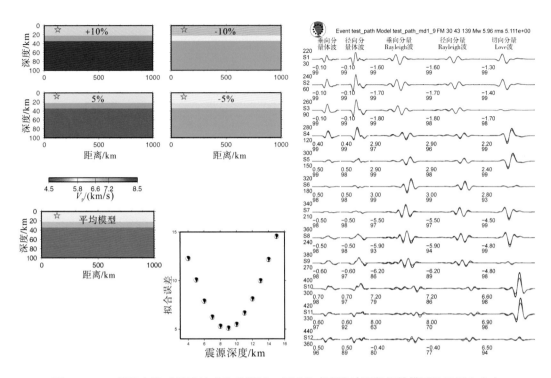

图 2.3　CAP 反演方法对模型敏感度的测试。用于生成理论地震数据的模型位于图左上方，
反演的波形拟合结果位于图右方，深度解见图左下方

2.3.2　基于时移或位置校正的 CAPloc 算法

Tan 等（2006）将 CAP 方法加以改进，在 CAP 方法的基础上增加了对震源质心水平位置的搜索，提出了 CAPloc 方法，并将其运用至西藏地区的一系列地震的研究中。Tan 等（2006）首先通过历史地震在 PASSCAL 临时台网的记录得到该地区的面波走时相对于某一维模型的校正，并用这些走时校正，以层析成像模型的形式生成面波走时校正地图，而后用该地图预测地震面波的准确走时。在仅用两个地震台站的 CAPloc 反演过程中，通过这些面波走时校正来严格约束拟合面波时允许的时移，并且在网格搜索的过程中也搜索震源的位置。其结果表明，即使只使用两个地震台站，仍然可以将震中定位误差从 16 km（国际地震中心 ISC 目录）减小至约 5 km。

CAPloc 方法中理论地震图的表示形式略有变化，为

$$s_j(t) = M_0 \sum_{i=1}^{3} A_{ij} [\phi - \varphi(\theta, \xi), \delta, \lambda] G_{ij} [h, \Delta(\theta, \xi), t] \tag{2.24}$$

式中，$i = 1$、2、3 对应于 3 种基本断层，相比于 CAP 中的理论地震图表示形式，这里增加了水平位置 2 个参数 θ、ξ。

反演过程中,波形的误差定义为

$$\begin{cases} e_{Pnl} = \| u^{Pnl}(t) - s^{Pnl}(t - \Delta T) \| \\ e_{Sur} = \| u^{Ray}(t) - s^{Ray}(t - \Delta T - \delta t^{Ray}) \| + \| u^{Love}(t) - s^{Love}(t - \Delta T - \delta t^{Love}) \| \end{cases} \quad (2.25)$$

式中,$\| \ \|$ 为 L2 范数;ΔT 为理论地震图和实际地震图 P 波的时移;δt^{Ray} 和 δt^{Love} 为对齐 Rayleigh 波和 Love 波所需要的时移,即面波的走时校正。总体的波形误差定义为

$$\chi_w^2 = K e_{Pnl} + e_{Sur} \quad (2.26)$$

式中,K 为 Pnl 和面波之间的权重比。

同时,假定一维模型在预测 P 波走时上是足够准确的,Tan 等(2006)还定义了 P 波走时误差函数为

$$\chi_t^2 = \frac{1}{\sigma_t^2} \sum_{n=1}^{N} \left(\Delta T_n - \frac{1}{N} \sum_{n=1}^{N} \Delta T_n \right)^2 \quad (2.27)$$

式中,σ_t^2 为括号中残差的方差,表示手动拾取 P 波初到的误差;ΔT_n 的平均值 $\frac{1}{N} \sum_{n=1}^{N} \Delta T_n$ 为发震时刻的误差。综合波形和走时误差函数得到总体误差函数

$$\chi^2 = \chi_w^2 + \chi_t^2 \quad (2.28)$$

在机制解参数(走向、倾角、滑动角)、震源位置(深度、经纬度)和震级参数空间搜索出使得总体误差函数 χ^2 取最小值的解。

由于仅用 2 个台站的记录来确定震源的位置和机制解,需要充分利用三分量地震记录提供的信息。在反演的时候应选取合适的 Pnl/面波权重,Tan 等(2006)测试了不同的权重比在反演时对机制解反演准确性的影响,指出在稀疏台站的情况下要获取正确的机制解,有必要选择正确的(Pnl/面波)权重比。

Tan 等(2006)还比较了单步反演和双步反演的差别。在单步反演中,同时搜索所有的相关参数;而双步反演则是先利用整个 PASSCAL 台网确定出最佳震源机制解和深度,而后搜索震源的水平位置。研究表明,在精度损失有限的范围内,双步反演方法可以明显地提高反演的效率,从而有利于在近实时的时间尺度上实现对震源相关参数的快速确定。我们将在第 4 章中进一步研究该方法在美国西部的 TriNet 台网中的运用,并给出南加州地区的面波走时校正模型。

2.3.3 基于远震体波的 CAPtele 算法

上述的 CAP 和 CAPloc 方法均需在水平层状模型的基础上计算近震距离的格林函数。当我们将 CAP 的思想推广至远震(30°~90°)距离上时,地球的曲率就不再能够忽略,格林函数的计算思路也随之改变。在远震距离上,使用体波中的 P 波和 SH 波数据进行反演。其中,P 波的径向分量容易受台站下方地壳结构的影响且能量较弱,因此反演中采用 P 波垂直

分量资料。

远震 P 波垂直分量和 SH 波的计算可以表示为(Langston and Helmberger,1975)

$$\begin{cases} s^{\mathrm{P}}(t) = R_{\mathrm{PZ}}[\dot{\phi} + R_{\mathrm{pP}}\dot{\phi} \cdot H(t - \Delta t_1) + (R_{\mathrm{sP}}\frac{\eta_\alpha}{\eta_\beta})\dot{\Omega} \cdot H(t - \Delta t_2)] * S(t) * Q(t) \\ s^{\mathrm{SH}}(t) = R_{\mathrm{SH}}[\dot{\psi} + R_{\mathrm{sS}} \cdot \dot{\psi} \cdot H(t - \Delta t_3)] * S(t) * Q(t) \end{cases} \tag{2.29}$$

式中,ϕ 为 P 波势函数;Ω 为 SV 波势函数;ψ 为 SH 波势函数;"·"为对时间微分;R_{PZ} 为垂直方向 P 波接收函数;R_{SH} 为 SH 波接收函数;R_{pP} 为 pP 波的反射系数;R_{sP} 为 sP 波的反射系数;R_{sS} 为 sS 波的反射系数;$S(t)$ 为远场位错源的时间函数;$Q(t)$ 为衰减响应函数;"*"为卷积;Δt_1 为 pP 震相时延;Δt_2 为 sP 震相的时延;Δt_3 为 sS 震相的时延;$H(t)$ 为 Heaviside 阶跃函数。

根据以上公式,我们可以计算出给定震中距上3种基本断层(倾角90°的走滑断层、倾角90°的倾滑断层,倾角45°的倾滑断层)对应的理论地震图,当 $S(t)$ 为脉冲信号时,计算所得的理论地震图即为远震体波的格林函数,进一步便可以表示出任意双力偶震源对应的理论地震图。

在 CAPtele 方法中,波形的误差定义为

$$e = we_{\mathrm{P}} + e_{\mathrm{SH}} = w\|u^{\mathrm{P}}(t) - s^{\mathrm{P}}(t - \delta t_{\mathrm{P}})\| + \|u^{\mathrm{SH}}(t) - s^{\mathrm{SH}}(t - \delta t_{\mathrm{SH}})\| \tag{2.30}$$

式中,$\|\ \|$ 为 L2 范数;w 为 P 波和 SH 波在反演中的权重比;δt_{P} 为对齐 P 波需要的时移;δt_{SH} 为对齐 SH 波需要的时移。根据此误差公式,在矩震级、断层走向、倾角和滑动角空间用网格搜索的方式得到最佳震源机制解。

2.3.4 基于近震高频波形的 CAP_h 算法

如前所述,CAP 方法一般适用于反演 $M_{\mathrm{W}}>3.5$ 地震的震源机制解。而对于更小震级地震,有必要使用更高频的地震波信号进行震源参数反演。Tan 和 Helmberger(2007)针对此问题,进一步改善了 CAP 方法,提出了利用 0.5 ~2.0 Hz 高频信号反演 M 2~3.5 地震震源参数的 CAP_h 方法。

三维结构主要影响的是高频 P 波起始部分的振幅,对其整体波形影响不大(Tan and Helmberger,2007)。因此,利用机制解较为准确的中等地震(5.0>M>3.5)对高频信号的振幅进行校正是一种可行的方法。为了排除源区结构对高频信号的影响,应选取小震附近(<10 km)(Tan and Helmberger,2007)的中等强度地震作为校正事件。当滤波至 0.5 ~2.0 Hz 时,根据一维模型计算的理论地震图和实际地震图的振幅差别往往比较显著。此时可以定义振幅放大因子 AAF(amplitude amplify factor)对其进行表征

$$\mathrm{AAF} = \sqrt{\frac{\int u^2(t)\,\mathrm{d}t}{\sqrt{\int s^2(t)\,\mathrm{d}t}}} \tag{2.31}$$

式中,$u(t)$ 为实际地震记录;$s(t)$ 为理论地震记录。当小震附近有一系列中等强度地震的时候,可以通过式(2.32)来统计其 AAF 的稳定性。

$$\begin{cases} \overline{\log(\text{AAF})} = \dfrac{1}{N} \sum_{i=1}^{N} \log(\text{AAF}_i) \\ s_{\log(\text{AAF})}^2 = \dfrac{1}{N-1} \sum_{i=1}^{N} \left[\log(\text{AAF}_i) - \overline{\log(\text{AAF})} \right]^2 \end{cases} \quad (2.32)$$

获得了稳定的 AAF 之后,便可以将其运用至小震的研究中。在高频范围内的面波非常复杂,因此,反演只利用 P 波的初始部分。相对于经典的 CAP 方法中的一维模型,CAP_h 采用平滑的波速模型,以避免模型简单分层造成的波形突变。考虑了 AAF 改正后的目标函数定义如下

$$e = \left\| \frac{u(t)}{\text{AAF}} - s(t) \right\| \quad (2.33)$$

利用此方法,Tan 和 Helmberger(2007)获取了南加州大熊(Big Bear)地震序列中 $M \approx 2.5$ 小震的机制解。但由于需要使用附近发生的较大地震来作为校正事件,CAP_h 方法主要适用于中等强度地震的余震序列机制解研究,并且要求在较近(震中距 120 km 以内)距离上台站有较好的方位角覆盖。这是因为在 130~170 km 的震中距范围内,地震辐射的上行能量和下行能量有可能同时到达台站,容易造成震相的混叠,而在更远的距离上,小震的能量不足以保证足够强的地震 P 波信号。

2.4　小结

上述的 CAP 及后续的改进方法主要基于单套数据(或者近震波形、或者远震波形),而且假定双力偶源。后来研究者提出了全张量反演方法(gCAP),结合近震及远震数据的 CAP_joint 方法及 gCAP_joint 方法,这些方法将在以后的章节中具体介绍。下一章将介绍 CAP 在一个下地壳地震研究中的应用。

第 3 章　以 2003 年内蒙古赤峰地震
为例的近震反演

2003 年 8 月 16 日（UTC，协调世界时）在内蒙古东部赤峰地区的巴林左旗和阿鲁科尔沁旗交界处发生了 $M6.1$（中国地震台网）的地震。这是赤峰市 700 年以来最大的一次地震，受灾面积达 10 000 km²，造成的直接经济损失超过 8 亿元（内蒙古自治区地震局）。国内外研究机构给出了此次地震的震源机制解和震源深度（表 3.1），震源机制、震源深度等结果存在着明显的差异，需要进一步的研究。为此，基于中国国家台网的宽频带数字地震仪近震波形记录，反演了赤峰地震震源机制解，利用远震震相进一步确定震源深度，发现此次地震有可能发生于下地壳，并讨论了发震机理。

表 3.1　不同机构给出的震源参数

深度/km	矩震级(M_W)	节面1(走向/倾角/滑动角)	节面2(走向/倾角/滑动角)	来源
30	5.4	317°/57°/10°	222°/82°/146°	哈佛大学
26	5.4	202°/56°/174°	296°/85°/34°	美国地质勘探局（USGS）
—	5.5	70°/80°/−51°	172°/40°/−165°	中国地震局地球物理研究所
10	4.9	38°/83°/114°	142°/25°/16°	中国地震局地震预测研究所

3.1　波形数据与速度结构模型

近震 CAP 反演所用的 5 个台站选自中国国家地震台网（CDSN）。我们先将原始的波形数据去除仪器响应后得到位移记录，再将其旋转为大圆路径的 Z（垂向）、R（径向）、T（切向）分量，并分成 Pnl 和面波 2 个部分。Pnl 部分滤波频带为 0.05 ~ 0.2 Hz，面波部分为 0.03 ~ 0.1 Hz。选择这样的频率范围，可以提高信噪比并压制三维介质效应。上述 5 个台站中均有 Z、R 分量的 P 波震相和 Z、R、T 分量的面波震相可用于参数反演（图 3.1）。

为了利用远震体波震相验证近震反演的结果,我们从美国地震学研究联合会(Incorporated Research Institutions for Seismology, IRIS)获取了信噪比较高的30°~90°范围内的宽频带数据,将原始记录去除仪器响应后转化为地动速度。我们选用0.7~2Hz的带通滤波将Z分量数据进行滤波,以得到更清晰的P波及其深度震相pP、sP。

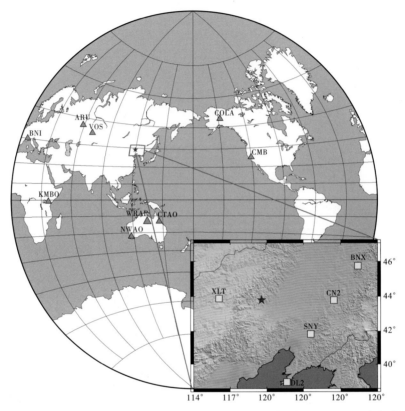

图3.1 地震震中与台站分布图。五角星是震源位置,大图中的三角形为远震距离台站的分布,小图中正方形为近震距离台站的分布

在计算格林函数时,需要可靠的壳幔结构模型。收集赤峰台宽频带远震数字地震记录,计算出该台站的接收函数,通过H-κ(H为深度,κ为P波和S波的速度比值)叠加方法(Zhu and Kanamori, 2000)搜索得到莫霍面深度(34.0 km)和纵横波速比,并参考CRUST2.0模型(Bassin, 2000)和中国地震局物探中心在辽宁中西部人工地震勘探的结果(国家地震局《深部物探成果》编写组, 1986),得到该区域的一个分层速度结构模型,见表3.2,这里将地壳分成了4层。

表3.2 内蒙古赤峰地区地壳分层速度模型

层厚/km	V_s/(km/s)	V_p/(km/s)	密度/(10^3 kg/m^3)
1.40	2.40	4.42	2.10
6.20	3.30	5.65	2.75

续表

层厚/km	$V_s/(\text{km/s})$	$V_p/(\text{km/s})$	密度/$(10^3\ \text{kg/m}^3)$
10.80	3.60	6.31	2.80
16.00	3.92	6.74	2.90
∞(半空间)	4.55	7.90	3.33

3.2 震源参数反演结果与验证

3.2.1 震源参数反演结果

经过全局搜索,得到赤峰主震的最佳双力偶解为节面1走向315°、倾角64°、滑动角19°,节面2走向216°、倾角74°、滑动角152°,其矩震级$M_W=5.2$。从得到的结果上看,震源机制解与哈佛大学用全球远场面波波形反演得到的结果(节面1走向317°、倾角57°、滑动角10°,节面2走向222°、倾角82°、滑动角146°)比较接近。而哈佛大学和USGS得到的震级均为$M_W=5.4$,和我们的结果略有差异。USGS是利用远震体波得到M_W,而体波的振幅受到和射线路径有关的t^*的控制(Lay and Wallace,1995),对于中小地震的影响较大,这是因为中小地震t^*的破裂持续时间短的缘故。我们得到的矩震级则综合利用了近震的体波和面波信息,这也许是上述结果不同的原因所在。

图3.2展示了理论地震图与观测数据的拟合情况。在所显示的25个震相波形中,大部分震相拟合得比较好。大连台(DL2)位于辽东半岛的最南部,面波从震源传播至大连台过程中经过了渤海湾;波速因海底沉积物的存在而变慢,从而导致其面波到时相比其他台站有很明显的滞后。而我们在用FK方法计算理论格林函数时使用了一个一维模型,因此我们看到大连台的面波理论地震图比观测地震图有较大的向前时移。

由图3.3可见,误差在震源深度25 km附近有一个极小值。我们取25 km作为该震的深度。在实际观测中,绝大多数地震发生在15 km之上,大量的岩石物理实验也表明,15 km以上的岩石中更容易积累足以发生地震的能量。而我们得到的震源深度(25 km)已深达该地区的下地壳,一般说来,这样的深度下岩石温度相对较高,可达到450℃以上(Scholz,1990),不利于孕育中强度地震。为了进一步确认地震的发生深度,并验证震源机制解反演的结果,我们将用远震体波震相做进一步的研究。

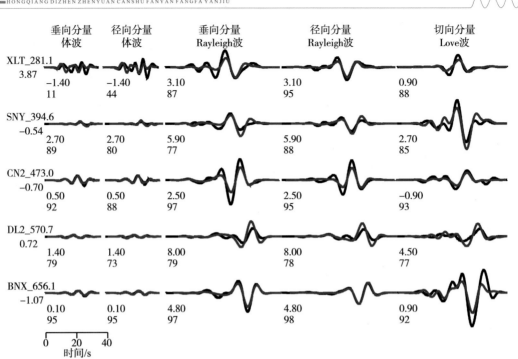

图 3.2 赤峰地震理论地震图与观测地震图。红线为理论地震图,黑线为观测地震图,
其下的数字为理论地震图相对观测地震图的移动时间,正值表示理论计算比实际快

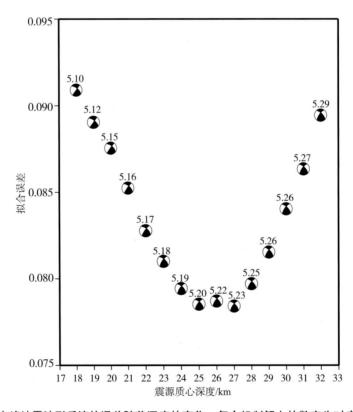

图 3.3 赤峰地震波形反演的误差随着深度的变化。每个机制解上的数字为对应的矩震级

3.2.2 基于远震 P 波震相的验证

P、sP、pP 震相之间的到时差对震源深度十分敏感,同时,地震波体波的辐射分布和震源机制解密切相关,因此可通过对比理论地震图和观测地震图的体波震相振幅和到时来验证震源机制解和震源深度是否准确。我们将 CAP 反演得到震源机制解作为输入计算远震体波的理论地震图。所选取的台站见图 3.1 和表 3.3。我们通过调节震源深度,观察理论地震图和观测地震图之间的震相到时差异。图 3.4 所示为震源深度灵敏性测试,其中灰色地震图为 VOS 台站的记录,通过观察这些不同震源深度的理论地震图我们可以清晰地看到震源深度变化对 pP 和 sP 震相到时的影响。

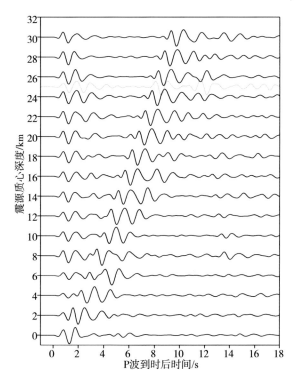

图 3.4 震源深度灵敏性测试图。灰色为 VOS 台站的观测记录,黑色为理论地震图。理论地震图和数据均为带通滤波后的速度记录,滤波频段为 0.7~2.0 Hz

图 3.5 给出的是震源深度为 25 km 时的结果,可以看出,无论是 pP 还是 sP 震相,理论和观测之间都有很好的相对到时拟合,并且通过对比理论计算和实际观测的 P、sP、pP 震相的振幅,可以发现它们之间能很好地吻合。这说明我们反演得到的结果较为可靠。我们也将其他机构给出的震源机制解和震源深度作为输入计算的理论地震图,图 3.6 是相应的拟合比较图。可以看出,我们的结果在深度震相到时和振幅上都和实际观测数据有更好的吻合。

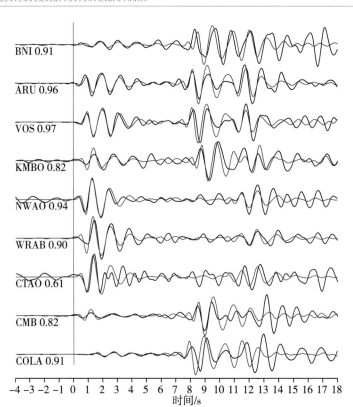

图 3.5 远震体波理论地震图(红)与观测地震图(黑)的对比

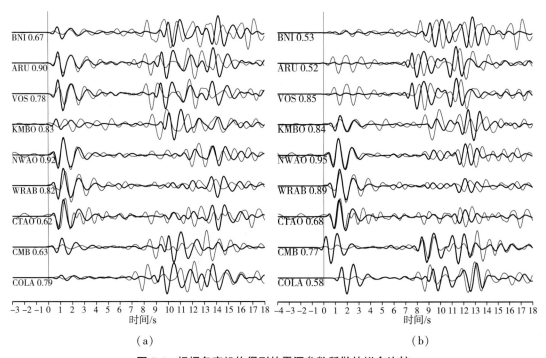

（a）　　　　　　　　　　　　　　　　（b）

图 3.6 根据各家机构得到的震源参数所做的拟合比较

（a）Harvard 震源机制解（震源深度 30 km）；（b）USGS 震源机制解（震源深度 26 km）；（c）IGCEA 震源机制解
（震源深度 25 km）；（d）对应 IESCEA 震源机制解（震源深度 10 km），其中灰色为实际数据，黑色为理论地震图

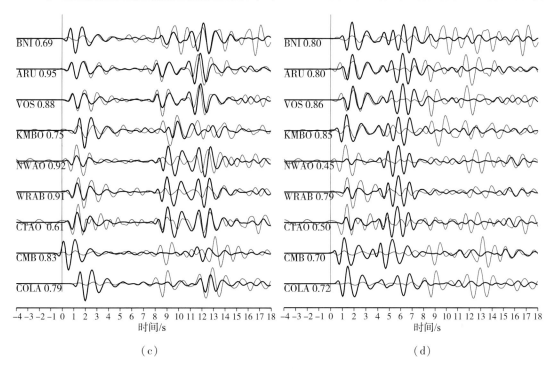

图 3.6(续)

为保证一致性,我们取反演时所用的速度模型作为计算远震体波的源区速度模型。由于该模型为一维简单模型,无法完全描述真实地球,因此我们允许源区速度模型有一定的误差。因为 pP 与 P 震相的到时差由震源深度及该深度之上的 P 波速度决定,我们给出的源区模型在 25 km 之上的平均 P 波速度为 6.12 km/s,我们将此平均速度减小 0.3 km/s,对 25 km 深度的地震,pP 与 P 震相的到时差将变化约 0.45 s,这相当于深度改变 1.5 km 时引起的到时差。综合以上考虑我们将赤峰地震的震源深度定为(25±2) km。

3.3 讨论与小结

本章首先采用接收函数的方法,利用赤峰台的远震体波数据得到该地区地壳厚度和纵横波速比,并参考 CRUST2.0 等结果得到该地区的一个速度模型。以该速度结构作为源区速度模型的估计,用以反演震源机制解。

我们利用近震宽频带地震数据,采用 CAP 方法反演得到了震源机制解及震源深度。该深度及机制解也能很好地拟合远震 P 波数据。因此我们认为此次地震的震源机制解为:节面 1 为 315°/64°/19°,节面 2 为 216°/74°/152°,深度为(25±2) km。节面 1、节面 2 皆有可能为地震的破裂面,为确认哪一个为地震的实际破裂面需要对余震序列做进一步的分析研究。

我们在反演中使用的是一维源区模型。将来的工作还可以用考虑了路径校正的准二维模型（Saikia，2006）、三维模型（Liu et al.，2004）对震源机制进行反演。

研究表明，该地震极有可能发生在下地壳。我们知道，岩石层由上、下两层组成，通常把易于发生弹-脆性变形和黏滑，也即能发生地震的上层称为脆（性破）裂层（schizosphere），把其下面的层称为塑性层（plastosphere）。脆裂层也就是发生地震的层，简称为发震层（seismogenic zone 或 seismogenic layer）（Scholz，1990）。例如，在美国西部的圣安德列斯断层，发震层的厚度约为 15 km（Scholz，1990）。在发震层以下，地震活动性急剧减小，这是由于岩石环境温度随着深度增加而增加的缘故，当温度升高时，比如在 11 km 达到 300 ℃，该温度已达到了石英的塑性形变温度，地壳将由脆性进入延脆性状态，岩石变质状态进入更高级别，由碎裂岩逐渐变成糜棱岩。当深度增加时温度继续增高，例如在 22 km 达到 450 ℃，此温度已经到了长石的塑性形变温度，岩石则由延脆性状态进入了塑性状态，难以孕育中强度以上地震（Scholz，1990）。我们得到赤峰 M_W 5.2 地震发生在 25 km 左右的深度，这说明在这样的深度岩石仍然可以积累足够大的能量，即赤峰地区下地壳可能处于相对较低的温度，岩石仍可以通过脆性破裂的方式释放大量能量。Wang（2001）通过对 723 个中国大陆热流点以及 1500 多个全球热流点数据的研究，得到中国及其周边地区各块体的岩石圈强度和地温剖面，其中地震所在的东蒙地块温度梯度较小，在 25 km 深度地壳温度还不足 400 ℃，远低于其他块体，此时岩石仍具有较高的强度。这和我们得到的结果互为印证。

我们的研究表明，赤峰地震发震深度大于一般大陆地震发震深度，说明该地区的下地壳仍存在发生能够造成严重灾害的中强度地震的可能性，建议加强对此地区的地震监测以及灾害预警工作。同时我们也建议开展更多更深入的研究工作，以增进对此类构造环境和地震的了解，为防灾工作提供科学支持。

第4章　基于少量台站波形的震源参数反演方法 CAPloc

目前区域地震活动性监测主要还是通过对短周期 P 波走时拾取来实现,该方法一般需要方位角覆盖较好的台站分布(Bondár et al.,2004)。然而,随着宽频带数字地震仪的日渐推广,人们可以利用更完整的地震波形来获取震源机制解和震源的位置。相比于传统的地震监测方法,我们不再需要那么多的地震仪分布也可以得到足够准确的结果。Tan 等(2006)的可行性研究表明,利用两个台站的三分量记录就可以得到较为准确的震源参数,得到的结果与 PASSCAL 台网结果具有很好的一致性,该方法的关键在于校正面波的走时。本章中,我们在 Tan 等(2006)的基础上,利用层析成像模型校正面波走时,进一步测试用双台法反演震源参数的方法,将其结果与 TriNet 台网的结果比较,并讨论该方法的优缺点。

宽频带地震仪在更宽频率范围内记录地震信息的这个优点在 Dreger 和 Helmberger(1991b)的研究中得以充分体现,即使那时只有一个宽频带地震台(PAS)。首先,由于各种震相的频率成分有可能不同,宽频带的地震记录涵盖了更多的震相,从而有助于更好地了解地球介质的速度结构。其次,宽频带仪器可以记录到跨越几个数量级的地面振动,可以很好地记录主震和余震的信息。在比较准确了解震源机制解的情况下,利用余震记录,人们可以更好地区分出地震记录中哪些部分是由于震源过程造成的,哪些部分是由于结构因素导致的。

美国西部 TriNet 台网的迅速扩展使得早期发展的地震波形研究技术可以运用到更多的数据上。图 4.1 所示的便是个很好的例子,我们运用 CAP(cut and paste)方法(Zhao and Helmberger,1994;Zhu and Helmberger,1996b)获得了 1998—2005 年发生在南加州 160 个地震的震源机制解。在本章中,我们将基于这些地震和它们的位置来测试稀疏台网确定震源参数的方法。

4.1　方法回顾

传统方法主要是利用体波的到时来确定震源的起始震中(hypocenter)、利用体波(主要是直达 P 波)震相的极性来确定震源机制解,这种方法需要短周期台站对地震有良好的方位角覆盖。与之相对,近来发展的"CAPloc"方法(Tan et al.,2006)则充分利用了三分量宽频带地震记录,能够在台站相对稀疏的情况下可靠地获得 M 3.5 以上地震的震源机制解。对于更小的地震,我们可以使用高频(0.5~2.0 Hz)P 波信号,亦可获得这些地震的机制解(Tan and Helmberger,2007)。

"CAPloc"方法的思想在于对不同的主震相群(P 波和面波)分别进行拟合,并且对面波的走时加以合理的校正。这些走时校正既可以通过三维层析成像模型获得(Liu et al.,2004),也可以通过别的方式获得。对比于仅利用 P 波初动确定震源机制解的传统方法,"CAPloc"方法利用了更为完整的波形,明显提高了对震源球的采样区间。该方法能在稀疏台网的情况下得到可靠的震源机制解。

这里我们简要回顾一下"CAPloc"方法。我们用 $u(t)$ 表示去仪器响应之后的实际地震图,用 $s(t)$ 表示理论地震图,任意一个双力偶源,都可以表示成 3 种基本断层运动的线性组合,即垂直断层纯走滑运动、垂直断层纯倾滑运动、45°断层的纯倾滑运动

$$s_j(t) = M_0 \sum_{i=1}^{3} A_{ij}[\phi - \varphi(\theta,\xi),\delta,\lambda] G_{ij}[h,\Delta(\theta,\xi),t] \tag{4.1}$$

式中,$j=1$、2、3 为垂向、径向和切向分量(Helmberger,1983);G_{ij} 为格林函数;A_{ij} 为震源辐射系数;M 为标量地震矩;$\varphi(\theta,\xi)$ 为台站的方位角;$\Delta(\theta,\xi)$ 为台站的震中距。这里的未知参数有地震位置(深度和经纬度)、断层走向、断层倾角、断层滑动角和地震矩。在反演过程中,以理论地震图和观测地震图一致作为目标

$$u(t) = s(t) \tag{4.2}$$

由于未知的参数比较少,我们以网格搜索的方式对式(4.2)进行求解,波形拟合的误差通过式(4.3)定义的 P 波和面波的波形拟合误差得到,可以给二者赋以不同的权重;同时我们也考虑到了体波的走时误差,在反演过程中尽量使其取最小值

$$\begin{cases} e_{\mathrm{Pnl}} = u^{\mathrm{Pnl}}(t) - s^{\mathrm{Pnl}}(t - \Delta T), \\ e_{\mathrm{Sur}} = \| u^{\mathrm{Rayleigh}}(t) - s^{\mathrm{Rayleigh}}(t - \Delta T - \delta t^{\mathrm{Rayleigh}}) \| + \| u^{\mathrm{Love}}(t) - s^{\mathrm{Love}}(t - \Delta T - \delta t^{\mathrm{Love}}) \| \end{cases} \tag{4.3}$$

式中,$\| \quad \|$ 为 L2 范数;ΔT 为根据 P 波初动拾取校正的发震时刻误差;$\delta t^{\mathrm{Rayleigh}}$ 为对 Rayleigh 波的走时校正;δt^{Love} 为对 Love 波的走时校正。我们将 P 波和面波分别进行拟合,并给他们赋以不同的权重,其原因在于二者对地壳结构的采样区域有所不同,可以对震源参数提供不同的约束。当台网

较为稀疏的时候,二者之间权重的适当选取对正确获得震源参数至关重要(Tan et al.,2006)。在解式(4.3)之前我们需要获取正确的面波走时校正(δt),一种方便的做法就是得到一张走时校正地图,以层析成像模型的方式给出,通过该地图,我们可以得到任意两点连线的面波走时校正。

4.2　面波走时校正地图

获取面波走时校正地图最直接的方法就是应用图4.1所示的160个地震的面波走时,这些地震和台站之间的射线路径对美国南加州地区有很好的覆盖。但是,正确获取这些地震面波相对于一维模型(SoCal,即标准南加州一维地壳模型)的走时偏差需要准确的震源机制解,因为理论地震图的面波走时是和机制解密切相关的。所幸的是,CAP方法在反演震源机制解的同时,将理论面波走时和实际面波走时的偏差作为附带结果输出(图4.2)。这里我们给出大熊地震序列中2个典型地震的比较,一个是走滑型地震,另一个是逆冲型地震。如图4.2所示,每个台站名后的数字表示该台站的震中距,波形图下的第一个数字是一维模型预测的地震波走时和实际地震波走时的偏差,第二个数字是用百分比表示的互相关系数(cross-correlation coefficient,CC),其中走时的偏差是通过波形互相关的方式获取的。如前所述,我们将地震图分成Pnl波(P波及其扩展部分)和面波2个部分(Zhu and Helmberger,1996),分别对它们进行拟合。我们之所以选择这2个地震是因为:①震源位置相距仅500 m,发生在几乎同一位置(Chi and Hauksson,2006),便于对比;②2个地震的类型完全不同,它们的能量辐射花样具有典型代表意义。如果$\lambda = 90°$、$\delta = 45°$(λ为断层滑动角、δ为断层倾角),并且震级相同,那么逆冲地震辐射出的切向能量应为走滑地震辐射的切向能量的一半(Helmberger,1983)。但因为逆冲地震的震级比走滑地震的震级略大($M_W = 4.3$对比于$M_W = 4.25$),2个地震图的切向分量振幅看起来几乎相同。虽然2个地震切向能量相差无几,逆冲地震的P波振幅却要比走滑地震的强很多。我们在图中特意给出了位于能量辐射节面上的几个台站,如GSC位于SH波辐射的节面上,STG位于P波辐射节面上(13938812),JCS的位置则非常靠近SV-SH双重节面。虽然走滑地震的滑动角是$-12°$,即非纯走滑地震,逆冲地震的倾角是$47°$,而非$45°$,但这样的细微差别并没有对切向能量辐射造成很大的影响,它们的振幅看起来相差甚微。在节面之外,波形拟合的结果相当不错,2个地震的面波走时具有很好的一致性。然而,在LDF台站的情况有些特别,虽然波形拟合的相关系数并不低,但可以看出2个地震的Love波走时相差达到了1.25 s。这样的差别部分是由于我们的格林函数库震中距只精确到1 km导致的,因为计算理论地震图时对震中距的取整会导致一些误差,如对走滑地震震中距为180 km,而对逆冲地震则为181 km。从整体上看,除掉LDF台站,这2个地震的面波走时几乎都是相同的。因此在利用面波走时对地震位置搜索的时候我们需要小心,避免使用这样的台站,否则会给定位带来 3 km 左右的误差,详见 Tan(2006)的相关研究。

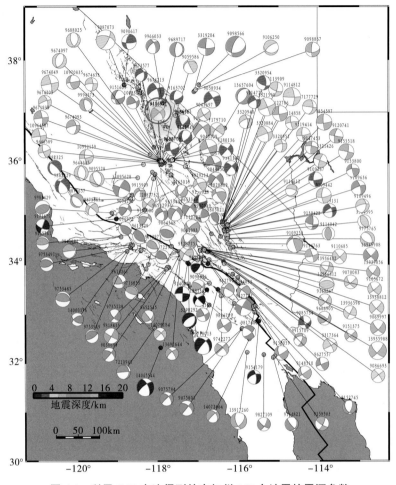

图 4.1 利用 CAP 方法得到的南加州 160 个地震的震源参数

在反演震源机制解的时候,我们只采用那些可以用一维模型拟合得较好的(互相关系数>0.85)的地震记录。通常来讲,使用标准南加州地壳模型(Dreger and Helmberger,1993)就可以很好地拟合 TriNet 一半以上的地震记录(互相关系数>0.85)。由于 TriNet 拥有分布较为均匀且密集的宽频带台站,即使只利用体波或者面波,也可以正确地获得地震的震源机制解(Tan,2006)。虽然盆地结构复杂,用一维模型计算得到的理论地震图仍可以反映观测到的波形主要特征(图 4.3)。为了观察盆地结构所造成的影响,我们选取了这个地震在洛杉矶(Los Angeles)盆地中一些台站的波形记录进行研究。在盆地的中央(DLA、LTP、WTT),我们可以看到非常强的水平地面震动和持续时间很长的波列,这是盆地中浅层的低速结构所造成的。而此时一维模型下的理论地震图依然能够很好地拟合第一 Airy 震相,如 LGB 台站,只要我们允许面波的时移在足够大的范围内变化,这样的波形拟合完全可以用于震源参数反演中。但 P 波的拟合情况就比较糟糕,因为浅层的 P 波低速结构会使得体波能量在径向和

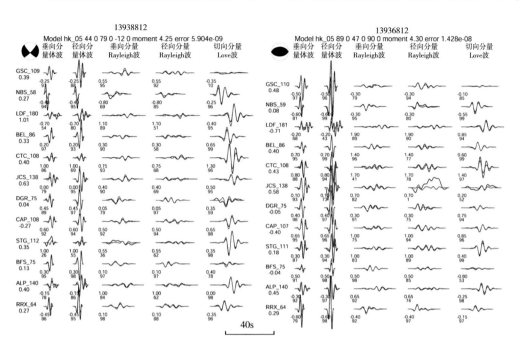

图 4.2 大熊序列中 2 个类型完全不同的地震的模拟结果

垂直向上的分配发生变化,使波形变得十分复杂,难以用不含沉积层的一维模型进行拟合。同时我们还注意到,体波径向峰值能量到达的时间比垂直向的要晚,这是由于 P 波转换成 S 波所导致的(Savage and Helmberger,2004),这也是浅层一维低速结构的一个特征。而 Love 波波列的延展可以用二维速度结构来解释(Vidale and Helmberger,1988;Scrivner and Helmberger,1994)。复杂的 Rayleigh 波波列则是由于三维结构造成的多重路径所致,如 STS、LAF、DLA、LTP 等台站记录到的 Rayleigh 波。简而言之,为了更好地使用这些在盆地里的台站记录反演震源参数,我们需要精确的二维速度模型(Ji et al.,2000)和三维速模型(Liu et al.,2004)。

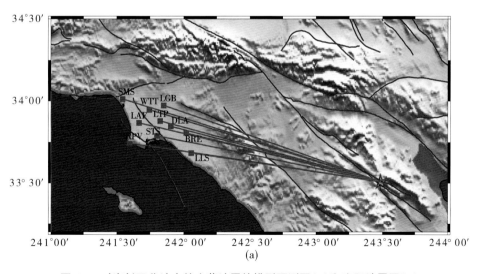

图 4.3 对洛杉矶盆地中的安萨地震的模型预测图(a)和实际地震图(b)

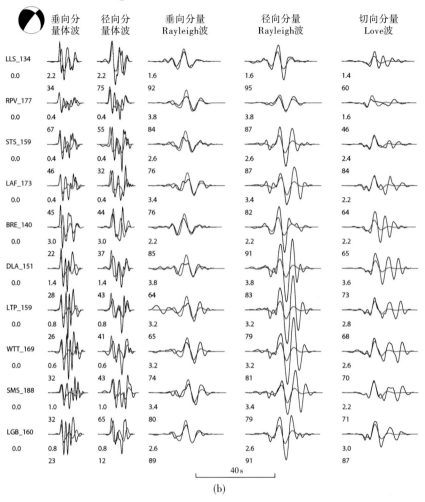

图 4.3(续)

在能够模拟盆地里这些复杂的地震记录之前,我们需要对区域尺度范围的浅层地壳结构有更多的了解,也需要有一系列参数准确的震源。如图 4.2 所示,那些在基岩上的地震记录可以帮助我们实现面波走时校正这个目标。我们将波形拟合的结果以直观的"蜘蛛网"形式给出,如图 4.4 所示,这让我们的分析变得方便了许多。从图 4.4 中我们可以看到,对这两个地震,绝大多数基岩台的波形拟合相关系数都高于 0.9,而盆地中的波形拟合结果就不是那么理想。若除去盆地中的地震记录,对反演震源参数而言,基岩台的数量还是完全足够的。

但是,对利用面波定位的方法而言,$\delta t = 1\,\mathrm{s}$ 会导致约 3 km 的误差(Tan et al.,2006),因此我们在获取地震波走时校正的时候必须十分注意。如果将体波(Pnl)和面波走时相对于一维模型的误差按照震中距标注出来,并做最小二乘线性拟合,则可得

$$\begin{cases} \Delta t_{\mathrm{Pnl}} = 0.0029D + 0.014 \\ \Delta t_{\mathrm{Love}} = 0.0091D + 0.16 \\ \Delta t_{\mathrm{Rayl}} = 0.0177D - 0.40 \end{cases} \quad (4.4)$$

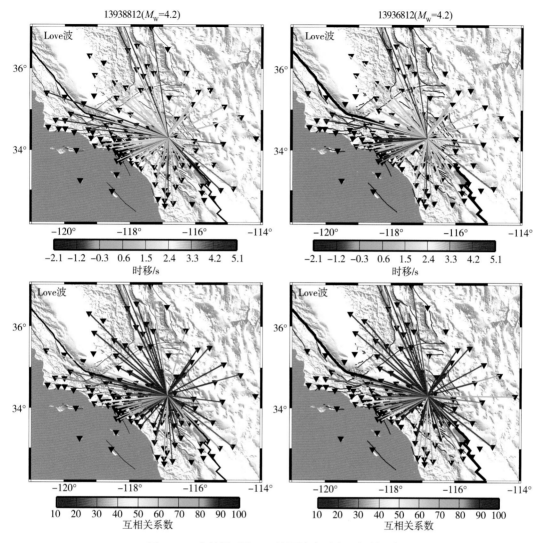

图 4.4　2 个地震(图 4.2)的面波走时和互相关系数

从式(4.4)可以看出,我们的一维模型有些偏快,因此在"蜘蛛网"图中暖色(块)居多。而为了对任意的地震都能用"CAPloc"进行定位,我们需要这样一个面波走时校正地图,如图 4.5 所示,根据该面波走时校正地图计算的二维理论地震图可以很好地解释实际地震面波的走时。

用于生成新模型的所有地震射线路径均在图 4.5 中给出,同时也给出了相应的层析成像模型。我们将研究的区域划分成 10 km × 10 km 的网格,并运用标准奇异值分解法来获取每个网格中的波速扰动。我们按照解释 90% 面波走时的标准来选取衰减因子以平滑模型。通过观察得到的复杂模型,我们可以看到 Rayleigh 波模型和 Love 波模型之间存在一定的区别。在莫哈维地块中间,有一条明显的东西向条带结构体,这很可能和其经历的旋转运动有关(Luyendyk,1991)。

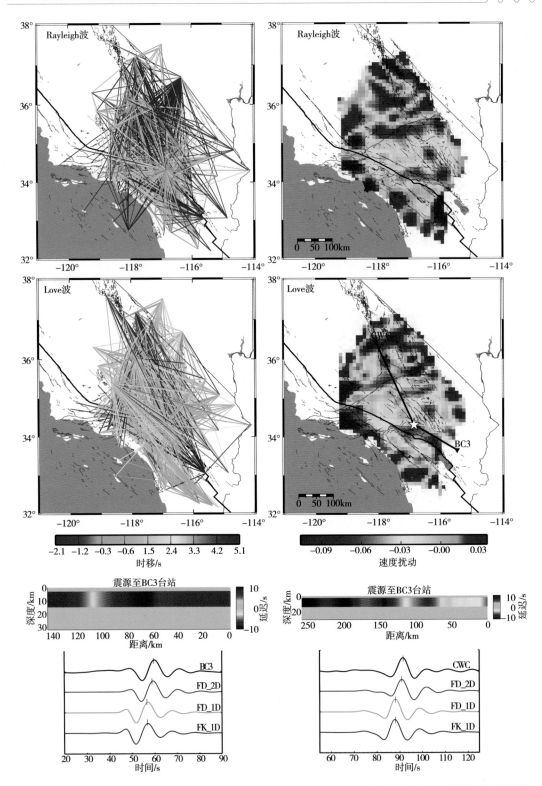

图 4.5　对大熊序列中的 13938812 地震面波走时拟合。120 个地震面波走时相对于一维模型预测值的
偏差(左)以及根据这些时移得到的层析成像模型(右)。底部是 13938812 地震到 CWC 台站和 BC3 台站的
层析成像模型的剖面,以及理论、观测波形对比

同时我们还可以看到,沿着断裂带波速有变小的趋势。通常来说,相对于 Love 波,Rayleigh 波波速受地表的地质结构和构造影响更为显著(Song et al.,1996)。在我们得到的模型边缘,波速变化尤为明显,这主要是因为在这些区域地震波射线的覆盖相对较差。相比之下,在模型的中间部分地震波射线的覆盖相当密集,结果应更为可靠。

这里提及的波速扰动是针对面波的群速度而言的,因为是群速度决定了 Airy 震相的到时。此外,由于 Airy 震相的到时对源区的速度结构较为敏感,我们在层析成像反演时假设在 3~15 km 的深度范围内的波速扰动都是一致的,其中模型的网格大小为 10 km×10 km。这意味着面波走时校正(δt)是独立于深度的,即模型在深度上没有分辨率。我们将该模型与 Prindle 和 Tanimoto(2006)的研究结果进行了比较,发现大体上 2 个模型是很一致的,但我们的模型更为精细,并且在盆地中的波速要更慢一些。我们在处理明显的局部时移时不倾向于将之归结为浅层沉积层的影响,例如,图 4.3 中的 Love 波时移在 DLA 台(盆地中央)为 3.6 s,而在 RPV 台(盆地边缘)则为 1.6 s。如果我们将这 2 s 的区别归结为 DLA 台站附近沉积层的影响,即所谓的台站校正,那么整个盆地下的波速将会变大(变绿),也更像 Prindle 和 Tanimoto(2006)的模型。遗憾的是,我们还没有掌握足够多的信息来区分这些时移到底是由局部(台站附近)浅层结构造成的还是由更大(更深)范围内的结构造成的。因此,在研究地震机制解和其他震源参数时,我们将注意力更多地放在基岩台上,因为这些台不受沉积层的影响,其结果更为可靠。

4.3 基于二维理论地震图的模型验证

一维模型测试(Song et al.,1996)表明,源区波速的微小变化并不会影响 Rayleigh 波和 Love 波的波形。这里,我们利用二维理论地震图对这一结论做进一步论证,见图 4.5。这些理论地震图是用一种二维有限差分的方法(Vidale and Helmberger,1988;Vidale and Helmberger,1987)计算的,采用的是双力偶震源。我们首先用一维模型对该二维数值计算方法进行验证,将其计算的理论地震图对比于频率-波数积分法(Saikia and Helmberger,1997;Zhu and Rivera,2002)计算得到的理论地震图。同时我们也用频率-波数方法计算一维格林函数库,用于震源机制解反演。计算所用的二维模型则是通过从三维层析成像模型中截取而得到的,然后再用有限差分的方法计算理论地震图。可以看出,二维理论地震图能更好地吻合实际地震面波的走时,同时其波形和一维模型的非常相似。对于该地震其他台的拟合情况见图 4.6 的"蜘蛛网"图,可以看出,二维模型很好地校正了一维模型和实际地震数据之间的面波走时误差,同时二维模型在有一些台站可以更好地拟合地震波形,即更多的高相关系数。

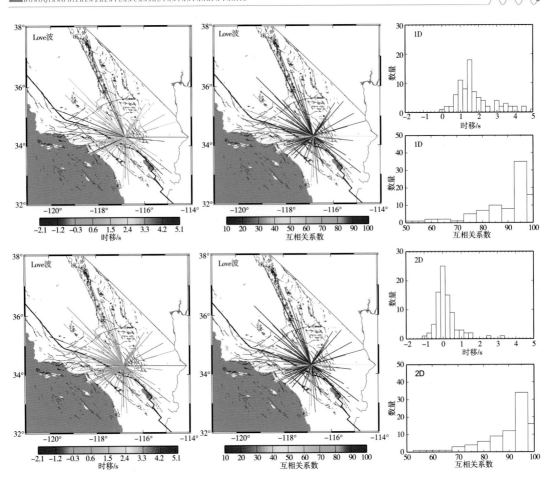

图 4.6　在 TriNet 所有台站上对 **13938812** 地震记录的一维和二维模拟，
右侧的直方图给出相应的统计结果

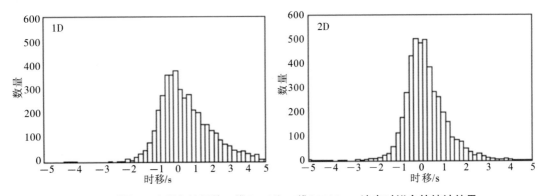

图 4.7　对图 4.1 中所有地震的一维（**1D**）和二维（**2D**）Love 波走时拟合的统计结果

　　为进一步验证层析成像模型，我们从南加州 160 个地震中随机地挑选出 25 个，并对这些地震做类似于图 4.6 中的分析，统计的平均结果表明，二维模型对实际地震数据的面波走时拟合误差范围为±0.5 s。这样的误差水平接近于 P 波初到的拾取误差，表明我们的层析成像模型可以很好地预测地震面波走时。当我们把那些波形拟合不是很好(相关系数小于0.85)的台站也包括在统计中时,面波走时的拟合误差范围也随着变大,见图4.7。在接下来的一节中,我们将在双台CAPloc方法中运用该模型来预测面波的走时。

4.4 基于震源机制解反演的模型验证

通常来讲,层析成像模型是通过棋盘格测试(checkerboard test)或是直接将模型预测与实际地震波走时比较的方法来验证模型的准确性。我们采用后一种方法。首先,选取了2个台站:PAS和GSC,之所以选择这2个台站是因为自从1960年建台以来,它们一直提供了良好的宽频带地震波形数据。面波走时与一维模型预测值的差和震源机制解的准确性密切相关,这一特征可以通过图4.8所示的结果看出来,其中图4.8(a)对应GSC台站,图4.8(b)对应PAS台站。这里我们以台站为中心的"蜘蛛网"形式给出一系列地震的时移,其中第一列表示在用台网数据反演机制解时实际地震记录和一维模型预测之间的面波走时差;第二列为图4.5所示模型预测的面波走时差;第三列是它们之间的差。对GSC台站来说,有两条路径存在一些问题,一条为GSC至布劳莱地震活动区,该路径穿过了棕榈泉峡谷;另一条为GSC至内华达山脉的西部边界,通过了Coso地震活动区。这意味着如果仅用GSC沿着这些路径而来的地震记录反演震源机制解,得到的结果很可能和用整个台网得到的不同。这点也可以从单台震源机制解反演看出,在图4.9中我们比较了仅用GSC台站和仅用PAS台站得到的震源机制解。由于PAS台站向东南方向的面波可以用走时校正地图做很好的走时校正[图4.8(b)第三列],因此,仅通过PAS台站就可以较为准确地获得地震的机制解,即和台网数据得到的解更为接近(对比于图4.1)。但对于GSC台站,这种情况正好相反(见图4.9下方用圆圈圈出的3个地震)。其他的一些路径也存在类似的问题,见图4.9中用圆圈所圈出的地震。对PAS台站来说,沿着横向山脉(Rayleigh波图中PAS台站以东的红色路径)的面波走时校正相当糟糕。这导致了9109442地震的机制解和台网机制解的不一致。向着欧文斯峡谷方向的面波走时校正也有一些问题,使得我们无法得到9106250和3319204地震正确的机制解。此外,Scrivner和Helmberger(1999)对里奇克雷斯特(Ridgecrest)地震序列(1995—1996)的宽频带震源性质研究表明,Love波和Rayleigh波之间存在相互混叠,在高频部分这种现象尤为明显。上述表明,若仅用PAS台站反演机制解,对该方位角上的地震,很有可能得到错误的机制解。

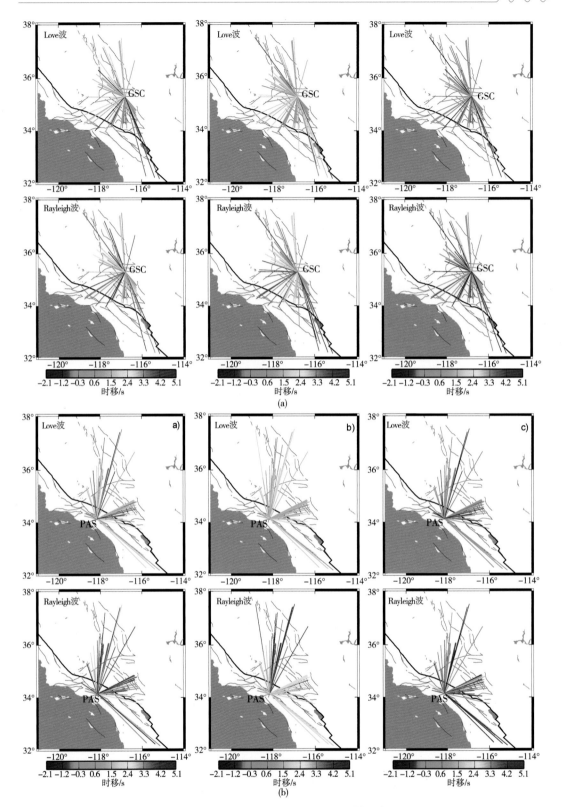

图 4.8 基于台站的 Love 波、Rayleigh 波走时相对于一维模型的差。GSC(a),PAS(b)

其中第一列为 CAP 反演时得到的时移,第二列为层析成像模型的预测值,第三列则为第一列与第二列的差

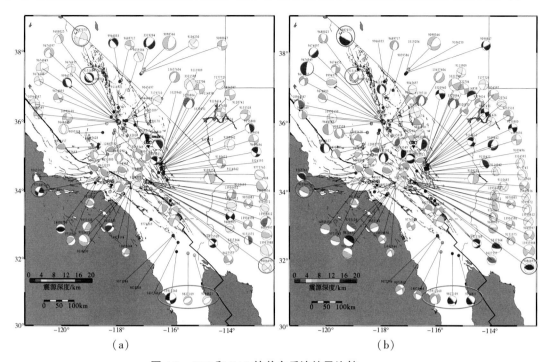

图 4.9 GSC 和 PAS 的单台反演结果比较

（a）GSC 单台反演结果；（b）PAS 单台反演结果。圆圈所标识的是一些有问题的地震

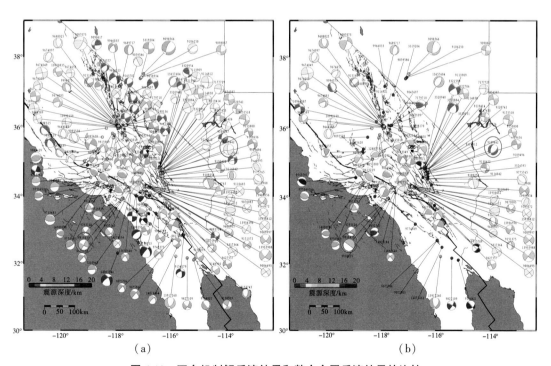

图 4.10 双台机制解反演结果和整个台网反演结果的比较

（a）台阵反演结果；（b）PAS 和 GSC 双台反演结果。其中有问题的 2 个地震已被圆圈标出

之前提到我们仅用单台反演震源机制解，这里还给出同时使用 2 个台站时得到震源机

制解,见图4.10,可以看出,双台同时使用不仅可以反演更多的地震,其机制解也和使用整个台网时得到的更为接近。但是仍无法解决 PAS 台站在反演欧文斯峡谷中两个地震(9106250 和 3319204)时所遇到的问题,无法得到这两个地震的机制解;同时,GSC 台在 Coso 地震活动区域中遇到的问题也没有解决。而另外一些单台法无法获得解的事件,如 Coso 和兰德斯地震的余震,在双台反演时得到了解决。如图4.8所示,在地震面波走时可以很好地被校正的区域,除了一些地震,我们可以很好地用双台反演的方法获得正确的震源机制解。这里值得特别指出2个地震,一个是赫克托矿地震序列中的9109442事件,另一个则是发生在埃尔西诺断层北部的9038699事件。在用双台反演震源机制解时,约有70%的地震有着相当不错的波形互相关系数(互相关系数>0.8),另外还有15%左右的地震无法用双台法获得机制解或是地震数据信噪比过低无法使用。同时,对其中很小部分的地震,虽然反演的波形相关系数很高,但是得到的震源机制解是错误的。综上所述,我们认为,同时使用 PAS 和 GSC 台,利用其在 1960—1998 年的长周期三分量记录,我们可以准确地反演在这个时间段内在南加州区域发生的绝大部分地震的机制解。

4.5 两个台站的震源参数反演

在这一节中,我们将讨论面波走时校正和震源机制解之间的关系,以及利用这些走时校正确定震源机制解的困难所在。在双台 CAPloc 反演中,如果得到的机制解和整个台网得到的相一致的话,那么反演得到的震源位置也应该和台网定出的相一致。为了证明这一点,我们利用 1998 年之后发生的一系列地震做了测试。我们在获取面波走时校正地图时不使用这些地震,这保证了模型对这些地震面波走时的预测是完全独立于这些地震本身的。

与 Tan 等(2006)所用的方法一致,我们网格搜索6个参数:断层走向(0°~360°)、断层倾角(0°~90°)、滑动角(−90°~90°)、震源深度(0~40 km)、水平位置(经度 ξ、纬度 θ),其中水位位置的网格大小为 2.5 km。南加州地震台网(The Southern California Seismic Network,SCSN)给出了这些地震的位置(Shearer et al.,2005)。如图4.11所示,我们在正确的地震位置之外给出了不同的4个位置,以检验不同的震源位置会对机制解的确定造成多大的影响。由于 PAS 台站正好位于这个地震的 P-SV 节面上,这导致了断层走向之外的其他参数,如倾角和滑动角具有多解性。但我们只允许 Love 波到时相对于模型预测有很小的移动,在最佳位置,这样的约束使得机制解必须为走滑类型。同时我们看到,反演存在能把波形拟合得还不错的其他局部极小值解,这在稀疏台网震源机制解反演中是很常见的。鉴于此,我们将 P 波到时的拟合也考虑到反演中来,联合波形拟合可以对震源参数提供更好的约束。而这两者之间的权重要根据实际的情况来进行选择。

我们从 SCSN 提供的地震目录中随机挑选了 30 个地震来进行反演测试。我们发现,对于位于 GSC 和 PAS 之间的地震,反演得到的地震位置和 SCSN 地震目录中的位置相当一致(偏差<3 km)。图 4.12 给出了一部分这样的结果。当然,也有一小部分地震无法通过这种参数搜索的方法得到正确的解,尤其是那些位于不能很好校正面波走时的路径上的地震,例如,在欧文斯峡谷中的一些地震。与此同时,还存在另外一种情况:就是我们可以反演得到正确的震源机制解,但是得到的位置和 SCSN 上的相差甚远,最远可达 15 km,即大约对应于 5 s 的面波时移。另外,我们使用标准南加州一维模型(SoCal)来预测 P 波的走时,在欧文斯峡谷这样的地方会导致 2 s 的误差(Savage,2004)。由于在欧文斯峡谷中存在浅层低速层,若对这 2 s 的误差进行校正则很容易就使得震源位置向南移动 10 km,也就更吻合 SCEC 给出的位置。

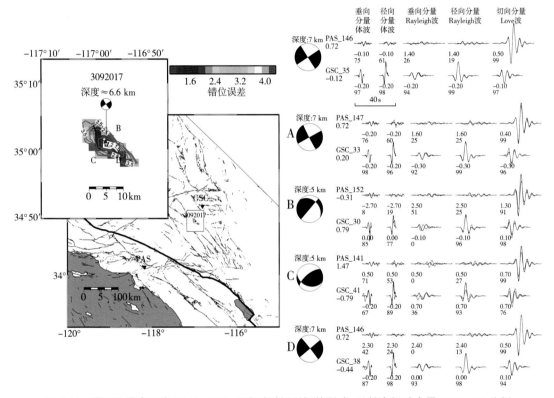

图 4.11 震源位置在双台(PAS、GSC)反演时对机制解的影响,以赫克托矿余震(3092017)为例

红色五角星表示反演得到的最佳位置,白色五角星为 Hauksson 和 Shear(2005)得到的结果,最佳位置和其他位置对应的波形拟合结果在图的右边给出

综上所述,地震波走时的校正对准确获取震源参数相当有效。在尽量避免使用那些射线路径经过盆地的台站的情况下,我们建议用 3 个或 4 个方位角覆盖比较好的台站就足够了。以奇诺冈(Chino Hills)地震为例(Hauksson et al.,2008),我们将所用台站数目从 2 个增加至 4 个,以检验台站数量增加对反演结果的影响。所用均为波形拟合相关系数高的台站,包括 LRL、PLM、ALP 和 SBPX,反演的结果见图 4.13。利用 4 个台站反演得到的最佳位置距离由 P 波初到确定的位置约 1.5 km,比 2 个台站得到的结果要好很多。也就是说,增加少数面

波走时校正良好的台站,可以显著提高定位的精度。另外,如果应用快速搜索算法,如 Ji 等 (2000)的研究,我们可以近于实时地确定这些地震的震源参数,这方面的工作有待在将来进一步展开。

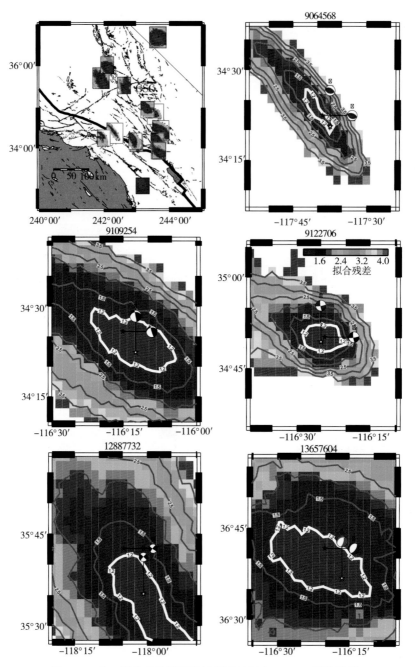

图 4.12   在一维速度模型假设下得到的双台 CAPloc 反演结果

红色五角星表示反演得到的最佳位置,白色五角星为 Hausksson 的定位结果

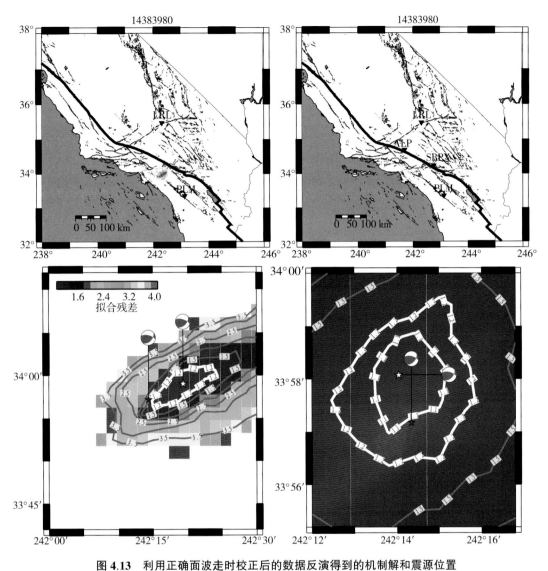

图4.13 利用正确面波走时校正后的数据反演得到的机制解和震源位置

红色五角星对应稀疏台网解,白色五角星对应整个台网得到的机制解(Hauksson et al.,2008)。

左为双台解,右为四台解

4.6 讨论与小结

本章中我们测试了近来发展的 CAPloc 方法,即利用近震地震数据反演地震参数,这些参数包括:断层的 3 个几何参数(走向、倾角、滑动角)、震级、3 个空间位置参数,这里我们用网格搜索的方式来确定最佳参数。如果要用 2 个台站反演这些参数,我们必须对一维模型预测的面波走时进行校正,而这样的走时校正(地图)通常可以通过大量精确定位的地震面波记录来获得。而后,我们将该方法运用到从南加州诸多地震中随机挑选的地震上,并将得到的双台解(PAS、GSC)和台网解进行比较。结果表明,对位于2个台站中间的地震,运用CAPloc方法可以得到相当满意的结果;而对其他位置上的地震,结果则不那么理想,为更好地确定这些地震的震源参数,还需要对一维模型预测的P波走时进行校正,以便能更好地约束面波的走时。在本章的前半部分,我们主要分析了CAPloc方法在2个台站的情况下能在多大程度上获得正确的机制解,由于使用的台站数量有限,有可能对震源参数的约束不足。同时,由于CAPloc方法是通过面波走时校正地图来校正面波走时,进而确定震源的位置,因此,如果不能正确校正某条路径上的面波走时,即便波形拟合仍然很好,我们得到的很可能是错误的位置。这样的路径通常沿着地质块体的边界,从基于台站的"蜘蛛网"状图中也看出,沿着这些路径,面波走时的校正值急速变化,并且对Rayleigh波和Love波分别表现出不同的特征。因此,当把该方法运用到其他区域的时候,我们建议以分析临时台网数据为主,例如,利用PASSACL地震记录,辅以震相识别以确定地质块体边界(Tan et al.,2006)。

第5章 基于近远震波形的震源 参数联合反演方法

5.5 级(本章中均为矩震级 M_W)以上的地震通常会同时被远震(震中距介于 30°~90°)和近震(震中距在 5°以内)台站清晰记录,综合使用近远震数据能够有效提高反演结果的可靠性。对特定地震的研究表明,近远震数据联合反演得到质心深度的可靠性可能高于仅采用近震波形的反演,且断层面解参数的精确度也可能高于基于远震波形的单独反演(陈伟文等,2012)。在 20 世纪 90 年代初期乃至更早之前、全球地震台网还未普遍建设的时代,中等强度地震通常只能被有限数量的远台和近台记录到,仅单独采用近震或远震数据进行反演,震源参数可能得不到较好的约束,而联合反演则是增强这些历史中强地震参数可靠性的有效手段。即便是地震台站数量显著增加的今天,联合反演仍有必要。这是由于在全球大部分地区,近震距离内的台站往往只有 1~2 个,这些少量珍贵的近震台站和远震体波数据对于约束震源机制都各有其难以替代的作用。

5.1 近震与远震数据的联合反演算法 CAPjoint

在对地震波形进行反演之前,首先需要计算近震与远震台站距离上的格林函数。对于近震距离而言,可采用频率-波数(FK)的数值计算方法,在一维速度模型下计算格林函数(Zhu and Rivera,2002)。然而 FK 方法在计算远震格林函数时同时对频率与波数进行积分,并计算了地幔中每个分层的波场势函数,因此 FK 方法在用于远震计算时速度相对缓慢,在计算资源有限的情况下,难以满足地震发生后快速测定矩张量的需求。同时,FK 方法计算远震格林函数时,对震源下方和台站下方使用相同的速度结构模型。这在震源与台站下方结构迥异时,例如震源发生在海洋岩石圈中,而远震台站在大陆内部时,可能会对理论地震图的准确性造成影响。而射线理论方法为解决上述问题带来了新的思路。例如,Kikuchi 和 Kanamori(1982)提出了结合传播矩阵与射线理论的理论地震图计算方法 TEL3。这种方法通过射线追踪确定 P 波和 S 波的传播路径,因此不需要进行波数域积分。同时由于远震体波在地幔内部的传播较为简单,TEL3 方法将震源深度以下的地幔中的波传播简化为非弹性衰减与几何扩散,计算耗时短。采用这种方法,震源区和台站区以及 PP 波地表反射点可以采用不同的一维速度模型。TEL3 采用和近震正演算法相同的断层几何参数输入,计算格林函数所使用的一维速度模型包含了层数、各层的厚度、P 波速度、剪切波速度以及密度。TEL3 在此基础上还需要 P 波与 S 波在远震距离上各自的衰减因子(在输入模型中表现为 t^* 的形式,其值对应于 P 波、S 波缺省设置为 1.0 s、4.0 s;但是对不同构造地区,可适当调整)。

在震源的矩张量模型下,合成地震图可由其与格林函数的卷积计算

$$u_n(x,t) = M_{pq} * G_{np,q} \tag{5.1}$$

式中,$u_n(x,t)$ 为在 x 处于 t 时刻预测地表观测得到的地表运动(通常为位移或速度);$G_{np,q}$ 为在原点和零时刻的单位脉冲单力在 x 处在时刻 t 时的格林函数的空间微分;M_{pq} 为矩张量;下标 p 与 q 为空间坐标轴(此处采用了爱因斯坦求和约定,即出现 2 个相同下标即表示为求和);n 为空间坐标系下的第 n 个分量(Aki and Richards,2002)。

如果我们把矩张量模型进一步简化为双力偶模型,则式(5.1)可以改写为 3 个基本断层面解下的格林函数的不同权重配比之和,3 种基本断层面解分别为:纯走滑型断层、垂直倾滑型断层,以及 45°倾角的倾滑型断层(Herrmann and Wang,1985)。

在近震和远震距离上的格林函数都计算完成后,用 CAP 方法进行震源参数的反演。对于每个近震台站上的地震波形,总共 5 个时间窗口可以用于 CAP 反演(垂向与径向上的 Pnl 波与 Rayleigh 波,以及切向上的 Love 波)。对于远震波形,我们仅使用 2 个分量上的体波,包括垂向上的 P 波以及切向上的 SH 波。径向上的 P 波振幅小,且受地壳结构影响明显;径向及垂向上的 SV 波受到 SPL 的影响波形复杂,容易给震源反演造成较大误差。

反演结果的质量由合成波形与实际波形之间的拟合程度决定,具体由以下公式给出

$$e = \left[w_{\text{Pnl/Surface}} (r/r_{0\text{loc}})^{\varepsilon_{\text{Pnl}}} \| u_{\text{Pnl}} - s_{\text{Pnl}} \| + (r/r_{0\text{loc}})^{\varepsilon_{\text{Surface}}} \| u_{\text{Surface}} - s_{\text{Surface}} \| \right.$$
$$\left. + w_{\text{tel/loc}} \left[w_{\text{P\_tel/SH\_tel}} (r/r_{0\text{loc}})^{\varepsilon_{\text{P\_tel}}} \| u_{\text{P\_tel}} - s_{\text{P\_tel}} \| + (r/r_{0\text{tel}})^{\varepsilon_{\text{SH\_tel}}} \| u_{\text{SH\_tel}} - s_{\text{SH\_tel}} \| \right] \right] \tag{5.2}$$

式中,r 为震中距;$r_{0\text{tel}}$ 为事先设定的参考震中距;ε 为随距离衰减的指数因子;u 为实际记录数据;s 为合成波形;$\| \ \|$ 为 L2 范数;loc 和 tel 为近震与远震台站;Pnl 和 Surface 为近震的 Pnl 波与面波;P_tel 和 SH_tel 为远震体波中的 P 波与 SH 波。由于近震数据的振幅显著大于远震台站,故引入权重 $w_{\text{tel/loc}}$ 用于平衡近震与远震在反演中所占的相对比例。类似地,$w_{\text{P\_tel/SH\_tel}}$ 参数代表远震 P 波与 SH 波在远震反演中所各自代表的权重,这样也避免了由于远震 SH 波振幅过大导致主导反演结果的影响。

式(5.2)中的 L2 范数实际上由合成波形与实际数据对其后的差值所定义。在程序算法中,合成波形 $f(t)$ 首先要与观测数据 $g(t)$ 通过互相关对齐数据。互相关函数由 t_1 至 t_2 时间窗口内的以下函数积分所定义

$$C(t) = \frac{\int_{t_1}^{t_2} f(\tau)g(t+\tau)\,\mathrm{d}\tau}{\sqrt{\int_{t_1}^{t_2} f^2(\tau)\,\mathrm{d}\tau \int_{t_1}^{t_2} g^2(\tau)\,\mathrm{d}\tau}} \tag{5.3}$$

式中，$f(t)$ 为观测数据；$g(t)$ 为合成波形；t 为观测数据与合成波形的相对时移；两者间的互相关系数则被定义为 $C(t)$ 在时间窗口平移范围内的最大值。时间窗的边界 t_1 和 t_2 既可以由 TauP 程序理论计算得到，也可以在地震波形数据中由人工指定（Crotwell et al.，1999）。

5.2 基于 2008 年内华达地震的案例研究

2008 年 2 月 21 日，位于美国内华达州东北部的埃尔科县发生了一起 M_W 6.0 地震。该地震发生于 EarthScope 项目布设的密集台网 USArray 内，有大量的高质量近震数据可供使用；另外由于其震级达到了 6 级，在全球台网上有许多远震台站记录到了清晰的直达体波（P、SH）数据。我们从 IRIS 网站获取了近震（震中距 0°~5°）以及远震（震中距 30°~90°）的波形数据。对于此次地震，我们选取了高信噪比的三分量宽频带数据，包括 23 个近台以及 35 个远台（图 5.1）。对原始数据进行解压之后，再去除线性趋势与仪器响应，从而得到真实的三分量地面质点运动速度记录。然后将其旋转至大圆弧路径得到数据的切向与径向分量。

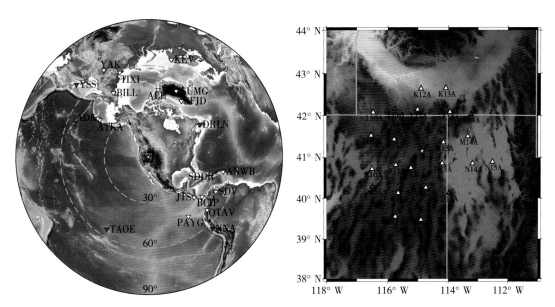

图 5.1　2008 年内华达地震震中（五角星）与远震（倒三角形）以及近震台站（正三角形）位置分布图

左侧围绕震中的黑色四边形矩形框代表此次研究所采用的 USArray 近震台站的分布范围

数据准备工作完成后,可以通过 FK 与 TEL3 分别计算近震与远震距离上的格林函数。格林函数计算完毕后,CAPjoint 采用格点搜索的方法在参数空间范围内寻找最优的震源机制解与矩震级。在此次地震的研究中,体波与面波的距离标度因子分别为 1 和 0.5;时间窗口长度均为 60 s,数据采样率为每秒 20 个采样点;输入的地震持续时间为 5 s;最大的允许时移量为 P 波 5 s、SH 波 10 s;滤波采用四极巴特沃斯的滤波器,频带范围为 P 波 0.02~0.16 Hz、近震面波与远震 SH 波 0.02~0.1 Hz。图 5.2 展示了本程序包的主体架构与功能模块。

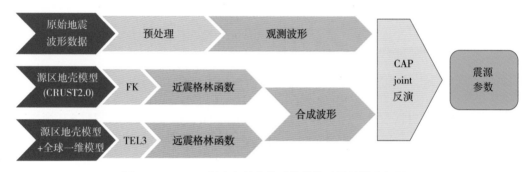

图 5.2　CAPjoint 程序包的主体功能模块以及计算流程图

反演过程中的控制参数可根据经验进行选择。对于一个典型的中等强度地震(M_W 5.5~6.5),初次反演可以使用 0.01~0.15 Hz 的 P 波滤波范围,以及 0.01~0.1 Hz 用于面波以及远震 SH 波滤波。震源持续时间设为 5 s 左右。其他参数可以利用震源标度律,参考以上的数据进行设置。在反演深震时,为了对质心深度有更好的约束,时间窗口长度必须扩展到足够长,从而包含深度震相。当得到震级反演结果后,可以利用地震标度律对反演频带进行调整。还需注意反演周期不能过长,导致深度震相在内的深度信息被压制,从而导致深度反演结果的偏离。我们将在下面对权重和滤波范围的选取进行对比。另外,对震源持续时间进行搜索,也可以有效获取准确的震源破裂时间。建议首先做一次稀疏的网格搜索,然后在第一次得到的最优解附近加密网格重新搜索。

5.3　参数选择与敏感性测试

由于近震与远震台站在震源球上有不同的采样区域,它们各自对于断层面解参数的敏感度也各不相同。例如,对于一个高角度的正断地震,几乎所有远震的 P 波都会显示负向的极性,而近震 P 波则会根据台站所在的不同方位显示不同的极性。这样就可以理解近震与远震在各自反演震源参数时往往出现只有部分参数结果较为稳定的情形。而联合反演方法可以为整体的断层几何参数提供更佳的约束。

为了验证以上观点,以及测试联合反演的可信度,我们使用 CAPjoint 程序进行了以下 5 种不同的测试:①20 个近台与 20 个远台联合反演;②20 个近台单独反演;③20 个远台 P 波数据单独反演;④20 个远台 SH 波数据单独反演;⑤20 个远台 P 波与 SH 波都参与反演。在 20 个台的结果都得到以后(表 5.1),我们对只有 4 个台的情况进行反演,以模拟稀疏台网下程序的适用性。

表 5.1　本章以及其他机构研究所给出的内华达地震震源参数结果

反演方法	矩震级(M_{W})	质心深度/km	节面 1(走向/倾角/滑动角)
USGS CMT	6.00	10.0	9°/58°/−114°
USGS 体波机制解	5.80	7.0	19°/33°/−96°
Dreger et al.,2008	5.95	7.0~9.0	34°/40°/−83°
Global CMT	6.00	14.1	36°/44°/−81°
CAPjoint MT	6.06	8.6	33°/40°/−82°

对于第①种情况,近震和远震数据都参与反演,我们得到了以下的反演结果。质心深度 8.6 km(图 5.3);节面 1:走向 33°、倾角 40°、滑动角−82°;节面 2:走向 202°、倾角 50°、滑动角 −96°;矩震级为6.06(图 5.4);这里我们对深度误差结果中误差最小的 3 个点使用了二项式拟合,而二项式中轴线对应的深度即为程序所得到的最优深度解。

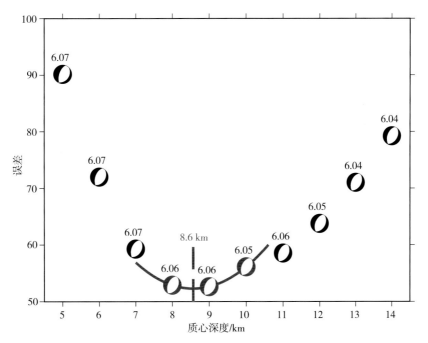

图 5.3　波形误差随质心深度变化图,震源球上的数字代表各个深度上的矩震级大小

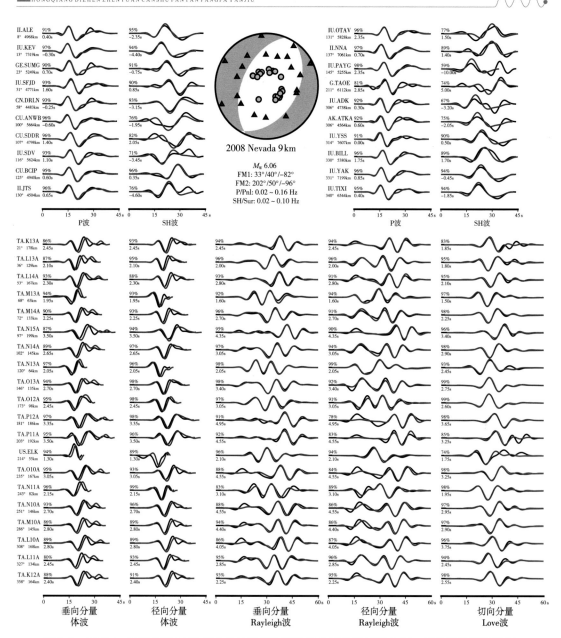

图 5.4 CAPjoint 程序反演 2008 年内华达地震震源参数结果与波形拟合图。黑线代表观测数据，红线代表合成数据。震源球上的三角形和圆形分别代表近震与远震台站

我们将这个结果与美国国家地震信息中心（NEIC）、GCMT 以及其他机构所得到的结果进行对比（表 5.2）。这里请注意 NEIC 的 CMT 解和 Global CMT 均采用了长周期的全波形反演震源参数，而 USGS Body Wave CMT 只采用了体波数据。Dreger 等得到的结果则是由长周期波形反演全矩张量的方法得到（Minson and Dreger,2008）。可以发现本章联合反演所得到的断层面解结果与 GCMT 解、Dreger 等（2008）的结果接近。而震源质心深度与 USGS 采用体波、USGS CMT 解以及 Dreger 等给出的结果，都较为近似。从表 5.2 中可见 USGS 的矩张量给出的节面 1 中的走向和 Global CMT 给出的结果相比有明显偏差。根据余震重定位以及

InSAR 研究表明,此次地震的破裂面为沿着北偏东 35°~40° 走向,倾角为 45°~50° 的断层(Bell et al.,2012;Smith et al.,2011)。由此可见,本章所得到的断层面解,连同 GCMT 解以及 Dreger 等得出的结果互相印证,可能是相对较为准确的。

表 5.2　对 20 个近台与 20 个远台反演得出的震源参数结果表

反演算例	矩震级(M_W)	质心深度/km	节面 1(走向/倾角/滑动角)
20 tel+20 local	6.06	8.6	33°/40°/-82°
20 local	6.05	8.4	33°/39°/-82°
20 tel P	6.11	7.6	15°/40°/-84°
20 tel SH	6.10	10.7	35°/40°/-84°
20 tel P+SH	6.08	11.0	31°/41°/-82°

对于第②~④种情况,我们发现了在台站数目足够多的前提下,无论是只采用 20 个近台数据还是 20 个远震 P 波+SH 波数据,都能得到较为准确的震源参数结果。然而,如果仅采用远震 P 波进行反演(这种情况在远震反演中较为普遍),部分参数尤其是断层走向出现了较大的偏差。这是由于在这种机制解(高角度正断)下的远震 P 波仅仅采样到同一个象限的震源球,同样地,对于类似这种倾滑型的地震,SH 波参与远震波形反演会帮助获取到更准确的结果。

接下来,我们将在台站数显著减少的情况下测试 CAPjoint 程序的适用性。在本节的测试里,仅有 4 个近台和 4 个远台参与反演,在此基础上进行与之前相似的 5 次测试。我们选择的 4 个近台与 4 个远台方位角覆盖较为完善(图 5.5)。测试结果发现,在仅有 4 个近台的状况下,我们仍得到了较为稳定准确的震源参数反演结果。当仅有 4 个远台的 P 波与 SH 波数据时,可以反演得到较为准确的倾角与滑动角结果。但是走向的偏差依然较大。而 4 个近台与 4 个远台的联合反演结果与采用 20+20 的多台反演结果非常近似。

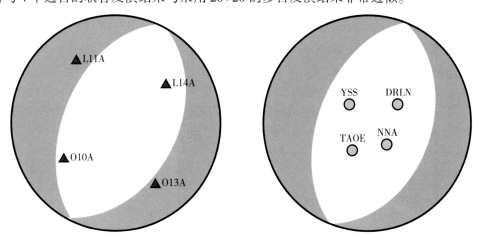

图 5.5　表 5.3 中各自选择 4 个近震台站(左侧)与 4 个远震台站(右侧)在震源球上的投影

对于全球大部分地区而言,目前的地震台网依然是比较稀疏的。有大量地震发生在仅有1个近台的地域。因此我们测试了1个近台与4个远台联合反演的结果(表5.3)。仅有1个近台的CAP反演没有能够给出稳定的机制解与深度等震源参数,而联合反演的结果大大提高了反演结果的质量。与仅用4个远台反演的结果相比,增加1个近台也提高了走向的准确性。联合反演得到34°的走向,与多数目录相近,而仅有远台时得出的走向为21°,存在10°以上的偏差。图5.6展示了1个近台与4个远台联合反演的波形拟合情况。

表5.3 在仅各自选取4个近远台情形下,以及在单近台与4个远台的联合反演,与单近台单独反演的结果

反演算例	矩震级($M_{\rm W}$)	质心深度/km	节面1(走向/倾角/滑动角)
4 tel+4 local	6.05	8.2	31°/41°/−84°
4 local	6.05	8.1	29°/41°/−86°
4 tel P	6.09	11.7	138°/52°/−56°
4 tel SH	6.14	9.9	31°/42°/−90°
4 tel P+SH	6.05	11.9	21°/39°/−90°
4 tel+1 local	6.06	8.3	34°/39°/−86°
1 local	5.97	11.3	15°/43°/−107°

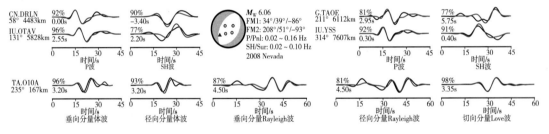

图5.6 1个近台与4个远台联合反演2008年内华达地震波形拟合以及震源参数结果

我们将CAPjoint程序运用到其他5个中等强度地震上反演其震源参数,并将反演结果与Global CMT给出的结果相对比(表5.4)。可以看出,CAPjoint方法的反演得到的矩震级及机制解与Global CMT解相吻合,同时,对于浅源地震的深度有更好的约束。

表5.4 CAPjoint反演震源参数的结果与Global CMT所给出的结果对比

事件编号与位置	反演方法	矩震级($M_{\rm W}$)	质心深度/km	节面1(走向/倾角/滑动角)
011098A	CAPjoint	5.88	5.0	194°/42°/132°
张北	Global CMT	5.70	15.0	207°/54°/135°
201003040018A	CAPjoint	6.17	21.0	317°/36°/52°
中国台湾	Global CMT	6.30	29.1	313°/30°/45°
201111060353A	CAPjoint	5.64	4.9	324°/81°/−170°

事件编号与位置	反演方法	矩震级(M_w)	质心深度/km	节面1（走向/倾角/滑动角）
美国俄克拉何马	Global CMT	5.70	12.0	324°/88°/−178°
201405051108A	CAPjoint	6.26	5.5	248°/82°/2°
泰国	Global CMT	6.20	12.0	338°/85°/178°

反演结果的不确定性是评估反演质量是否可靠的关键性质。为了对比联合反演和只有单独种类数据反演结果，我们对所有数据进行 3 种拔靴法（bootstrapping）重采样统计：首先，每次挑选 4 个随机近台，然后 4 个随机远台，最后是 4 个随机近台与 4 个随机远台的联合反演，反演结果如图 5.7 所示。

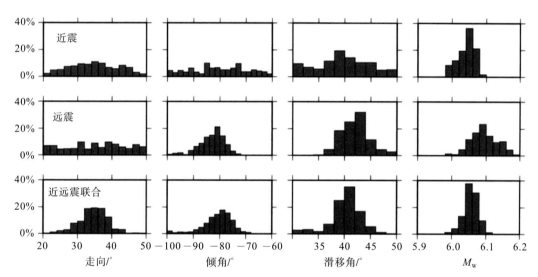

图 5.7　采用不同数据的拔靴法统计测试。上方：4 个随机近台反演，中间：4 个随机远台反演，下方：4 个随机近台与 4 个随机远台的联合反演

拔靴法测试的结果表明联合反演改进了结果的不确定性。对于 4 个近台的测试，滑动角和倾角的结果明显较为分散，而远震数据得到的走向参数并不理想。这可以很直观地理解为每种数据不能完全覆盖震源球上的绝大部分区域。例如，远震台站会集中在震源球的中心部位（图 5.4），这样就难以分辨真正的走向角度。从这张图所定性描绘出的不确定性分布，可以看出联合反演会相较单独数据反演可能有更加优越的结果。

最后，我们对反演控制中的权重以及滤波频带选择进行了测试，结果列在表 5.5 中。我们发现无论给予近震或远震任何一方过多的权重都会导致反演结果偏向其中一方单独反演的参数。同时，多数情况下更改带通滤波频带范围不会对反演结果造成过于明显的影响。然而正如前文所提到的，带通滤波的周期仍然不能过长，以避免失去对质心深度的反演敏感度，导致结果偏离真实值。

表 5.5　采用不同权重以及滤波频带范围反演得到的震源参数反演结果(面波与 SH 波的频段周期上下限均为 P 波所使用的两倍)

反演算例	矩震级(M_W)	质心深度/km	节面 1/(走向/倾角/滑动角)
4 local	6.05	8.1	29°/41°/−86°
4 tel	6.05	11.9	21°/39°/−90°
权重 tel/loc 1/1	6.05	8.2	31°/41°/−84°
权重 tel/loc 5/1	6.06	10.6	26°/39°/−91°
权重 tel/loc 1/5	6.05	8.3	29°/39°/−86°
滤波:0.02~0.15 Hz	6.05	8.7	31°/39°/−84°
滤波:0.02~0.10 Hz	6.05	8.2	31°/41°/−84°
滤波:0.01~0.08 Hz	6.05	8.2	29°/40°/−81°
滤波:0.01~0.05 Hz	5.99	14.3	28°/36°/−74°

5.4　全矩张量测定方法 gCAPjoint

双力偶源可以较好地描述平直断层上的地震位错,而全矩张量可以更好地描述复杂的震源性质。为了使 CAP 方法能够测定全矩张量,Zhu 等(2013)提出了定量分解矩张量中各向同性部分(ISO)和 CLVD 部分的无量纲参数 ζ χ,并基于此提出了改进版的 gCAP(generalized cut and paste)方法。我们已经在第 2 章中介绍了无量纲参数 ζ χ。这种矩张量的分解方式使得震源机制中的各向同性分量、双力偶分量和 CLVD 分量的贡献能够方便地呈现在波形拟合残差中。

为了结合近震波形和远震体波共同约束震源机制,gCAP 可以使用 FK 方法计算近震和远震格林函数并联合反演,测定震源全矩张量。然而,FK 方法在计算远震格林函数时同时对频率与波数进行积分,并计算了地幔中每个分层的波场势函数,计算量大。TEL3 方法结合了传播矩阵与射线理论,可以快速计算远震格林函数(Kikuchi and Kanamori,1982)。然而,TEL3 对理论地震图的计算仅限于双力偶震源。因此我们改进了基于射线理论的远震体波理论地震图计算方法,令 P 波在各出射方向上的辐射花样相同,S 波在各出射方向的辐射花样为 0,计算各向同性解下的格林函数。我们将其与 gCAP 矩张量反演结合,发展了 gCAPjoint 近远震联合全矩张量反演方法。通过正演测试验证了 gCAPjoint 方法的可靠性,并以发生在阿富汗兴都库什地区的 2 个 6.0 级深震为例,应用 gCAPjoint 方法测定全矩张量震源机制。

5.5 正演测试与方法验证

为了验证 gCAPjoint 方法的正确性,我们使用 FK 生成近远震理论地震图,将其用作数据,使用 gCAPjoint 进行反演。计算合成"数据"时,我们使用了 IASPEI91 速度结构模型(Kenn et al.,1991),生成的"数据"覆盖了 8 个不同的方位角(间隔为 45°),包含了震中距为 100 km 和 300 km 共 8 个近震台站,以及震中距从 4000~9000 km(间隔为 1000 km)共 24 个远震台站。我们使用的地震矩为 1×10^{25} dyn·cm,对应矩震级为 M_W 5.93,震源深度被设定为 200 km,震源机制的各向同性分量参数和 CLVD 分量参数 ζ、χ 均为 0.3,双力偶部分的走向、倾角、滑动角分别为 225°、45°、90°,为逆冲型震源机制。

在进行矩张量反演时,我们使用了四极巴特沃兹滤波器对数据进行滤波。Pnl 波和远震 P 波的滤波区间被选择为 0.02~0.1 Hz,近震面波和远震 SH 波的滤波区间被选择为 0.02~0.05 Hz。反演中,对参数 ζ、χ 的搜索间隔为 0.1,对 φ、δ、λ 的搜索间隔为 1°。

图 5.8 显示了理论地震图使用 CAPjoint 反演时对震源深度的约束。在深度搜索间隔为 1 km 情况下,波形误差最小的震源深度为 201 km。对拟合误差最小的 3 个深度进行二次拟合,可以得到,拟合最优震源深度为 200.8 km,相比输入深度偏深 0.8 km。由于在反演中,震源深度主要由远震体波深度震相控制,因此测定的震源深度误差可能由 TEL3 射线追踪时射线参数的计算误差导致。图 5.9 显示了反演测定的震源机制与近远震波形拟合图。反演得到的震源参数与理论合成"数据"时的参数十分一致。反演得到的矩震级为 5.91,比输入矩震级偏小 0.02,这可能是由于 TEL3 生成的格林函数对远震体波在地幔中的传播使用 t^* 和几何扩散进行简化,而 t^* 在近似地球内部衰减时可能具有偏差,这使得震级产生微小偏差以拟合 FK 合成的远震体波振幅。同样由于 TEL3 计算理论地震图时使用的射线理论近似,尽管双力偶分量的三个几何角 φ、δ、λ 和各向同性分量参数得到了与输入参数完全相同的结果,测得 CLVD 分量参数 χ 为 0.28,相比输入的 0.30 偏小了 0.02。总体来说,震源深度和矩张量的测定结果显示了和输入参数的高度一致,验证了方法的可靠性。

为研究噪声对反演结果的影响,我们将图 5.10 中的天然噪声波形叠加到使用 FK 计算得到的"数据"上,得到了带有随机噪声的近震数据(图 5.11)和远震数据(图 5.12)。这些台站的噪声波形没有对近震数据产生明显的影响,而对远震体波影响较大,造成部分台站的信噪比显著降低。这是因为对一个地震矩为 1×10^{25} dyn·cm 的地震来说,其近震体波的振幅远大于多数全球站的噪声振幅(10^{-7} m/s 量级),而受几何扩散影响,远震体波的振幅则接近甚至小于一些台站的噪声振幅。

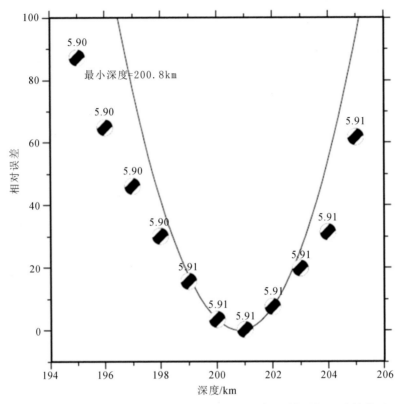

图 5.8 gCAPjoint 应用于理论地震图时的波形拟合误差与震源深度的关系

我们将叠加了噪声的理论地震波作为数据,应用 gCAPjoint 方法进行震源参数反演。反演搜索得到的最优震源深度为 201.2 km,相比输入深度偏深了 1.2 km(图 5.13)。相对于无噪声的理论地震图反演,叠加了噪声使得震源深度的测定偏差略有增大。同时,由于噪声对部分台站远震体波波形的影响,反演得到最优的走向、倾角、滑动角 φ、δ、λ 分别为 226°、45°、91°,相比输入值有 1°的角度偏差。这样的偏差可能是由噪声干扰波形拟合导致的。在叠加噪声的反演中,拟合误差减小值(variance reduction)为 96.3%,显著小于无噪声反演时的拟合误差减小值(99.1%)。同时,各向同性分量参数 ζ 得到了与输入参数完全相同的结果,而测得 CLVD 分量参数 χ 为 0.29,相比输入值偏小了0.01。相比无噪声的测试,在叠加噪声的情况下测得的震源深度和矩张量具有更大的偏差,但是反演结果仍和输入参数十分一致,这验证了 gCAPjoint 方法对台站噪声的稳定性。

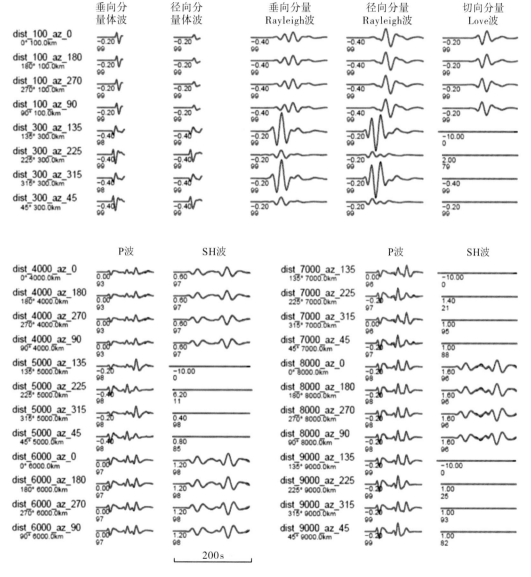

图 5.9 gCAPjoint 应用于理论地震图时的反演结果。上方震源球中的实心三角和空心
三角分别是近震台站和远震台站的投影

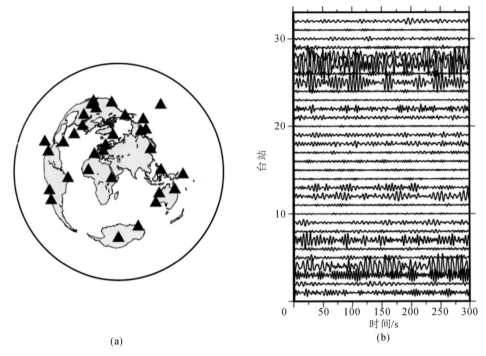

(a)

(b)

图 5.10 截取全球台站上的噪声波形

(a)32 个 IU 台网台站的位置分布;(b)世界标准时 2016 年 3 月 23 日20000~20300 s 不同台站的噪声速度波形

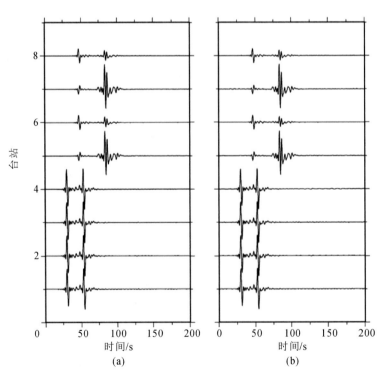

(a)

(b)

图 5.11 近震体波合成"数据"垂向分量波形

（a）叠加噪声前;（b）叠加噪声后

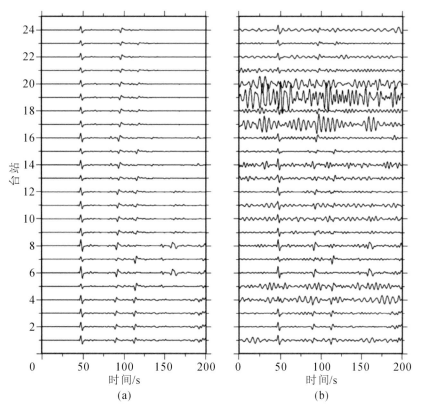

图 5.12 远震体波合成"数据"垂向分量波形

（a）叠加噪声前；（b）叠加噪声后

Event: data   Depth: 201km   VR: 96.3%
FM nd1: 226°/45°/91° nd2: 44°/45°/89° Mw 5.91
M(rr,tt,pp,rt,rp,tp): 0.998 −0.139 −0.133 −0.002 0.004 −0.695
ISO 0.30 0.01 CLVD 0.29 0.00

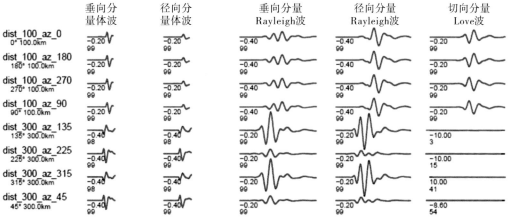

图 5.13 gCAPjoint 应用于叠加噪声的理论地震图时的反演结果

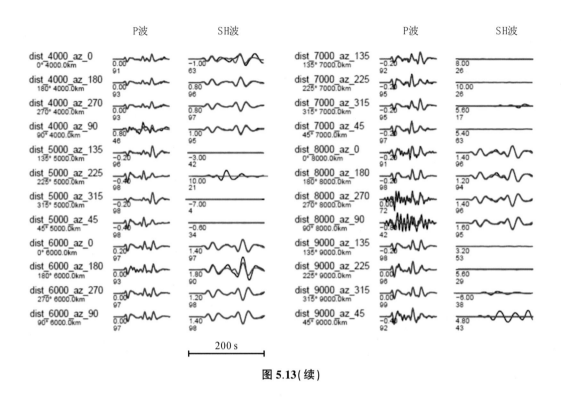

图 5.13(续)

5.6 中等深度地震的案例研究(2015 年、2016 年兴都库什地震)

兴都库什位于喜马拉雅西缘,是十分少见的大陆内部中等深度(震源深度 70~300 km)地震区。该地区的中深地震活动性高、释放能量较大,因此这些地震本身以及地区的板块构造特征引起学者的广泛关注(Roecher et al.,1980;Pegler and Das,1998;Lister et al.,2008)。此外,学者研究表明,一些中深地震和深震的震源机制可能具有较大的非双力偶分量(Miller et al.,1998)。我们将 gCAPjoint 方法应用于发生在阿富汗兴都库什地区的两次中深地震:2015 年 12 月 25 日(UTC)的 M_W 6.3 地震和 2016 年 4 月 10 日(UTC)的 M_W 6.6 地震。据 NEIC 地震事件目录,2015 年和 2016 年这两次地震的经纬度分别为东经 71.13°、北纬 36.49°和东经 71.14°、北纬 36.47°,它们的震源深度分别为 206.0 km 和 211.6 km。因此,这两次事件的水平位置仅相距约 26 km,深度也十分接近。

我们从 IRIS 下载了这两次地震的近震(震中距 5°以内)与远震(震中距 30°~90°)台站连续波形数据。由于 GSN(Global Seismic Network)台网在近震震中距上仅有 KBL 台可用,台站分布不足,我们也下载了 KR 台网 BTK、DRK 台站的波形数据,共 3 个近台用于 gCAPjoint 反演。由于部分台站的远震体波振幅可能被噪声压制,我们通过计算理论 P 波到时后 50 s 时间窗相对于前 50 s 时间窗信噪比的方式,挑选出了所有信噪比大于 3 的 33 个远震台站。这些台站的分布如图 5.14 所示。

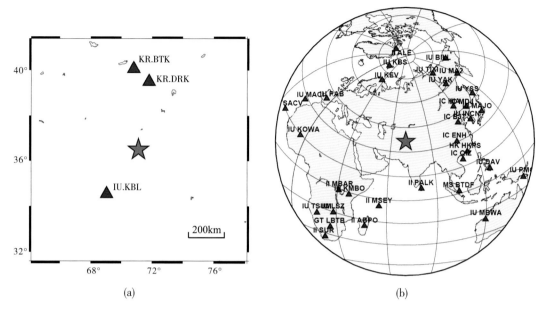

(a)   (b)

图 5.14　gCAPjoint 应用于兴都库什地区 2 次地震时使用的台站分布

(a)近震台站;(b)远震台站。图中五角星为 2 次地震重叠的震中位置

我们对下载到的波形数据去仪器响应,并去除平均值和去线性趋势。得到了具有真实速度振幅的波形数据后,我们将波形旋转到大圆路径的三分量,即垂向、径向和切向上,并分别截取为近震 Pnl/面波部分和远震 P/SH 波部分。对于近震 Pnl 波和远震 P 波,我们应用一个四极巴特沃兹滤波器,在 0.02~0.1 Hz 滤波。对近震面波和远震 SH 波,滤波区间被设置为 0.02~0.05 Hz。我们使用更低频的面波和远震 SH 波参与反演,这是因为高频面波受地形和横向不均匀性影响较大,而高频 S 波衰减显著,振幅不足。此后,我们分别使用 FK 和 TEL3 程序计算了近震和远震震中距上的格林函数。在格林函数的计算中,我们使用了震中所在地的 CRUST2.0 作为地壳部分的速度结构模型,使用简化了分层的 IASPEI91 速度模型作为地幔部分的模型。格林函数计算完成后,我们对两次地震使用网格搜索的方法搜索震源参数,深度的搜索间隔设置为 5 km,φ、δ、λ 的搜索间隔设为 5°,ζ、χ 的搜索间隔设置为 0.1。

对 2015 年地震,我们使用持续时间为 5 s 的三角波震源时间函数,使远震/近震权重比为 200∶1,进行震源参数测定。通过反演,gCAPjoint 方法得到拟合误差最小的震源深度为 205 km,通过二项式拟合得到的深度最优解为 203.3 km(图 5.15)。该深度与 Global CMT、W-phase、USGS 体波机制解等震源参数目录的深度较为一致(表 5.6)。震源机制反演结果表明,gCAPjoint 测定的震源矩张量和上述地震目录给出的矩张量同样较为一致(表 5.7)。近震和远震的理论地震图都能够较好拟合数据(图 5.16),这表明了 gCAPjoint 反演对该地震的有效性。

反演结果显示,震源走向、倾角和滑动角分别为234°、41°、77°,其双力偶分量是逆冲机制。各向同性和CLVD分量的系数ζ、χ分别为0.08、-0.28。由于χ的范围为-1~1,ζ的范围为-0.5~0.5,均为0时,震源为纯双力偶源,这些参数值反映了这次地震的矩张量具有较小的各向同性分量和较大的CLVD分量。一个更直观的参数是矩张量双力偶分量的比例。根据Dziewonski等(1981)的定义,gCAPjoint反演得到的双力偶分量占纯偏矩张量的比重为43%,与USGS体波矩张量解较为一致(表5.6)。Global CMT、W-phase CMT和USGS Centroid MT给出的双力偶分量比例约为20%,显著小于gCAPjoint解和USGS体波解对应的值,这可能是因为Global CMT等依赖长周期波形约束震源参数,而gCAPjoint和USGS体波采样了更宽频带的体波波形,波长的区别反映了不同尺度的地震破裂特征和机制。同时,上述机构在矩张量反演中都加入了各向同性为零的限制,而gCAPjoint解包含了少量的ISO分量。

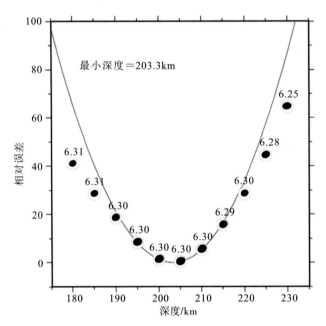

图5.15 gCAPjoint应用于2015年12月25日地震的波形拟合误差与震源深度的关系

为了测试我们使用的震源持续时间是否合理,我们以1 s为间隔,在震源持续时间为1~10 s的范围内进行gCAPjoint反演。测得最优机制解与深度下,波形拟合误差与震源持续时间的关系如图5.17所示。可以观察到,当震源持续时间小于或等于5 s时,拟合误差几乎不随震源持续时间变化。当其大于5 s时,随着持续时间增长,拟合误差开始变大。这一"拐角持续时间"的现象可能反映了基于点源假设下可辨的震源持续时间与尺度。对于该地震,当点源模型的持续时间大于或等于5 s时,持续时间能够通过波形拟合误差进行约束。然而,当模型的持续时间小于5 s时,波形拟合误差不再对震源持续时间敏感。

同时,我们使用了200∶1的远震/近震波形权重比,这是为了平衡振幅较大的近震波形与振幅较小的远震体波在反演中占据的权重。为了测试所使用的权重比是否合理,我们在不同远震/近震波形权重下进行 gCAPjoint 反演,分析反演结果中远震体波与近震波形的拟合误差之比与远近震波权重之间的关系。测定结果显示,当远震/近震波形权重为 200∶1 时,波形拟合误差中远震体波与近震波形的大小近似一致(图 5.18)。同时,我们能够观察到,远震/近震权重从 1 变化到 10^5 的过程反映了近震占据主导作用到远震占据主导作用的变化。在这个过程中,最优震源深度一直为 205 km。震源矩张量的双力偶分量保持为逆冲型震源机制,CLVD 分量参数 χ 也保持在 0.3 左右。这显示了近震数据和远震数据对这次地震的震源参数具有较为一致的约束。

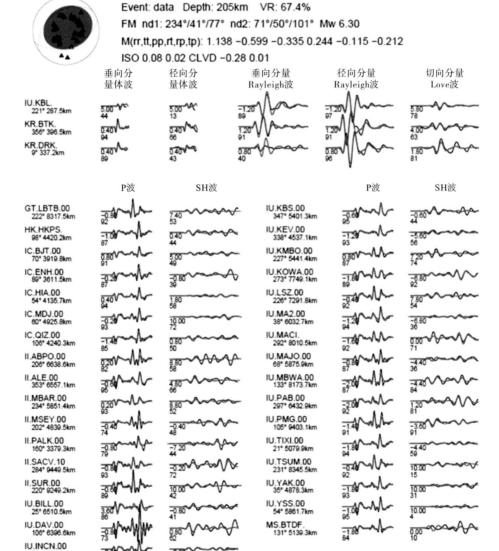

图 5.16　gCAPjoint 应用于 2015 年 12 月 25 日地震的反演结果与近远震波形拟合

表 5.6 各个地震目录中 2015 年 12 月 25 日地震震源参数

目录	矩震级	深度/km	双力偶分量参数(φ, δ, λ)	各向同性分量参数 ζ	CLVD 分量参数 χ	CLVD 分量参数 ε	纯偏矩张量中双力偶占比
Global CMT	6.30	213.7	234°/43°/79°	0(固定)	−0.403	0.405	19%
W-phase CMT	6.30	200.5	229°/42°/76°	0(固定)	−0.397	0.400	20%
USGS 体波	6.30	209.0	242°/43°/80°	0(固定)	−0.272	0.280	44%
USGS 质心矩张量	6.30	207.0	231°/45°/79°	0(固定)	−0.406	0.409	18%
gCAPjoint	6.30	203.3	234°/41°/77°	0.08	−0.276	0.285	43%

表 5.7 各个地震目录中 2015 年 12 月 25 日地震矩张量

目录	地震矩/(dyn·cm)	矩张量系数/(dyn·cm)	M_{rr}	M_{tt}	M_{pp}	M_{rt}	M_{rp}	M_{tp}
Global CMT	$3.8×10^{25}$	$1×10^{25}$	4.640	−2.570	−2.070	0.657	−0.633	−0.438
W-phase CMT	$3.6×10^{25}$	$1×10^{25}$	3.954	−2.141	−1.813	0.849	−0.526	−0.444
USGS 体波	$4.1×10^{25}$	$1×10^{25}$	4.452	−2.988	−1.464	0.504	−0.543	−0.700
USGS 质心矩张量	$3.8×10^{25}$	$1×10^{25}$	4.290	−2.36	−1.940	0.481	−0.699	−0.417
gCAPjoint	$3.6×10^{25}$	$1×10^{25}$	4.046	−2.129	−1.191	0.867	−0.409	−0.754

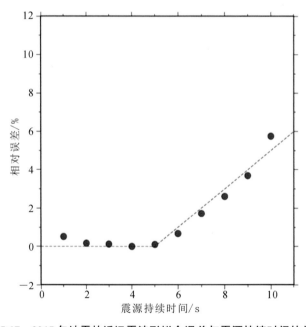

图 5.17 2015 年地震的近远震波形拟合误差与震源持续时间的关系

  我们也将 gCAPjoint 方法应用于 2016 年 4 月 10 日的事件,使用相同的台站数据,相同的搜索步长和相同的滤波频段,进行震源参数的测定。反演中,我们选用时长同为 5 s 的三角波震源时间函数,同时将远震/近震权重设为 100∶1。网格搜索得到拟合误差最小的震源深度为 210 km,通过二项式拟合后,测得最优的震源深度为 208.8 km(图 5.19),

与 Global CMT 等地震目录提供的多数震源深度较为一致(表 5.8)。测定得到的矩张量展示于表 5.9,矩张量与各地震目录的矩张量也较为接近。理论地震图与观测地震波的拟合很好(图 5.20),这显示了 gCAPjoint 测定得到的震源参数是较为可靠的。

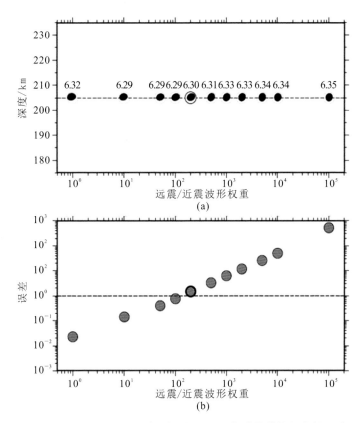

(a)

(b)

图 5.18　不同远震/近震波形权重下 2015 年地震的震源参数反演

(a) 远震/近震权重(横轴)下测得的最优震源参数,加粗的震源球代表权重比为 200∶1 时的震源机制解;

(b)远震/近震拟合误差之比与远震/近震权重之间的关系,加粗的圆圈指代权重比为 200∶1 时的拟合误差比,

虚线反映远震/近震对拟合误差的贡献相同

表 5.8　各个地震目录中 2016 年 4 月 10 日地震震源参数

目录	矩震级 (M_W)	深度 /km	双力偶分量参数(φ,δ,λ)	各向同性分量参数 ζ	CLVD 分量参数χ	CLVD 分量参数 ε	纯偏矩张量中双力偶占比
Global CMT	6.60	208.8	282°/39°/108°	0(固定)	0.040	0.045	91%
W-phase CMT	6.60	210.5	283°/38°/107°	0(固定)	0.043	0.049	90%
USGS 体波	6.70	217.0	280°/40°/108°	0(固定)	−0.050	0.055	89%
USGS 质心矩张量	6.60	179.8	281°/34°/107°	0(固定)	0.009	0.010	98%
gCAPjoint	6.57	208.8	295°/40°/117°	0.19	0.072	0.080	84%

震源参数测定显示,这次地震震源矩张量的主要部分是双力偶分量。其走向、倾角和滑

动角分别为 295°、40、117°,是一个带有部分走滑分量的逆冲型地震。测得的各向同性和
CLVD 分量的系数 ζ χ 分别为 0.19 和 0.07(图 5.20),且对于纯偏矩张量部分,gCAPjoint 测
定得到的双力偶震源机制的比重为 84%,这说明此次地震矩张量具有较少的各向同性分量
和很少的 CLVD 分量。这也与 Global CMT 等目录给出的双力偶分量比例较为一致
(表 5.8)。

与 2015 年事件类似,我们对 1~10 s 内多个震源持续时间进行了震源参数反演,发现震
源持续时间约 5 s 处成了波形拟合误差的"拐点"(图 5.21)。这显示了 5 s 的震源持续时间
对应的点源模型能够较好解释地震的观测波形。我们也测试了不同的远震/近震权重比对
应的最优震源参数与波形拟合误差。结果显示,当远震/近震权重比 100∶1 时,远震波形与
近震波形在拟合误差函数中的贡献是近似的(图 5.22),这表明该权重比的合理性。而且,各
种数据权重下的反演都测得震源深度为 205~210 km,震源机制解的主要分量也均为逆冲型
的双力偶机制。这表明,近震数据与远震数据彼此对震源参数测定提供的约束比较一致。

表 5.9　各个地震目录中 2016 年 4 月 10 日地震矩张量

目录	地震矩 /(dyn·cm)	矩张量系数 /(dyn·cm)	M_{rr}	M_{tt}	M_{pp}	M_{rt}	M_{rp}	M_{tp}
Global CMT	1.1×10^{25}	1×10^{25}	0.969	−1.060	0.089	0.262	0.196	0.006
W-phase CMT	1.0×10^{25}	1×10^{25}	0.924	−1.004	0.080	0.287	0.159	0.050
USGS 体波	1.2×10^{25}	1×10^{25}	1.163	−1.369	−0.026	0.255	0.261	−0.018
USGS 质心矩张量	1.1×10^{25}	1×10^{25}	0.984	−1.028	0.044	0.462	0.189	0.017
gCAPjoint	9.2×10^{25}	1×10^{25}	0.896	−0.739	0.264	0.265	0.191	0.147

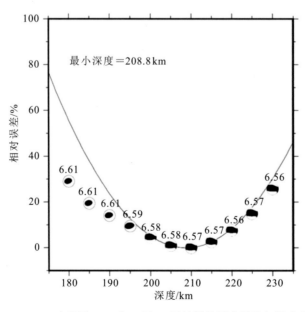

图 5.19　gCAPjoint 应用于 2016 年 4 月 10 日地震的拟合误差与深度之间的关系

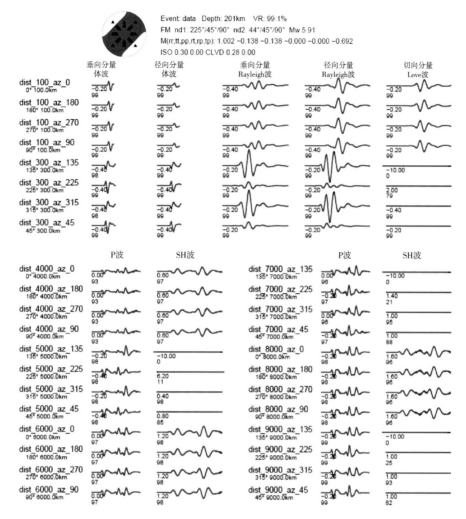

图 5.20 gCAPjoint 应用于 2016 年 4 月 10 日地震的反演结果与近远震波形拟合

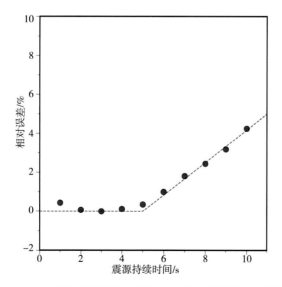

图 5.21 2016 年地震的近远震波形拟合误差与震源持续时间的关系

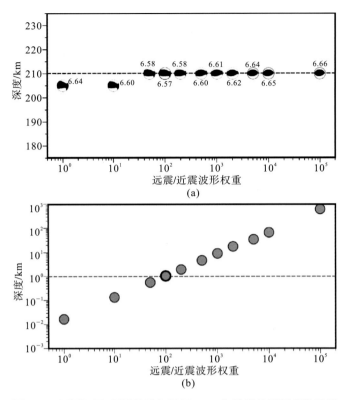

图 5.22　不同远震/近震波形权重下 2016 年地震的震源参数反演

（a）远震/近震权重（横轴）下测得的最优震源参数,加粗的震源球代表权重比为 200∶1 时的震源机制解;

（b）远震/近震拟合误差之比与远震/近震权重之间的关系,加粗的圆圈指代权重比为 200∶1 时的拟合误差比,

虚线反映远震/近震对拟合误差的贡献相同

　　综上,测定结果显示,两次地震都发生在 200~210 km 的深度上,且它们震源机制的双力偶部分具有走向和倾角相近的可能断层面(2015 地震走向、倾角和滑动角分别为 71°、50°、101°;2016 地震走向、倾角和滑动角分别为 82°、55°、69°)。结合它们十分相近的水平位置推测,它们可能发生在同样的或相邻的断层上。

　　然而,2015 年 M_W 6.3 地震的矩张量中 CLVD 分量很大,占据纯偏矩张量源的比例高达 57%。与此相对,2016 年 M_W 6.6 地震则显示双力偶震源机制解占据主导。为了验证这种不同是否由异参同效导致,我们测试了只允许双力偶矩张量时的 gCAPjoint 解,并与全矩张量解的波形拟合误差进行对比。我们发现,2015 年地震的双力偶源最优解相比于全矩张量最优解仍有高出约 20% 的波形拟合误差(图 5.23)。这表明对于 2015 年地震,带有显著 CLVD 分量的全矩张量解能够更好拟合观测数据。与此相对,2016 年地震的双力偶解具有与全矩张量解近似的波形拟合误差(图 5.24)。这支持了双力偶分量占据震源矩张量主要部分这一结论,同时也表明这次地震的各向同性分量与 CLVD 分量对改进波形拟合没有显著作用。因此,2016 年地震可以被双力偶震源机制较好描述。

　　这两次相近地震的不同震源机制表明,它们可能具有截然不同的发震机理。2015 年地震事件可能以断层拉张的方式破裂,而 2016 年地震则更像是发生在一个断层上的剪切滑动。Lister 等(2008) 对兴都库什地区中等深度地震的研究表明,这些中等深度地震可能是由于俯冲下去的海洋岩石圈板片的折断造成的(图 5.25)。基于这种模型,除了双力偶震源对应的高角度逆冲型地震以外,CLVD 占据主导的地震对应的断层拉张断裂的模式,同样可能在由于负浮力而下沉的海洋岩石圈板片与上端的连接处产生。这可以解释 2015 年与 2016 年两次地震的不同机制。

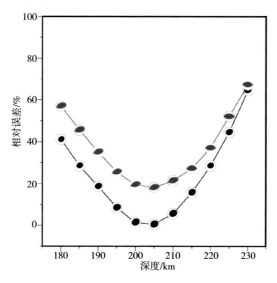

图 5.23 2015 年 12 月 25 日地震的全矩张量反演拟合误差(黑球与实线)与纯双力偶解的拟合误差(灰球与实线)

本章对矩张量的分解与解释使用了 Chapman 和 Leaney (2012)提出的分解方式。然而,相同的矩张量解也可以被分解为其他组合。例如,2015 年地震事件的矩张量的纯偏部分同样可以分解为两个或三个不同震源机制的纯双力偶源的组合。在真实的地球中,这对应于一次地震破裂了多个不同几何形态的断层。对于本章研究的两次地震事件,这种可能性不应被排除。

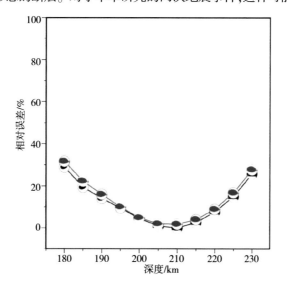

图 5.24 2016 年 4 月 10 日地震的全矩张量反演拟合误差(黑球与实线)与纯双力偶源的波形拟合误差(灰球与实线)

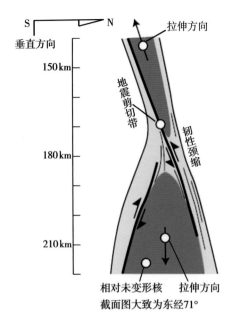

图 5.25　兴都库什地区地震的一种发震模型(Lister et al.,2008)。图中绿色的部分代表俯冲下去的海洋
岩石圈板片。黑色线代表板片弯折过程中产生的高度角逆冲断层

5.7　讨论与小结

　　我们发展了 CAPjoint 算法,用于通过近震与远震波形数据联合反演中等强度地震的震源参数。我们将这套算法运用到 2008 年美国内华达州 M_W 6.0 地震,并将其反演得到的震源参数结果与已有的矩张量解目录进行对比,发现与多数结果较为一致。对联合反演所需要的台站数目进行了一系列测试,发现即使仅增添一个近台也能提高仅采用远震体波反演的震源参数准确性。在此基础上,我们发展了 gCAPjoint 全矩张量测定方法,测定了兴都库什中等深度地震带的 2 次中强地震的震源参数,发现 2 次地震的走向和倾角相近的可能断层面,但双力偶分量的占比相差较大,表明 2 次地震的发震机理可能存在较大差异。

第6章　基于参考地震的走滑地震破裂方向性测定方法

不同的构造环境下会发育不同类型的断层,走滑断层是水平挤压动力环境下常见的一种,在大陆地区广泛发育且多存在分支断层,如我国的小江断裂带、鲜水河断裂带,以及美国西海岸的圣安德列斯断层等。走滑断层为沿走向延伸的剪切断裂,发生地震时两盘沿走向做相对水平运动,破裂也往往沿着走向延伸。本章针对沿走向破裂的地震,发展了基于参考地震的破裂方向性测定方法:利用主震附近较小地震(余震、前震或历史地震)作为参考地震进行路径(三维速度结构)校正,通过波形测定质心震中与起始震中的相对位置,并推断地震的破裂方向性。首先,以 2008 年 M_W 5.2 美国伊利诺伊地震为例进行正演测试,以验证该方法的可行性,并探讨双侧破裂、参考地震相对位置偏差等对该方法的影响。之后,将该方法应用于伊利诺伊地震、2014 年 M_W 6.1 云南鲁甸地震以及 2016 年 M_W 5.4 韩国庆州地震。

6.1　研究思路

当研究区台站密集或有较好的三维结构模型时,可通过相对震源时间函数反演、有限矩张量反演等方法测定地震的破裂方向性。但是,除少数地区如美国南加州、中国台湾、日本外,全球范围内台网分布仍然相对稀疏。对于台网不足够密集而且没有较为精确三维地壳速度结构模型的地区,秦刘冰等(2014)提出了一种基于相对质心震中的地震破裂方向性测定方法。该方法选择主震附近中小强度的地震(一般为 4 ~5 级) 作为参考事件,在对主震与参考地震进行起始震中的相对定位之后,以参考地震波形为路径校正并测定主震的质心震中位置,最终获得主震质心位置(M_c)与起始位置(M_h)之间的差异,从而推断地震破裂方向性(图6.1)。区域台站(震中距数十至数百千米)记录到的主震和参考事件的地震波采样了相近的速度结构,因此,利用参考地震波形作为路径校正可有效降低三维结构的影响。在该方法中,假定参考地震的起始震中(A_h)与质心震中(A_c)非常接近,这对于中小地震是基本合理的。例如,M 4.0 地震的破裂尺度一般在 1 km 左右,质心震中与起始震中的距离应该在 0.5 km 以内。

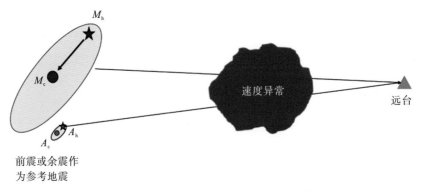

前震或余震作
为参考地震

图6.1　参考地震法测定破裂方向性示意图

在目前被广泛采用的震源参数反演算法 CAP 方法中,三分量地震波形被分解为 Pnl、Rayleigh、Love 3 个波形窗口,通过波形互相关方法测量得到最佳波形匹配时 3 个震相的时移,并计算波形残差(Zhao and Helmberger,1994)。主震不同震相的时移主要由两部分原因造成:一是计算理论地震波形采用的一维速度模型与真实三维速度结构之间的差异,二是计算理论地震波形所采用的质心位置与真实质心位置的差异。当参考地震的起始震中已通过 P 波、S 波到时进行测定之后,假定其质心震中与起始震中非常接近,则不同震相的时移可以用来校正主震时移中的三维结构影响部分,从而使得校正后的主震时移反映了起始震中与质心震中的位置差异。需要指出的是,对应于起始位置与质心位置,"到时差"也分为起始到时差(通过震相的初至测定)以及质心到时差(通过相关测量得到)。

具体的流程分为 3 个阶段:①首先利用主震和参考地震在不同方位角的台站记录到的 P 波起始到时差,测定两次事件起始震中的相对位置及相对起始时刻;以主震为主事件,改正参考地震的起始位置及发震时刻;②采用合适的一维速度结构模型,分别对主震和参考地震计算格林函数,并使用 CAP 算法反演得到震源机制解、震源深度;这个阶段不仅得到了 2 个地震的点源震源参数,也获得了 Pnl、Rayleigh、Love 3 个震相的时移;③通过波形相关计算 2 个地震的震相时移之差,并分析其随方位角的变化,判断得到发震断层走向、破裂方向及破裂长度。当假定地震是沿着震源机制解给出的 2 个节面之一单侧破裂时,时移随不同方位角的分布如下

$$dt = (T_{obs} - T_{syn})_A - (T_{obs} - T_{syn})_B = t_0 - \frac{L}{2V}\cos(a_z - s_{tk}) \tag{6.1}$$

式中,dt 为时移之差;$T_{obs} - T_{syn}$ 为观测数据与一维合成地震图之间的时移,由 CAP 程序直接输出;A 为主震;B 为参考事件;V 为 Pnl 或 Rayleigh 或 Love 震相的地震波传播速度;a_z 为台站的方位角(在参考事件与主震接近时,台站方位角对于两次事件而言基本一致);s_{tk} 为主震机制解中断层面的走向;待求解量 t_0 为主震和参考地震的发震时刻偏差;待求解量 L 为破裂

长度,其正负号表征破裂方向沿着走向还是逆着走向,对于非单侧破裂地震,求解得到的$\frac{L}{2}$是起始震中与质心震中的距离,小于实际的破裂长度。利用式(6.1)对时移数据进行拟合,选取残差较小的节面作为实际发震断层,并得到破裂长度。

6.2 破裂方向性测定正演测试

在正演过程中,我们选取2008年4月18日的美国中东部 M 5.2 地震为例。该地震发生于伊利诺伊州卡梅尔山(Mt. Carmel),是沃巴什河谷地震带(Wabash Valley Seismic Zone,WVSZ)近半个世纪以来发生的最大地震,引起了广泛震感。沃巴什河谷地震带位于新马德里地震带(New Madrid Seismic Zone,NMSZ)的东北部,是美国中东部造成地震灾害最显著的断层系统之一。本次地震发生在 WVSZ 的北部,附近有北北东走向的卡梅尔山—新哈莫尼断层,同时也临近北西走向的拉萨尔背斜构造的南端(图6.2)。震源机制解的反演结果表明此次地震为走滑型,2个节面分别为北北东走向和北西西走向(Herrmann et al.,2008),仅根据机制解与已知断层分布难以判断发震断层面。

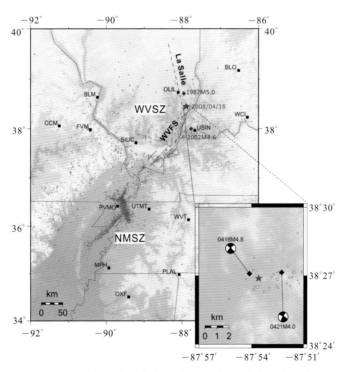

图6.2 2008年伊利诺伊地震及台站分布图。大图:五角星为主震,灰点为历史地震,红色虚线为当地已知断层分布。小图:灰色圆圈为余震,黑色圆圈为2个 M 4.0+余震

地震之后,USGS 的 DYFI(Did You Feel It)平台收到超过 4 万条反馈,据此得到的烈度分布图长轴近似沿北北东方向(图6.3),但并未进行场地效应校正及人口分布校正,尚难确切反映发震断层的走向。Yang 等(2009)采用滑动互相关(sliding-window cross-correlation, SCC)方法检测到地震后两周内的百余个小地震,对其采用双差定位方法进行重新定位,发现余震主要分布在北西西向(走向 292°)的平面上[图 6.4(a)]。Hartzell 和 Mendoza(2011)利用区域台站地震波形反演了主震的滑移分布,发现两节面的波形拟合程度相似,但北北东节面对波形的拟合稍好。Hamburger 等(2011)分析了密集流动台记录到的近两百个余震并重定位,发现绝大多数余震比较集中地分布于北西西向的平面上,但早期余震(24 小时内)的分布与北北东向的卡梅尔山-新哈莫尼断层更一致[图 6.4(b)]。由于震后早期流动台较少,所记录到的余震数目也较少,定位精度低,难以据此确定断层面。

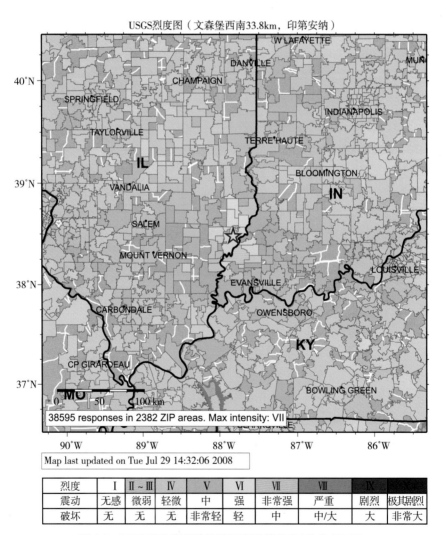

图 6.3　DYFI 平台收到的地震烈度反馈分布(改自 USGS)

综上,由于烈度分布受场地响应影响,余震分布受震源区应力分布影响,滑移分布反演对中等地震的两节面分辨能力弱,对此次地震利用不同方法得到的发震断层面并不一致。主震之后发生了2个较大余震(M4.0+),我们选取这2个余震作为参考地震,利用式(6.1)所述方法测定本次地震的破裂方向性。在将该方法应用于实际地震数据之前,首先通过正演测试验证其有效性。

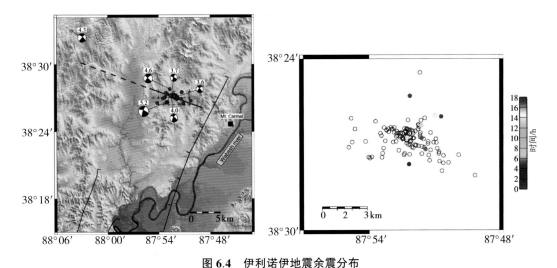

图6.4 伊利诺伊地震余震分布

(a)震后2周内;(b)震后2月内,其中彩色圆点为地震当天发生的余震,彩条为余震发生在主震之后的时间。地震目录引自 Hamburger 等(2011)

6.2.1 模型设置与理论波形计算

从 IRIS 下载了区域台站(图6.2)三分量波形,并利用 CAP 方法反演了本次地震的机制解,发现该地震为走滑型,质心深度16 km,2个节面分别为:297°/84°/1°(节面1)和206°/89°/173°(节面2)。接下来,根据 CAP 机制解与余震分布设定正演模型参数。假定地震沿297°节面破裂,根据地震标度律(scaling law)(Somerville et al.,2001)设定破裂长度4 km。在4 km 内等间隔设置32个点源,每个点源M_W4.2,持续时间0.2 s,深度、机制解均按 CAP 反演结果设置(图6.5)。当32个点源波形按照不同的时移叠加时,可得到不同破裂过程下的波形。同时,在破裂质心点设置单点源模拟地震,M_W5.2,持续时间2.0 s。台站分布与实际一致,在500 km 内共12个台站。因地震发生在美国中部,选用 CUS 模型为参考速度模型(Herrmann,1979;Herrmann et al.,2011)(表6.1)。利用频率-波数方法(FK)(Zhu and Rivera,2002)计算理论波形,采样间隔0.05 s。

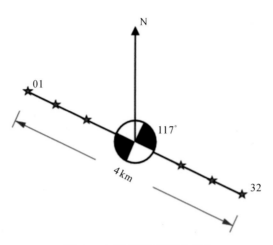

图6.5　正演模型设置示意图

表6.1　CUS速度模型

模型层数	$V_p/(\mathrm{km/s})$	$V_s/(\mathrm{km/s})$	厚度/km
1	5.00	2.89	1.0
2	6.10	3.52	9.0
3	6.40	3.70	10.0
4	6.70	3.87	20.0
5	8.15	4.70	—

6.2.2　破裂方向性测定

假定地震沿297°节面向东南方单侧破裂,即从01号地点破裂至32号。假定破裂速度为2.6 km/s($0.75\,V_s$),根据相邻点源距离和破裂速度,计算得到相邻点源叠加时移。将32个点源叠加得到的波形记为主震的观测波形(输入波形),用来反演破裂方向性。按照测定流程,以01号位置(破裂起始点)为起始震中,正演不同台站的理论波形。由于在本测试中速度模型已知,不需要参考地震进行路径校正。

对不同震相(Pnl、Rayleigh、Love)进行不同的滤波和时间窗截取,并对观测波形和理论波形进行同样的操作(Zhao and Helmberger,1994)。对Pnl震相、滤波0.05~0.25 Hz、波形互相关时窗为P波理论到时的前2 s至后8 s。对Rayleigh震相和Love震相、滤波0.02~0.2 Hz、波形互相关时窗为S波理论到时的前5 s至后25 s。在对实际波形和理论波形计算互相关时,允许的最大时移分别为3 s(Pnl震相)和6 s(Rayleigh震相和Love震相)。绝大部分台站的波形互相关系数可达0.97以上(图6.6、图6.7)。对不同震相,均保留互相关系数大于0.7的台站(即排除位于nodal附近或震中距过近、面波未发育的台站),假定地震沿机制解的任一节面破裂,根据式(6.1)对时移数据进行拟合。2个节面的拟合结果如图6.8和表6.2所示。不同震相对297°节面的拟合结果均明显优于206°节面,表明地震沿东南侧破裂,与正演模型设置一致。测定的破裂长度分别为3.0 km、3.5 km、3.8 km,均值为3.43 km,接近正演模型设置的4 km。造成测量破裂长度与输入值存在偏差的可能原因有:①波形采样间隔为0.05 s,Pnl一个采样点对应破裂长度$0.05×6×2=0.6$(km),面波一个采样点对应破裂长度约为$0.05×3×2=0.3$(km),互相关计算时可能有至多半个采样点的误差;②式(6.1)中不同震相波速采用固定值(P波速度6.0 km/s、Rayleigh波速3.1 km/s、Love波速3.5 km/s),并没有根据震源区速度模型改变,这个V_p(6.0 km/s)相对于CUS模型可能偏低,因此估算的破裂长度也相应偏小;③不同方位角的观测波形和理论波形的持续时间有所差别,前者由32个持续时间0.2 s的点源时移叠加,后者为持续时间2.0 s的单点源。走滑地震的Love波发育好,而且由辐射花样,Love波在测定破裂长度的关键方位角(走向对应方位角)振幅强、时移测量准确,所以Love波对不同节面的分辨能力最强(两节面的拟合误差比可达10倍),测定的破裂长度(3.8 km)与真实值(4.0 km)最接近。因此,对于实际地震应主要选用Love波测定破裂方向性。

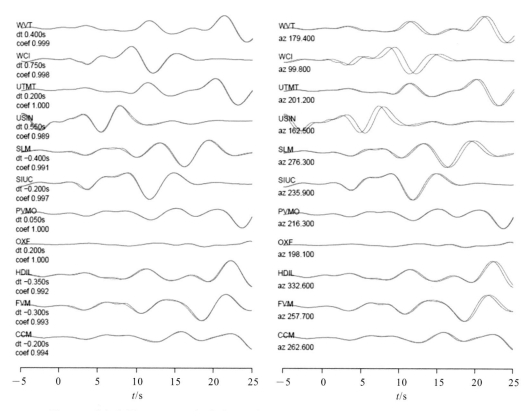

图6.6 垂向分量Rayleigh震相的波形拟合。左、右分别为时移对齐之后和之前的波形。
红色为观测波形,黑色为理论波形,零时刻对应S波到时

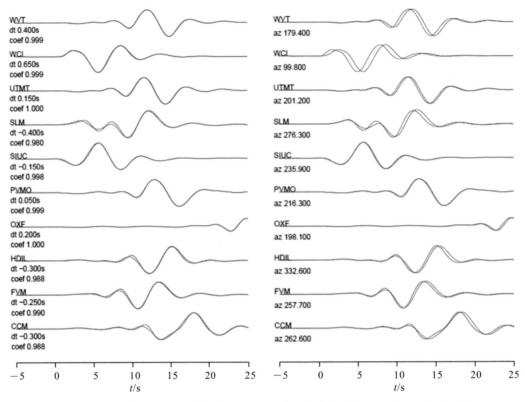

图 6.7　切向分量 Love 震相的波形拟合。左、右分别为时移对齐之后和之前的波形。

红色为观测波形,黑色为理论波形,零时刻对应 S 波到时

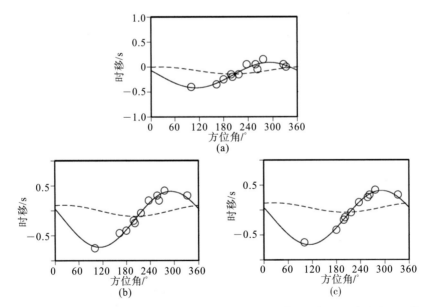

图 6.8　不同震相的方向性拟合结果。圆圈为测量时移,实线为 297°节面拟合结果,虚线为 206°节面拟合结果

（a）Pnl 波；（b）Rayleigh 波；（c）Love 波

表 6.2 正演测试破裂方向性测定结果

震相	所用台站个数	节面 1 误差 (走向 = 297°)	节面 2 误差 (走向 = 206°)	破裂长度/km
Pnl	12	0.05	0.16	3.0
Rayleigh	11	0.05	0.35	3.5
Love	10	0.03	0.32	3.8

6.2.3 双侧破裂分辨能力测试

在上述的单侧破裂测试中,通过观测波形与理论波形的时移可以正确分辨破裂面并估算破裂长度。由于该方法测定的是质心与破裂起始点的相对位置,当地震是双侧破裂时,本方法可能存在一定局限性甚至失效。因此,在本节中,我们测试存在部分/完全双侧破裂时能否分辨破裂面与破裂长度。在此基础上,共设计 5 组不同破裂过程的测试,破裂的起始点分别位于 01、08、16、24 和 32 号位置,并以 2.6 km/s 的速度传播至其余 31 个点源。因此,测试 1 和测试 5 为破裂方向相反的单侧破裂,测试 2 和测试 4 为部分双侧破裂,测试 3 为完全双侧破裂。

测定过程中,对互相关系数大于 0.7 的台站时移数据按照式(6.1)进行拟合。拟合结果如图 6.9 所示,Love 波测定的破裂长度如表 6.3 所示。当地震单侧破裂时,不同震相均能分辨破裂面和破裂方向,并较准确测定破裂长度。当存在部分双侧破裂时,依然能分辨出主要的破裂方向,但是破裂长度测定明显短于真实破裂长度,体现出该方法的局限性。当完全双侧破裂时,时移数据基本不再随方位角变化产生余弦变化(图 6.10),对不同节面、不同破裂方向的拟合效果相似,破裂长度几乎为 0,此时该方法已失效。因此,当应用于实际地震数据时,本方法测定得到的破裂长度为真实破裂长度的下限;当测定破裂长度远小于地震标度律经验值时,地震可能存在双侧破裂或多断层破裂。

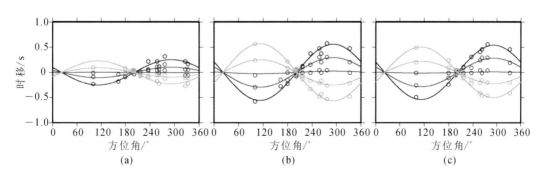

图 6.9 双侧破裂测试中不同震相时移沿 297° 节面拟合结果。黑色为测试 1,红色为测试 2,蓝色为测试 3,黄色为测试 4,绿色为测试 5。圆圈为测量时移,实线为拟合结果

(a) Pnl;(b) Rayleigh;(c) Love

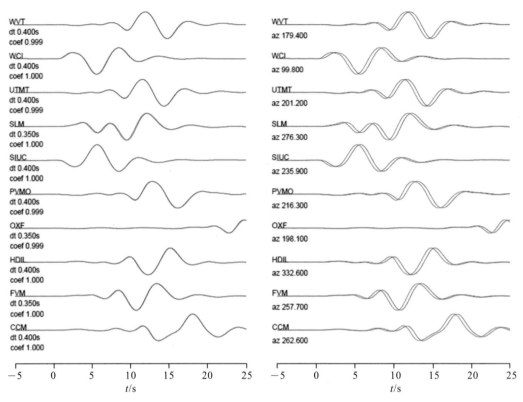

图 6.10　测试 3 中切向分量 Love 震相的波形拟合。左、右分别为时移对齐之后和之前的波形。
红色为观测波形,黑色为理论波形,零时刻对应 S 波到时

表 6.3　双侧破裂测试 Love 波拟合结果

测试编号	破裂起始点	节面 1 误差(走向 = 297°)	节面 2 误差(走向 = 206°)	破裂长度/km
1	01	0.03	0.32	3.8
2	08	0.03	0.17	2.0
3	16	0.02	0.02	0.1
4	24	0.03	0.13	1.5(反向)
5	32	0.04	0.30	3.5(反向)

6.2.4　参考地震相对位置偏差测试

在处理实际地震数据时,需要选定一个参考地震进行路径校正。秦刘冰等(2014)在研

究 2008 年云南盈江地震时发现,在有限方位内只改变主震与参考地震的绝对位置而保持其相对位置不变,则破裂方向性测定结果不受影响。在本节中,针对参考地震与主震的相对位置存在偏差时,测试方向性测定结果的稳定性。在 6.2.2 小节与 6.2.3 小节中,假定速度模型和参考地震位置准确已知,不需考虑参考事件的路径校正。本节中,参考地震真实位置为 16 号(记为 A0),矩震级 4.2,机制解与主震一致。在此基础上,共设计 16 组测试,参考地震位置沿不同方位角(间隔 45°)存在 0.5 km、1.0 km 的偏差(图 6.11),考察此时破裂方向性的测定结果。

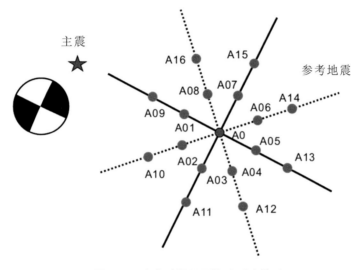

图 6.11 参考地震位置偏差测试模型设置

以上的方向性测定结果表明 Love 波拟合得到的破裂长度更准确,因此,首先考察 Love 波测定结果在参考地震相对位置存在偏差时的稳定性。当参考地震位置偏差 0.5 km 时(A1 ~ A8),方向性测定结果见图 6.12 和表 6.4。在 8 种测试中,Love 波均能正确分辨破裂面和破裂方向,测定得到的破裂长度为 2.2~4.4 km。其中,破裂长度偏差较大的 A8 和 A1,并没有沿主震—参考事件真实位置对称分布,可能因为台站分布不均匀。当参考地震位置偏差 1.0 km 时(A9~A16),方向性测定结果如图 6.12 和表 6.4 所示。除 A10 外,其他情况下均能正确分辨破裂面和破裂方向,测定得到的破裂长度为 1.4~5.3 km。破裂长度测定误差最大的为 A10、A9 和 A16。A9 和 A16 位于 A1 和 A8 的延伸方向,与前一部分测试结果一致,参考事件沿这 2 组方向存在相对位置偏差时,对破裂长度测定有较大影响。同时,当参考事件沿着更接近主震方向存在位置偏差时,测定的破裂长度偏短,反之则偏长。在 16 组测试中,绝大部分情况(15/16)下可以正确测定破裂面和破裂方向,但估算破裂长度的误差可达 50%。

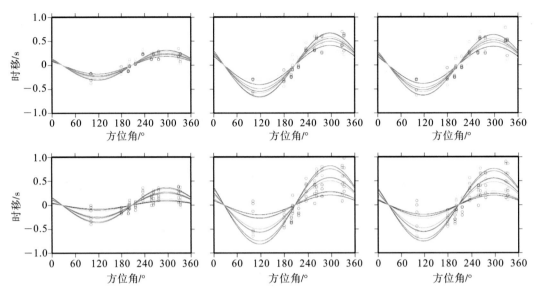

图 6.12   参考地震相对位置偏差测试中不同震相时移沿 297°节面拟合结果。圆圈为测量时移，实线为拟合结果。上排为测试 A1 ~ A8，下排为测试 A9 ~ A16

表 6.4   参考地震相对位置偏差测试 Love 波拟合结果

测试编号	节面 1 误差（走向 = 297°）	节面 2 误差（走向 = 206°）	破裂长度/km
0	0.11	0.30	3.6
1	0.13	0.26	2.7
2	0.13	0.28	3.3
3	0.11	0.30	3.6
4	0.11	0.37	4.4
5	0.06	0.37	4.4
6	0.15	0.37	3.9
7	0.13	0.31	3.3
8	0.12	0.23	2.2
9	0.15	0.26	1.4
10	0.18	0.15	2.1（206°节面）
11	0.22	0.29	3.9
12	0.17	0.42	5.3
13	0.13	0.43	4.9

测试编号	节面1误差（走向=297°）	节面2误差（走向=206°）	破裂长度/km
14	0.13	0.36	3.8
15	0.17	0.33	3.3
16	0.12	0.21	2.0

接下来,计算 Pnl 震相时移并进行拟合,方向性测定结果见图 6.12 和表 6.5。16 组测试均能分辨沿 297°节面向东南侧破裂。当参考地震相对位置偏差 0.5 km 时,测定得到的破裂长度为 1.8~3.7 km。当参考地震相对位置偏差 1.0 km 时,测定得到的破裂长度为 1.0~4.4 km。当参考地震位置准确时,Pnl 波测定破裂长度为 2.9 km,离模型设置的 4 km 有一定偏差,测定长度的准确性低于 Love 波的 3.6 km;但是,当参考地震相对位置存在偏差时,Pnl 波测定的破裂方向更为稳定,可能是由于 P 波速度相比于 Love 波更快,受位置偏差影响小。

表 6.5　参考地震相对位置偏差测试 Pnl 波拟合结果

测试编号	节面1误差（走向=297°）	节面2误差（走向=206°）	破裂长度/km
0	0.05	0.15	2.9
1	0.06	0.12	2.2
2	0.06	0.14	2.6
3	0.05	0.15	2.9
4	0.05	0.19	3.7
5	0.04	0.19	3.6
6	0.10	0.19	3.3
7	0.08	0.16	2.7
8	0.07	0.11	1.8
9	0.07	0.08	1.0
10	0.08	0.08	1.2
11	0.09	0.14	3.1
12	0.07	0.21	4.4
13	0.08	0.22	4.1
14	0.09	0.19	3.3
15	0.11	0.18	2.9
16	0.08	0.10	1.6

综上所述,对于破裂尺度 4 km 的中小地震,当参考地震与主震的相对位置偏差在 1 km 内(25%破裂长度)时,测定的破裂面和破裂方向基本是可靠的。3 种震相中,Pnl 震相在对参考地震位置偏差时测定结果的稳定性更好。为提高破裂长度估算的准确性,在将本方法应用于实际地震之前,需利用多个近台对主震和参考事件的位置进行仔细测定。

6.3　实际地震应用

6.2 节的正演测试表明,在地震单侧破裂时,参考地震法可准确测定破裂尺度 4 km 地震($\approx M_W 5.2$)的破裂方向性,并在部分双侧破裂或参考地震与主震相对位置存在 1 km 偏差时正确分辨破裂面与破裂方向。接下来,将该方法分别应用于伊利诺伊地震,2014 年 M_W 6.1 云南鲁甸地震以及 2016 年 M_W 5.4 韩国庆州地震。

6.3.1　2008 年伊利诺伊地震

如 6.2 节所述,2008 年发生在伊利诺伊州南部的 M_W 5.2 地震发生在北北东走向的卡梅尔山-新哈莫尼断层附近,同时也临近北西走向的拉萨尔背斜构造的南端。主震的机制解反演结果表明有北北东和北北西向的两个节面,但不同方法(烈度分布、余震分布、滑移分布反演)判断的发震断层面并不一致。因此,我们将参考地震法应用于该事件以帮助判断发震面与破裂方向。收集了 US、IU、NM 台网在震中距 500 km 内宽频台站的波形、去均值、线性趋势、仪器响应。选取 CUS 模型(表 6.1)为参考模型,采用 FK 方法正演合成地震图并利用 CAP 方法反演地震的点源参数。反演时,Pnl 波部分窗长 20 s,滤波 0.05~0.25 Hz;面波部分窗长 60 s,滤波 0.02~0.2 Hz。CAP 结果显示该地震 M_W 5.24,质心深度 16 km,两个双力偶节面分别为 297°/84°/1°(节面 1)和 206°/89°/173°(节面 2)(图 6.13),与 GCMT、USGS 体波矩张量解、SLU 机制解一致(表 6.7)。大部分台站的 Pnl 波及 Love 波都拟合很好,互相关系数在 0.9 以上。

表 6.6　伊利诺伊主震及 2 个余震的震源参数

事件编号	发震时刻（UTC）	经度/°E	纬度/°N	深度/km	矩震级(M_W)	走向/°	倾角/°	滑动角/°
20080418a	09:36:59	−87.8934	38.4482	16	5.24	297;206	84;89	1;173
20080418b	15:14:16	−87.9021	38.4515	15	4.63	314;223	88;82	8;177
20080421	05:38:30	−87.8714	38.4525	16	3.98	300;209	78;86	4;167

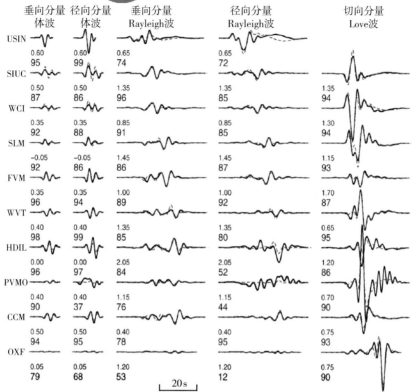

图 6.13 伊利诺伊地震 CAP 反演结果及波形对比。红色为理论波形,黑色为实际波形

表 6.7 不同机构给出的伊利诺伊主震震源参数

项目	矩震级(M_W)	节面1:走向/倾角/滑动角	节面2:走向/倾角/滑动角	深度 /km
GCMT	5.3	296°/85°/−6°	27°/84°/−175°	15
USGS 体波	5.2	296°/84°/4°	205°/86°/174°	18
SLU	5.23	295°/85°/5°	205°/85°/175°	15
CAP(本研究)	5.24	297°/84°/1°	206°/89°/173°	14

主震发生后的 3 天内发生 2 个 M_L 4.0 以上余震(编号 20080418b、20080421),选取这 2 个地震为参考事件。根据近台的 P 波到时及 Yang 等(2009)的双差定位结果,修正 2 个参考事件的位置。之后,利用 CAP 方法反演得到 2 个地震的点源机制解如表 6.6 所示,波形对比如图 6.14 所示。两个参考地震分别为 M_W 4.63 和 M_W 3.98,机制解和深度均与主震接近(图6.15)。

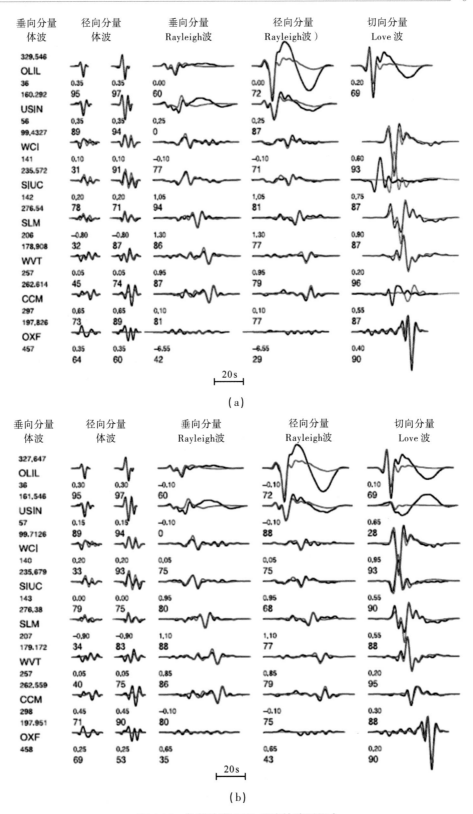

图 6.14　参考地震 CAP 反演的波形拟合

（a）20080418b；（b）20080421

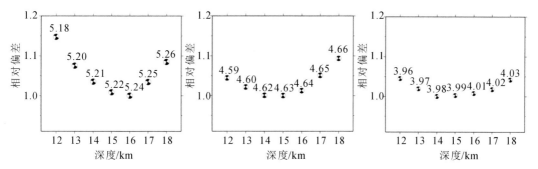

图 6.15　主震及参考地震波形拟合的深度误差分布。左:主震;中:20080418b;右:20080421

　　首先,以较大余震 20080418b 作为参考事件,由 CAP 反演输出主震及参考地震的 Pnl、Rayleigh、Love 震相时移,保留波形互相关系数高于 0.7 的台站并按照式(6.1)对 2 个节面走向(297°和 206°)进行拟合,结果见图 6.16 和表 6.8。3 种震相的时移均对显示主震沿 297°节面向东南侧破裂,破裂长度为 1.1~2.1 km。其中,Rayleigh 震相时移对 2 个节面拟合误差的差异最大,达到 68%,此时对应破裂长度为 2.1 km。

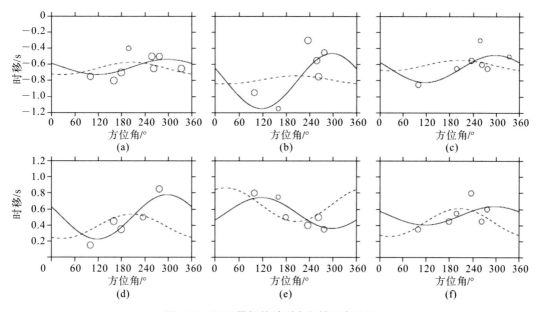

图 6.16　不同震相的破裂方向性拟合结果

　　圆圈为测量时移,圆圈越大,波形的互相关系数越高。实线为 297°节面拟合结果,虚线为 206°节面拟合结果。(a)~(c)以 20080418b 地震为参考事件,(d)~(f)以 20080421 地震为参考事件。(a)(d)为 Pnl,(b)、(e)为 Rayleigh,(c)、(f)为 Love

　　接下来,选用余震 20080421 作为参考事件,同样保留波形互相关系数高于 0.7 的台站。由于 20080421 事件震级低于 20080418b,波形信噪比更低,最终拟合所用台站数少于采用 20080418b 作为参考事件情况。拟合结果见图 6.16 和表 6.9,3 种不同震相均显示地震沿 297°节面破裂,其中 Pnl 震相清晰分辨出向东南侧破裂,Love 波沿东南侧破裂拟合误差略小于沿西北侧破裂,Rayleigh 波测定结果为向西北侧破裂。3 种震相测定破裂方向的不一致可能是由于20080421事件与主震的相对位置存在一定误差。3种震相中,Pnl震相时移对两节面拟合误差的差异最大,达到100%,此时对应破裂长度为3.3 km。

表6.8 以20080418b地震为参考事件的方向性测定结果

震相	所用台站个数	节面1误差(走向=297°)	节面2误差(走向=206°)	破裂长度/km
Pnl	8	0.11	0.12	1.1
Rayleigh	7	0.19	0.32	2.1
Love	7	0.11	0.15	1.2

表6.9 以20080421地震为参考事件的方向性测定结果

震相	所用台站个数	节面1误差(走向=297°)	节面2误差(走向=206°)	破裂长度/km
Pnl	5	0.11	0.22	3.3
Rayleigh	6	0.09	0.15	1.2(反向)
Love	6	0.118	0.120	0.8

综合以上6组拟合结果,地震沿297°节面破裂。除20080421地震为参考事件时Rayleigh震相拟合的破裂方向为西北向外,其他5组拟合均显示向东南破裂。根据20080418b为参考地震时Rayleigh震相拟合结果与20080421为参考地震时Pnl拟合结果,主震破裂长度至少为2 km。Yang等(2009)利用双差定位得到的余震分布如图6.17所示,余震分布的最佳拟合平面的走向为292°±11°,与节面1走向297°一致。余震主要分布在主震东侧,显示此次地震主要向东南侧破裂。余震沿297°节面展布约为5 km,稍长于方向性测定结果(2~3 km),与通常认为的余震展布尺度一般大于同震破裂尺度一致(Tajima and Kanamori,1985)。综上,本次伊利诺伊地震很可能没有发生于附近的卡梅尔山-新哈莫尼断层,而真正的发震断层应为东南走向,位于北北东向的沃巴什河谷断层系统与北北西向的拉萨尔背斜构造之间的转换断层上;地震向东南侧破裂,同震破裂长度为2~3 km。

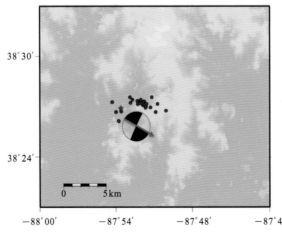

图6.17 伊利诺伊地震破裂方向性示意及余震(蓝色点)分布,震源球为CAP得到的
主震(红色五角星)机制解,箭头指示破裂方向

6.3.2　2014 年鲁甸地震

北京时间 2014 年 8 月 3 日 16 时,云南省鲁甸县发生了 M_S 6.5 地震(以下简称鲁甸地震)。极震区烈度Ⅸ度、Ⅵ度以上的范围超过10 000 km²;地震引发的强烈地面运动以及其导致的滑坡、堰塞湖等次生灾害共造成了 600 多人死亡,100 余人失踪,3000 余人受伤,直接经济损失超过 60 亿元(皇甫岗等,2015)。鲁甸地震发生于地质构造复杂的南北地震带中南段,区内发育不同尺度及走向(北东向、近南北向和北西向)的多组断裂构造。其中,大型断裂主要有在其北侧的近南北向大凉山断裂,其东侧的北东向鲁甸—昭通断裂、莲峰断裂,以及其西南侧几十千米处的北西向小江断裂(Xu et al.,2003)。根据 Global CMT 给出的震源机制解,此次地震主要为走滑型,2 个地震断层面解走向分别为70°(近东西向)和160°(近南北向)左右,其中后者与小江断裂系统的走向较为一致。但是震中位置与这几组断裂均有一定距离,似乎与其无直接关系,因此主震有可能发生在断层系统的次级断裂上。截至2014 年 8 月 11 日 8 时,中国地震台网共记录到鲁甸地震的余震总数为 1335 个,其中,4.0~4.9 级地震 4 个,3.0~3.9 级地震 8 个,地震目录中的余震(8 月 3—10 日)空间分布并非呈现简单的一个条带状,而似乎显示出近东西向和近南北向两个条带[图 6.18(a)]。虽然重新定位后的余震呈现出了更为集中的地震分布,但也更清晰地揭示了近东西向及近南北向的两个条带余震分布(王未来等,2014),给判断主震的发震断层走向带来了困难。震后一周之内,发生 4 个 M 4.0+余震,其中有 3 个余震波形清晰、信噪比高;选用这 3 个地震作为参考地震,测定主震的破裂方向性。

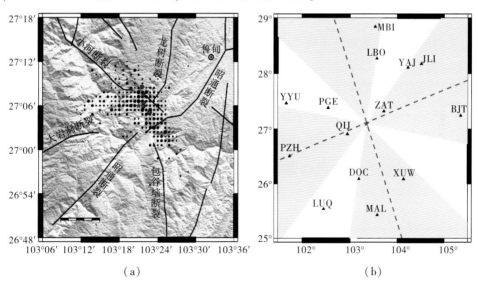

(a)　　　　　　　　　　　　　　　(b)

图 6.18　鲁甸地震余震(a)及台站分布(b)

(a)图由国家地震数据共享中心地震目录提供,五角星为主震起始位置,红色圆圈为震后一周内发生的4.0 级以上余震(参考地震),蓝色圆圈为 8 月 10 日至 10 月 27 日期间发生的 M 4.0+余震;(b)图中,蓝色虚线为机制解中两个节面的走向,灰色区域为与机制解走向夹角 30°以内的区域从中国地震台网中心收集了鲁甸地震主震(编号 20140803a)与 24 小时内的 3 次 M 4.0+ 余震(编号 20140803b、20140803c、20140804)的三分量波形数据,并把 3 次余震分别作为参考地震测定破裂方向性,以考察该方法的稳定性。为保证较高的信噪比,选取了云南、四川及贵州三省震中距 200 km 以内的台站,主震和台站的分布如图 6.18(b)。利用方位角分布较均匀的 5 个近台 ZAT(44 km)、QIJ(46 km)、PGE(86 km)、DOC(113 km)、LBO(132 km)的直达 P 波到时测定了主震的位置和 3 次余震相对主震的位置。对于主震与 3 次余震,我们采用 CRUST2.0(Laske et al.,2001)给出的云南鲁甸地区速度结构模型(表 6.10),采用 FK 方法计算格林函数,再利用 CAP 方法进行震源机制解反演。

表 6.10 鲁甸地区速度结构模型

厚度/km	$V_p/(km/s)$	$V_s/(km/s)$
0.5	2.50	1.20
18.0	6.10	3.50
16.0	6.30	3.60
8.5	7.20	4.00
—	8.15	4.70

主震和 3 个余震的反演结果如表 6.11 和图 6.19 所示。主震矩震级为 6.08,震源深度为 12 km,2 组双力偶机制解为节面 1:168°/76°/19°;节面 2:73°/71°/165°。节面 1 的结果与 USGS 利用体波反演的机制解 162°/86°/6°,和 Global CMT 给出的矩张量机制解 160°/90°/5°相比,走向相近,但倾角和滑动角存在一定差异(<15°)。这可能是由于鲁甸地区位处四川盆地与青藏高原交界处,三维结构较复杂,并不能很好地由 CRUST2.0 一维模型来近似。利用近震数据反演机制解时受速度模型影响较大,而其他机构利用远震数据进行反演,使用的是全球平均模型。对余震的反演结果表明,3 次事件均为走滑型,其中,事件 20140803c 的机制解(节面 1:173°/83°/4°)与主震机制解比较接近,也有东北—西南,以及西北—东南两组节面。事件 20140803b 和事件 20140804 不仅发震位置非常接近(相距约 2 km),机制解也非常相似,节面 1 分别为 190°/70°/8°和 190°/70°/9°,其走向与主震有明显差别(>20°),暗示着这 2 个余震的发震断层可能与主震发震断层有一定差异。在反演过程中发现震源机制解基本不随震源深度变化,表明机制解的稳定性。

表 6.11 鲁甸地震主震及 3 个余震的震源参数

事件编号	发震时刻(北京时间)	经度/°E	纬度/°N	M_W	走向/°	倾角/°	滑动角 /°
20140803a	15:36:59	103.35	27.10	6.08	168;73	76;72	18;165
20140803b	19:07:19	103.38	27.09	4.13	190;97	70;82	8;159

续表

事件编号	发震时刻(北京时间)	经度/°E	纬度/°N	M_W	走向/°	倾角/°	滑动角 /°
20140803c	22:07:29	103.36	27.10	4.17	173;82	83;86	4;172
20140804	03:30:31	103.38	27.08	4.28	190;96	70;81	9;159

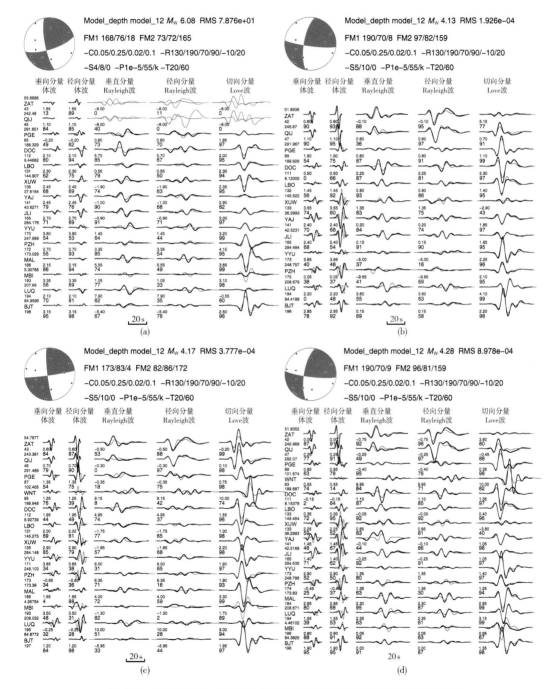

图 6.19 主震及 3 个 4.0 级以上余震的震源机制解 CAP 方法反演结果

(a)主震反演结果;(b)20140803b 余震的反演结果;(c)20140803c 余震的反演结果;(d)20140804 余震的反演结果

从主震和3次余震的 CAP 反演结果可看出,Pnl、Rayleigh 和 Love 震相均有明显时移,而且 Love 波的波形互相关系数大多高于 0.9,远高于 P 波和 Rayleigh 波。由上述分析可知 Love 波测定的破裂长度更为准确,我们利用主震和参考地震 Love 波的时移之差,利用式(6.1)对2个节面走向(168°和73°)进行拟合。分别以3次余震作为参考事件的拟合结果,见图 6.20,由图可知,对不同参考事件的拟合结果有明显的一致性,破裂方向取168°时拟合效果较好,误差均小于破裂方向为73°的拟合结果。选择168°断层面时,多数台站的相对到时能够得到较好拟合,但是攀枝花台(PZH)例外,可能是由于地震到攀枝花台的传播路径存在速度结构复杂性(如小尺度的横向变化)。3次余震的震源机制有一定差异,而利用它们作为参考地震所得到的震源破裂方向结果都一致,表明主震破裂方向测定的稳定性。当取 Love 波的群速度为 3.0 km/s 时,拟合得到的破裂长度 L 分别为 3.7 km、3.6 km 和 3.9km,破裂方向为由西北向东南。

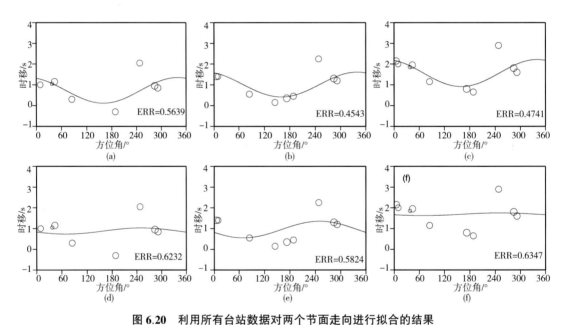

图 6.20　利用所有台站数据对两个节面走向进行拟合的结果

(a)、(b)、(c)分别为以 20140803b、20140803c、20140804 这 3 个余震为参考事件对 168°走向的拟合结果;
(d)、(e)、(f)分别为对 73°走向的拟合结果,圆圈越大,波形的互相关系数越高

由 Love 波辐射花样可知,对走滑型地震 Love 波在接近节面走向的方位角上振幅最大,做波形互相关时所测定得到的时移误差较小。因此,我们选取方位角在节面走向 30°内的台站[图 6.18(b)灰色区域内台站]来拟合时移,结果如图 6.21 所示。对台站进行方位角筛选后,拟合结果和未经筛选的结果基本一致,对破裂方向 168°的拟合程度优于 73°,得到的破裂长度 L 分别为 4.6 km、3.9 km、4.5 km。

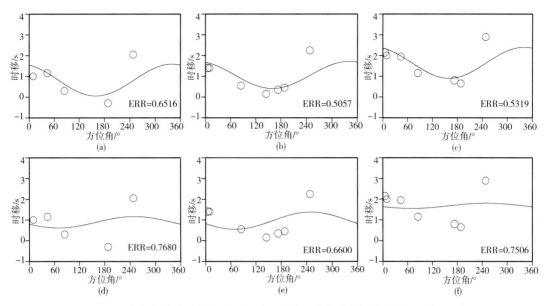

图 6.21 利用方位角筛选过的台站数据对 2 个节面走向进行拟合的结果,其余同图 6.20

考虑到本节的近震机制解与其他机构给出的结果在倾角和滑动角有一定差异,为考察主震的震源机制解偏差对破裂方向性测定可能造成的影响,我们分别在以下 3 种条件下对主震进行 CAP 反演:①固定倾角为 90°,走向和滑动角自由反演;②固定倾角为 85°,走向和滑动角自由反演;③固定倾角为 90°,滑动角为 5°,走向自由反演。震源机制解反演结果如表 6.12 所示,结果表明 3 种情形下节面 1 的走向基本不变。在 3 种反演条件下,我们分别使用全部台站和方位角筛选后的台站计算破裂方向性,结果如表 6.13 和表 6.14 所示。在总共 4 组测试中,采用自由反演得到的机制解时,Love 波时移拟合误差最小,表明自由反演得到的机制解是可靠的。拟合结果表明,当主震机制解有一定差异时(倾角和滑动角均相差约 15°),对 3 个参考事件,使用全部台站和使用方位角筛选后台站测定的发震断层都是走向 168° 的节面,说明本节所用方法在主震机制解有一定误差的情况下是稳定的。但机制解的不同对破裂长度的计算有一定影响,当对台站进行方位角筛选后,只选用 Love 波振幅较大的台站进行破裂方向性测定时,测得的破裂长度结果更加稳定(约 4 km)。

表 6.12   不同反演条件下主震的 CAP 机制解反演结果

反演编号	反演条件	走向/°	倾角/°	滑动角/°
01	自由反演	168	76	19
02	固定倾角 90°	165	—	−22
03	固定倾角 85°	166	—	20
04	固定倾角 90°、滑动角 5°	165	—	—

表 6.13　不同主震机制解下利用全部台站的破裂方向性拟合结果

反演编号	20140803b			20140803c			20140804		
	走向168°误差	走向73°误差	破裂长度L/km	走向168°误差	走向73°误差	破裂长度L/km	走向168°误差	走向73°误差	破裂长度L/km
01	0.5368	0.6232	3.7	0.4543	0.5824	3.6	0.4741	0.6347	3.9
02	0.8847	1.1894	8.2	0.7502	0.8600	3.9	0.8581	1.0463	5.5
03	1.6967	2.0647	12.7	1.5317	1.7547	7.1	1.5995	1.8615	9.4
04	0.5878	0.6500	3.9	0.5156	0.5731	3.5	0.5196	0.6371	3.7

表 6.14　不同主震机制解下利用经方位角筛选台站的破裂方向性拟合结果

反演编号	20140803b			20140803c			20140804		
	走向168°误差	走向73°误差	破裂长度L/km	走向168°误差	走向73°误差	破裂长度L/km	走向168°误差	走向73°误差	破裂长度L/km
01	0.6516	0.7680	4.6	0.5057	0.6600	3.9	0.5319	0.7506	4.5
02	0.7391	0.8338	4.7	0.6184	0.5531	4.0	0.6399	0.7093	3.1
03	0.7041	0.7806	4.5	0.5457	0.7015	4.2	0.5775	0.7888	4.7
04	0.7152	0.7874	4.4	0.5652	0.6385	3.5	0.5876	0.7379	4.0

综上所述,走向为168°的节面可以更好地解释三分量地震波所测定的质心震中与起始震中差异,而且破裂方向由西北向东南(图6.22),破裂长度至少4 km。所以我们推测,主震的发震断层主要为一条走向为168°的断裂。该走向与震区西南侧的小江断裂系统走向较为接近,而与鲁甸—昭通断裂走向有明显差别。但是考虑到震区与小江断裂系统距离较远,因此推测鲁甸地震发生在一条次级断裂上。该结果也与震后野外科学考察所获得的地震烈度长轴方位、极震区地震裂缝分布、地表破裂分布(徐锡伟等,2014;Xu et al.,2015)和地震序列双差定位结果(王未来等,2014)相一致,显示发震断层为北西向包谷垴—小河断裂(图6.23)。张勇等(2015)考虑了单一断层破裂与共轭断层破裂情况,利用近震数据(宽频资料和强震资料)以及远震体波数据进行联合反演,获取了较为精细的破裂过程,结果显示两个共轭断层均有破裂,其中沿走向168°节面的破裂释放了本次地震的大部分地震矩。本章中所得的4 km破裂长度比地震标度律所推断的破裂长度(≈10 km)短,暗示着鲁甸地震沿着168°的断层面具有一定的双侧破裂。然而,地震破裂有时在多条断层上发生,因此并不能排除鲁甸地震在走向73°的节面存在一定的同震破裂,但是主震的破裂主要在走向168°的断层面上进行。

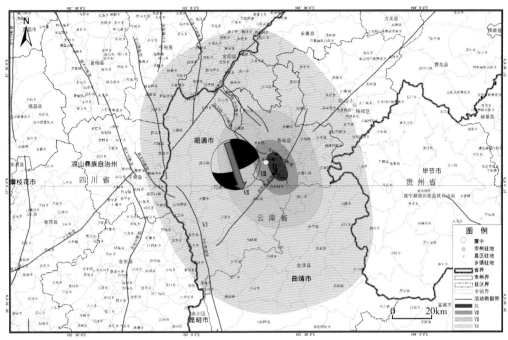

中国地震局 出图时间：2014年8月7日

图6.22 鲁甸地震破裂方向性示意(箭头指向)及地震烈度图,震源球为文中CAP方法
反演所得主震的机制解

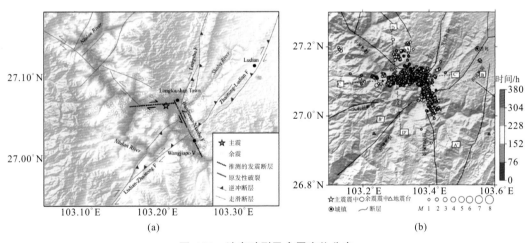

(a) (b)

图6.23 地表破裂及余震定位分布

(a)野外地质考察得到的地表破裂;(b)地震后16天内余震的重定位分布(王未来等,2014)

6.3.3 2016年韩国庆州地震

2016年9月12日,韩国庆州市(Gyeongju)相继发生M_W5.05(编号20160912a)和M_W5.54地震(编号20160912b)(以下称前震和主震),一周后又发生M_W4.32余震(编号20160919)。其中,主震是有现代地震仪器记录以来韩国境内发生的最大地震,震中地区部

分建筑物受损,韩国大部分地区有震感,引起了公众的广泛关注。这个地震序列发生在历史地震活动性较高的梁山断层系统(Yangsan fault system),附近有北北东走向的梁山断层及部分北北西走向分支断层(Kim et al.,2016)(图6.24)。本次地震无地表破裂,因此难以直接判断发震断层。震区台网较为稀疏,且地震靠海,台站方位角分布不均,余震定位精度低,仅通过 KS 台网给出的余震位置并不能分辨断层面。因此,我们将参考地震法应用于该地震以测定其破裂方向性。

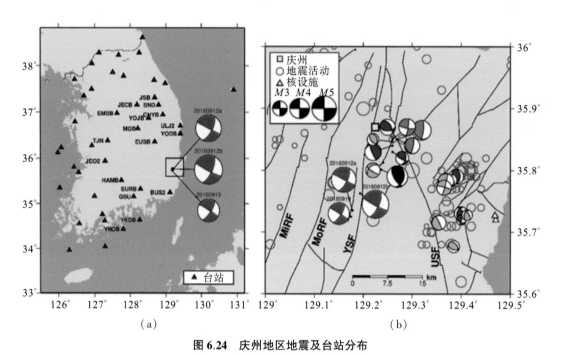

图 6.24 庆州地区地震及台站分布

(a)地震序列及台站分布(震源球为本节反演的机制解);(b)震源区的历史地震及断层分布

庆州地震位于韩国东南部庆尚盆地(Gyeongsang Basin),因此,选用 Kim 等(2011)利用宽频波形反演得到的区域一维速度模型为参考模型(表6.15)。收集了韩国境内 KS、KG 台网共 44 个宽频台站的三分量波形,并利用近台 P 波、S 波到时对前震和余震相对主震重定位。然后,利用 FK 方法正演格林函数并利用 CAP 方法反演 3 个地震的点源机制解。对主震和前震,Pnl 部分滤波 0.05~0.2 Hz,面波部分滤波 0.05~0.1 Hz。对于余震,因震级稍低,提高面波部分滤波至 0.05~0.2 Hz。反演结果显示主震的矩震级 5.54,质心深度 14 km,持续时间 2 s 左右,2 个双力偶节面分别为 117°/84°/21°(节面1)和 24°/69°/173°(节面2)(图6.25),与 GCMT、USGS 体波机制解等一致(表6.16)。20160912a 事件(前震)的矩震级 5.05、深度 14 km;20160910 事件(余震)的矩震级 4.32、深度 16 km(表6.17、图6.26、图6.27)。前震、余震与主震的机制解类似,均有北北东和北西向的 2 个节面。因此,分别选用前震、余震作为参考地震测定主震的破裂方向性。

表 6.15　庆州地区速度模型

厚度/km	V_p/（km/s）	V_s/（km/s）
3.56	5.34	3.18
8.54	5.91	3.52
22.0	6.44	3.70
—	8.05	4.60

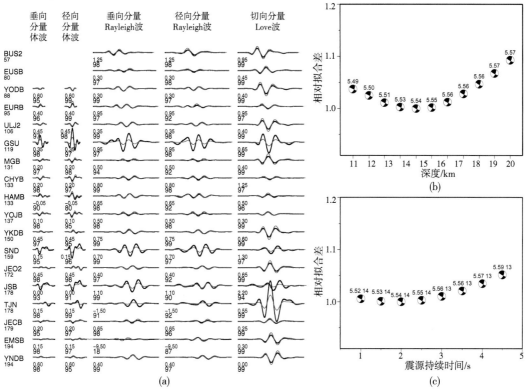

图 6.25　主震的点源参数反演结果

（a）主震的 CAP 反演结果，黑色为观测波形，红色为理论波形；（b）深度误差曲线；（c）震源持续时间误差曲线

表 6.16　不同机构给出的庆州地震震源参数

项目	M_W	节面1：走向/倾角/滑动角	节面2：走向/倾角/滑动角	深度/km
GCMT	5.5	116°/90°/16°	26°/74°/180°	18.4
USGS W 震相	5.4	119°/88°/22°	28°/68°/177°	13.5
USGS 体波	5.4	119°/88°/19°	29°/71°/178°	13
USGS 区域数据	5.5	118°/87°/29°	26°/61°/177°	15
CAP（本章）	5.54	117°/84°/21°	24°/69°/173°	14

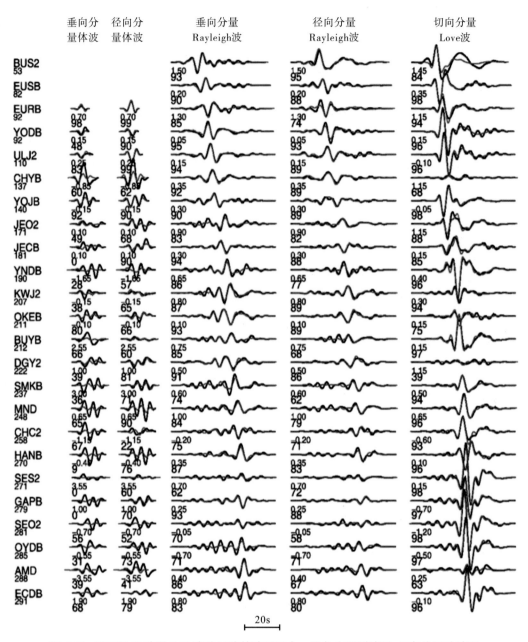

图 6.26 20160919 地震 CAP 方法反演的波形拟合。黑色为观测波形,红色为理论波形

表 6.17　庆州地震主震及 2 个参考地震的震源参数

事件编号	发震时刻（UTC）	经度/°E	纬度/°N	深度/km	M_W	走向 /°	倾角 /°	滑动角 /°
20160912a	10：44：33.30	129.1780	35.7350	14.0	5.05	297；27	90；60	−24；−180
20160912b	11：32：54.80	129.1932	35.7628	14.0	5.54	117；24	84；69	21；173
20160919	11：33：59.26	129.1750	35.7250	16.0	4.32	302；33	86；72	−18；−175

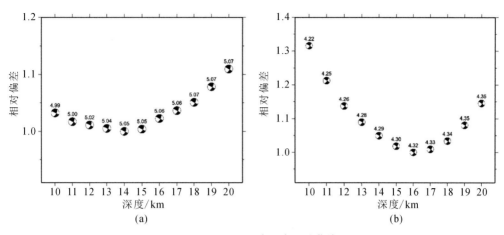

图 6.27 CAP 反演深度误差曲线

（a）20160912a 事件；（b）20160910 事件

首先,以前震 20160912a 作为参考事件,由 CAP 方法反演输出主震及参考地震的 Pnl、Rayleigh、Love 震相时移,保留波形互相关系数高于 0.8 的台站并按照式(6.1)对 2 个节面走向(117°和 24°)进行拟合,结果如图 6.28 和表 6.18 所示。3 种震相的时移均对显示主震沿 24°节面向西南侧破裂,破裂长度估算值也比较一致,为 3.7～4.6 km。其中,Pnl 震相时移对两节面拟合误差的差异最大,达到 123%,此时对应破裂长度为 4.6 km。其次,选用余震 20160919 作为参考事件,同样保留波形互相关系数高于 0.8 的台站。由于余震震级低于前震,波形信噪比更低,最终拟合所用台站数少于采用前震作为参考事件情况,尤其是 Pnl 震相因振幅低,更容易受噪声影响,可用台站仅有 3 个。拟合结果如图 6.29 和表 6.19 所示,3 种不同震相均显示地震沿 24°节面向西南侧破裂,破裂长度 2.2～4.1 km,与前震为参考地震时拟合结果一致。3 种震相中,Pnl 震相时移对两节面拟合误差的差异最大,达到 200%,此时对应破裂长度为 3.5 km。

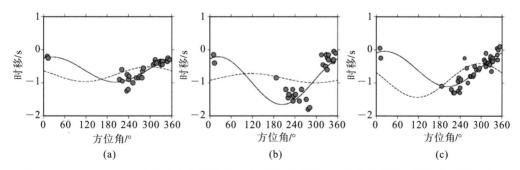

图 6.28 以 **20160912a** 事件为参考地震时,不同震相的破裂方向性拟合结果。圆圈为测量时移,实线为 **117°** 节面拟合结果,虚线为 **24°** 节面拟合结果

（a）Pnl 波；（b）Rayleigh 波；（c）Love 波

表 6.18　以 20160912a 地震为参考事件的方向性测定结果

震相	所用台站个数	节面 1 误差(走向=117°)	节面 2 误差(走向=24°)	破裂长度/km
Pnl	32	0.29	0.13	4.6
Rayleigh	30	0.76	0.56	4.5
Love	43	0.37	0.19	3.7

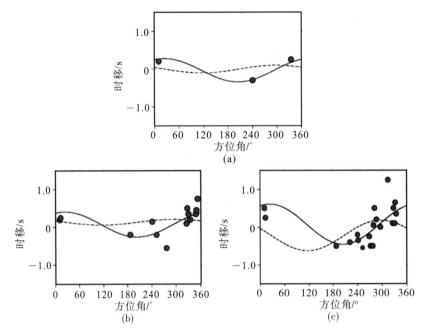

图 6.29　以 20160919 事件为参考地震时,不同震相的破裂方向性拟合结果。圆圈为测量时移,

实线为 117°节面拟合结果,虚线为 24°节面拟合结果

(a)Pnl 波;(b)Rayleigh 波;(c)Love 波

表 6.19　以 20160919 地震为参考事件的方向性测定结果

震相	所用台站个数	节面 1 误差(走向=117°)	节面 2 误差(走向=24°)	破裂长度/km
Pnl	3	0.24	0.08	3.5
Rayleigh	13	0.34	0.24	2.2
Love	21	0.48	0.34	4.1

综合以上 6 组拟合结果,地震沿 24°节面向西南侧破裂,与梁山断层走向一致。根据 2 组分辨能力强的 Pnl 波拟合结果,主震破裂长度约为 4 km。利用 P 波到时和双差定位方法 (Waldhauser and Ellsworth,2000)得到的地震后 2 个月内 138 个 M_L 2.0~3.5 余震也主要沿 24° 节面分布(图 6.30),且余震几乎全部位于主震西南侧。综上,本次庆州地震很可能发生在附近的梁山断层上,地震向西南侧破裂,同震破裂长度约为 4 km。

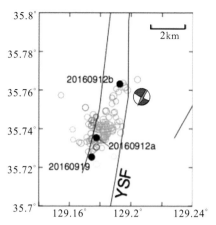

图 6.30 庆州地震破裂方向性示意及余震分布。蓝色圆圈为 2 个参考地震。震源球为
CAP 得到的主震机制解,箭头指示破裂方向

6.4 小结

本章在秦刘冰等(2014)的基础上,针对沿走向破裂的中强地震发展了基于参考地震的破裂方向性测定方法。首先,以 2008 年 M_W 5.2 美国伊利诺伊地震为例,通过正演测试验证该方法的可行性,并发现 Love 波对不同节面的分辨能力强、破裂长度测定更准确。同时,通过正演测试考察了存在双侧破裂、参考地震相对位置存在偏差时该方法的稳定性。结果表明:①本方法对部分双侧破裂可以正确测定破裂面与主要破裂方向,但得到的破裂长度仅为真实破裂长度的下限;②对于破裂尺度相似(≈4 km)的地震,当参考地震与主震的相对位置偏差在 1 km 内时,测定的破裂面和破裂方向基本是可靠的;③3 种震相中,Pnl 在参考地震位置存在偏差时测定结果的稳定性更好。之后,将参考地震法应用于美国伊利诺伊地震、2014 年 M_W 6.1 云南鲁甸地震以及 2016 年 M_W 5.4 韩国庆州地震,发现伊利诺伊地震主要沿 297°节面向东南侧破裂,破裂长度为 2~3 km;鲁甸地震主要沿 168°节面(包谷垴—小河断裂)向东南侧破裂,破裂长度至少为 4 km;庆州地震主要沿 24°节面(梁山断层)向西南侧破裂,破裂长度约为 4 km。对这 3 个地震,测定得到的破裂面、破裂方向、破裂尺度等与余震展布、烈度分布等其他研究相一致,表明本章提出的方法适用于多地区,当存在合适的余震、前震、历史地震作为参考地震时,能够有效地测定中强走滑地震的破裂方向性。

第7章 基于参考台站的走滑地震破裂方向性测定方法

在第 6 章中,我们探讨了基于质心震中与起始震中位置差异的破裂方向性测定方法,并使用了参考地震作为路径校正以压制三维速度结构的影响。然而,在历史地震活动性较低地区,该方法需要等待地震之后较大余震的发生,因此有时难以满足快速测定方向性的需求。为此,我们在本章探索从背景噪声记录互相关函数中提取近似经验格林函数作为路径校正,利用基于面波波形及群走时的定位方法测定地震的质心震中,并以此为基础测定破裂方向性。将 2 种方法分别应用于 2011 年 M_W 5.7 美国俄克拉何马地震,并考察不同参考台站、震源参数(深度、机制解)偏差等因素对测定结果稳定性的影响。

7.1 研究思路

当地震主要沿走向单侧破裂时,其起始震中与质心震中的相对位置指示了破裂方向与破裂面。第 6 章介绍了利用不同方位角台站的观测波形(Pnl、Rayleigh、Love 震相)与理论波形时移,直接测定起始震中和质心震中相对位置的方法。此外,也可以通过分别测定两个震中的绝对位置来推断地震破裂方向性。其中,起始震中一般可以由不同方位角的 P 波、S 波初至较好约束,测定误差较小;质心震中则需要利用波形信息进行测定。相较于 P 波,面波能量强、测量误差小、传播速度慢,对地震水平位置更敏感,因此更适合用于测定质心位置。然而,面波主要在地壳中传播,对地壳三维速度结构敏感,在用于定位之前需要进行路径校正。对于有较好三维速度模型的地区,如美国南加州等,可通过速度模型计算地震到不同台站的路径校正项(Wei et al.,2012)。而在其他地区,需要采用参考地震等方法提供路径校正,例如,对地震较多且震源机制相似地区(如俯冲带),可以利用不同地震激发的面波进行相对定位(Cleveland and Ammon,2013)。

随着研究的深入,科研人员发现噪声中可提取面波,为地震定位提供了新思路。Lobkis

和 Weaver(2001)、Derode 等(2003)等分别通过超声波实验、数值模拟等验证了在弥散波场下,可以通过两点之间噪声(或多重散射波)的互相关函数得到格林函数。自 Shapiro 和 Campillo(2004)从 2 个台站的背景噪声记录互相关函数(noise cross-correlation function,NCF)中提取 Rayleigh 波近似格林函数(estimated Green's function,EGF)的研究以来,背景噪声因其时空分布好、不依赖地震等优点被广泛应用于不同尺度的面波成像研究,并得到了高精度的速度结构(Shapiro et al.,2005;Yao et al.,2006;Lin et al.,2008)。除成像研究以外,从 NCF 中提取的 EGF 也可以为地震面波的群走时提供有效的路径校正,在尚无准确三维速度结构地区大大提高了基于面波的地震定位精度。在此原理上,Barmin 等(2011)和 Levshin 等(2012)提出了一种基于密集台阵的噪声定位方法。该方法要求震源附近(100 km 内)有密集台阵,对每个远台分别计算其与密集近台的噪声互相关函数并提取多个 EGF,在频率-时间域(frequency-time,FT)将不同 EGF 按照震中距插值至假定的地震质心位置,得到 CEGF (composite EGF)。最终,进行二维平面格点搜索,地震面波与 CEGF 互相关时移最小的位置即为地震质心位置。Barmin 等(2011)对南加州地区的几个 ground truth 事件利用该方法进行定位,得到的定位精度约为 1 km。然而,该方法需要在震源区附近有密集台站,难以应用于台站相对稀疏地区。Zhan 等(2012)提出了一个适用于台站稀疏地区的地震定位方法,该方法利用一个近台与不同远台的噪声记录互相关得到的 EGF,对地震面波进行路径校正。首先,计算地震面波与合成波形的时移,再计算 NCF 波形及理论 NCF 波形的时移作为路径校正,最终根据校正后的时移进行地震定位。Zhan 等(2012)以台站为虚拟震源,得到的定位精度在 5 km 内。基于相似的原理,Zeng 等(2015)对 Zhan 等(2012)进行了简化,提出了利用近台与不同远台的 NCF 面波群走时进行路径校正,应用于一个澳洲的 ground truth 地震并得到了 2 km 左右的定位精度。

为了探讨在台网稀疏地区快速测定破裂方向性的可行性,我们在 Zhan 等(2012)和 Zeng 等(2015)所提出方法的基础上,通过噪声定位方法测定地震的质心位置,并通过 P 波初至测定起始位置,最终推断地震的破裂方向性。方法的示意见图 7.1。地震由 M_h(起始点)向 M_c(质心点)破裂,并被数百千米外的远台记录到。选取地震附近的一个近台作为参考台站,参考台站和远台的 NCF 包含了地震与远台之间的结构信息,提供了定位所需的路径校正。由 P 波初至可以测定地震的起始震中(M_h);在以 NCF 进行路径校正后,由面波波形或群走时可以测定地震的质心震中(M_c),根据质心震中与起始震中的相对位置即可指示地震的破裂方向性。与第 6 章的参考地震法相对应,以下称该方法为参考台站法。由于路径校正既可以应用于波形时移修正,也可以直接应用于群走时修正,我们接下来分别探讨基于波形和基于走时的参考台站法并应用于实际地震。

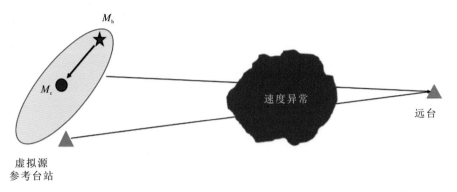

图 7.1 以 NCF 为路径校正的破裂方向性测定方法示意图。M_h 为地震起始震中，

M_c 为质心震中。参考台站与地震波形采样了相似的速度结构

7.2 基于波形的参考台站法

7.2.1 方法原理

该方法的基本流程为先利用噪声互相关函数对地震面波波形与理论波形的时移进行路径校正，并测定质心震中的绝对位置，再由质心震中和起始震中的相对位置推断方向性。选取地震附近的一个参考台站，计算参考台站与远处台站的噪声互相关函数（NCF），近似为地震到远台的格林函数（EGF）。由于地震和噪声的震源项不一致，前者一般为有一定深度的双力偶源，后者则通常被认为是作用于地表的垂向单力源，我们并不直接比较地震波形与NCF，而是分别计算不同震源对应的理论波形，再与观测波形进行互相关。

对实际地震的具体测定流程如图 7.2 所示。收集参考台站和远处台站的连续噪声记录，经过去均值、去线性趋势、去仪器响应等预处理后，进行时间域和频率域的归一化，并计算互相关得到 NCF。当震源、台站位于同样深度时，FK 方法计算收敛非常慢（Zhang et al.，2003），因此，利用 CPS 程序的模态叠加方法（modesummation）（Herrmann，2013）计算地表垂向单力源假设下 NCF 理论波形。对观测 NCF 和理论 NCF 波形进行互相关，得到的时移作为地震面波的路径校正。对于地震数据，首先利用 P 波初至测定地震的起始位置，并利用 CAP 方法（Zhao and Helmberger，1994）反演得到震源机制解与质心深度。假设地震沿机制解 2 个节面中任一节面破裂，再由地震标度律推测破裂尺度并得到若干可能的质心位置。对不同的质心位置采用 FK 方法（Zhu and Rivera，2002）正演理论波形，并与观测地震波形进行互相关得到时移。时移之中既包含了真实质心位置与假设位置差异的影响，也包含了真实速度结构与参考速度模型差异的影响,其中后者可以由已经获得的 NCF 时移进行校正。校正之后,计算不同假设质心位置对应的多个台站时移残差,残差值最小的位置即为真正的质心位置。得到质心位置后,再结合起始位置,即可推断破裂方向。在单侧破裂假设下,破裂长度可近似为起始位置与质心位置之间距离的两倍。为降低速度模型对测定结果的影响,在测定起始位置及质心位置时需采用同样的一维参考模型,在计算相对位置时可以扣除速度模型引起的系统误差。接下来,将该方法应用于实际地震数据以验证其有效性。

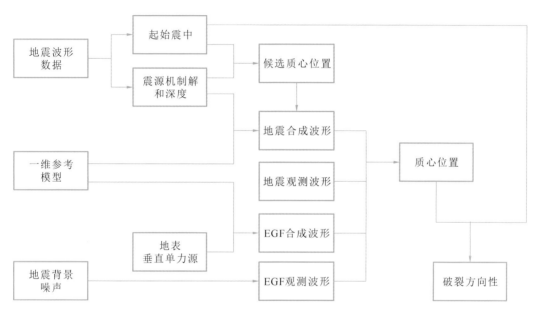

图 7.2 基于波形的参考台站法测定破裂方向性的流程示意图

7.2.2 2011 年俄克拉何马地震震例应用

2011 年 M_W 5.7 布拉格地震是俄克拉何马州在有仪器记录以来发生的最大地震之一,在极震区造成了Ⅷ的烈度,美国中东部多地区有感。主震前后有一系列的前震和余震,其中包括一个 M 4.8 前震和一个 M 4.8 余震。地震未破裂至地表,余震分布与已知活动断层走向也不符(图 7.3),推测发震断层可能为 Wilzetta 断层系统的古断层(McNamara et al.,2015)。在前震发生后,包括俄克拉何马大学、USGS、IRIS 在内的多家机构在震区布设了密集流动地震台以提高监测能力。定位结果显示余震主要沿东北—西南节面分布,展布尺度约 12 km(图7.4),清晰地展示了本次地震的发震断层面。地震发生时,在震中距 1000 km 内有 100 余个USArray 台站,提供了丰富的远台资料。因此,我们以本次地震为例验证基于波形的参考台站法测定地震破裂方向性的可行性与有效性。

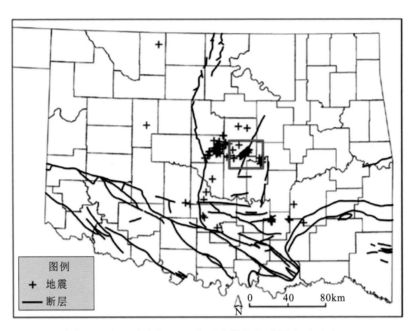

图 7.3 　美国中东部已知断层分布与 2011 年俄克拉何马地震序列(红框) (Holland,2013)

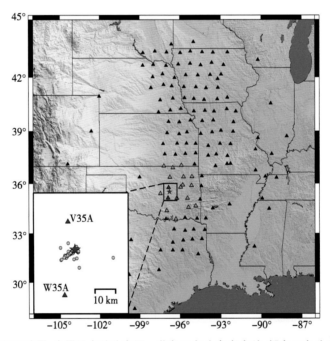

图 7.4 　俄克拉何马地震、余震及台站分布图。蓝色三角为参考台站,橙色三角为反演震源机制解
选用的台站,黑色三角为噪声定位选用的远台。灰色圆圈为地震 48 小时内余震

在美国地震研究中,常用的 1D 模型有 WUS、CUS 等。俄克拉何马地震和大多数台站位于落基山脉以东,我们选用 CUS 模型为 1D 参考模型。首先拾取了 5 个方位角分布均匀的近台(V35A、V36A、W35A、W36A、OKCFA) 的 P_g 和 S_g 的初至到时,并利用 HYPO2000 程序

（Klein，2002）测定主震的起始位置。初至到时的拾取误差在 0.1 s 内，因此由于手动拾取震相导致的定位误差应在0.3 km 以内。定位得到的主震起始位置为（96.7702°W，35.5302°N），与 USGS 位置相距 0.5 km，位于 USGS 定位误差内。

利用震中距 200 km 内 18 个宽频台站的三分量波形反演得到本次地震的矩震级为 5.7，质心深度 4 km，震源持续时间 3.0 s（图 7.5）。2 个双力偶节面分别为 234°/85°/180°（节面 1）和 324°/90°/5°（节面 2），与 USGS 区域矩张量解，GCMT、SLU 机制解等均非常接近，偏差在 10°以内（表 7.1）。但是，不同机构给出的震源深度存在一定差别，其中，USGS 区域矩张量解（7 km）、SLU 机制解（8 km）和 CAP 反演结果（4 km）均暗示了破裂较浅，而 GCMT 解（12 km）显示地震发生在中地壳。密集流动台对上千余震的定位结果显示绝大部分余震分布在上地壳（8 km 以浅），并有 83% 余震分布在 5 km 以浅（Keranen et al.，2013）。Sun 和 Hartzell（2014）利用区域地震波形反演得到的有限断层滑移分布模型也显示滑移量最大位置的深度为 3.0~5.5 km。因此，本次地震更可能是浅源破裂（≈5.0 km）。

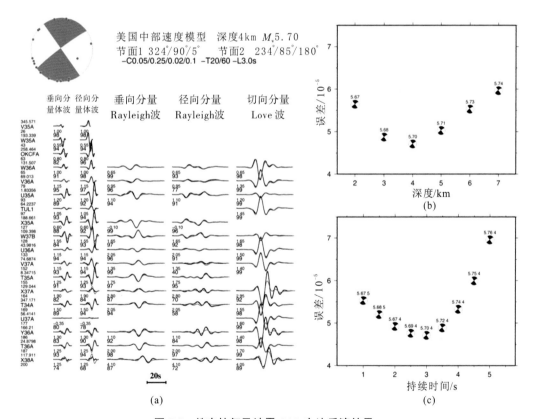

图 7.5 俄克拉何马地震 CAP 方法反演结果

（a）波形对比，红色为理论波形，黑色为实际波形；（b）深度-误差曲线；（c）震源持续时间-误差曲线

表 7.1　不同机构给出的俄克拉何马地震震源参数

来源	矩震级(M_W)	节面1:走向/倾角/滑动角	节面2:走向/倾角/滑动角	深度/km
GCMT	5.7	54°/88°/−178°	324°/88°/−2°	12
SLU 矩张量	5.6	235°/85°/−175°	145°/85°/−5°	8
USGS 区域矩张量	5.6	55°/86°/−176°	324°/86°/−4°	7
本章	5.7	234°/85°/180°	324°/90°/5°	4

　　选取距离主震最近的台站 V35A(26 km)为参考台站,震中距 200~1000 km 的 124 个台站为远台。为压制噪声的季节性变化(Yang et al.,2007),收集了参考台站与远台的 1 年(2011 年)连续长周期竖直分量波形(LHZ)。将连续波形按 1 天截成波形片段,并采用与 Bensen 等(2007)相似的步骤进行数据处理。在应用时间域归一化时,将原始波形滤波至 15~50 s 以突出地震信号,然后计算包络线,再应用平滑后包络线函数去除地震的影响,得到归一化的振幅。之后,应用频率域归一化(谱白化),并计算不同台站对之间的互相关函数。将每天波形片段的计算结果线性叠加以增强信号,并将正负两极反向叠加以消除噪声场的方向性(Yang and Ritzwoller,2008)。为突出面波信号,将波形滤波 10~100 s,最终得到的 NCF 如图 7.6(b)所示。从波形记录剖面来看,面波信号清晰、一致性好,与地震 Rayleigh 波相似[图 7.6(a)]。

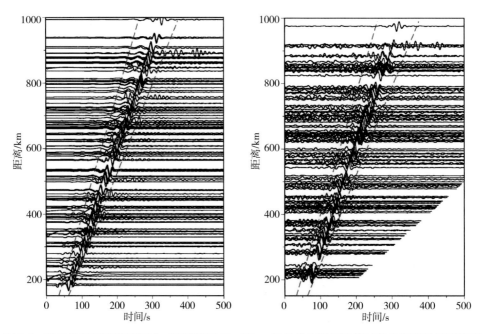

图 7.6　竖直分量波形记录剖面。波形滤波 10~100 s,红色虚线表示计算互相关时所用波形窗口
(a)地震;(b)V35A 与远台的 NCF

　　接下来对地震面波和 NCF 分别计算理论波形。对地震数据,利用 FK 方法计算得到格林函数后,采用 CAP 方法反演得到的机制解、深度、震源持续时间合成理论地震图。对噪声数据,利用模态叠加方法和单力源假设计算理论波形。之后,对观测波形和理论波形均滤波

10~100 s,截取包括完整 Rayleigh 波的时窗(图 7.6 虚线),分别计算波形互相关。大多数地震波形和理论波形都有很好的一致性,93%的台站互相关系数在 0.7 以上,86%的台站互相关系数在 0.8 以上;理论和观测 NCF 的一致性稍低于地震数据,但仍有 85%的台站互相关系数在 0.7 以上(图 7.7)。震中距 500~600 km 台站的波形对比如图 7.8 所示,不同数据按照时移对齐后均有较好的一致性。

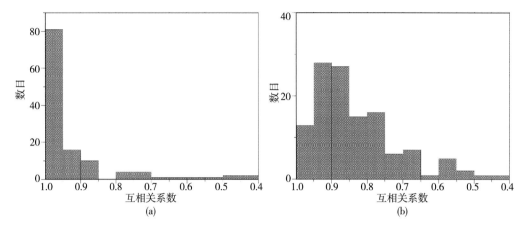

图 7.7 观测波形和理论波形的互相关系数统计分布

(a)地震数据;(b)NCF 数据

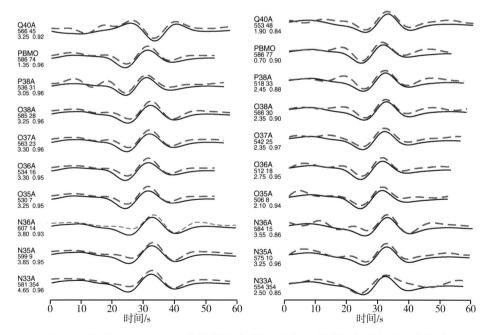

图 7.8 震中距 500~600 km 台站的波形对比。红色为观测波形,黑色为理论波形

(a)地震数据;(b)NCF 数据

图 7.9 直观地展示了不同台站的互相关系数和时移。大多数台站有 2~5 s 的正时移,表明经过这些区域的 Rayleigh 速度低于 CUS 模型预测速度;位于东部的台站时移接近 0,表明

CUS模型能很好地近似东部地区速度波结构。整体来说,地震和NCF对应的时移分布较为一致。将NCF时移作为路径校正之后的时移分布如图7.9(c)所示,所有台站的时移均在±2 s内,表明NCF中的EGF可以很好近似三维速度结构效应。

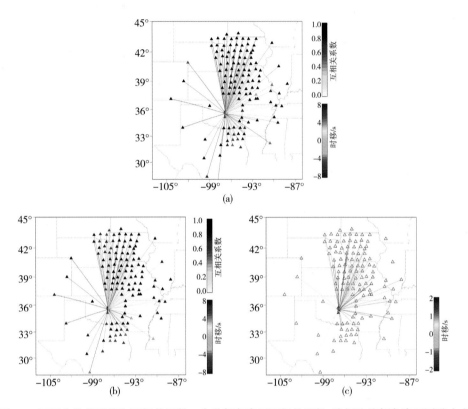

图7.9 不同台站的时移和互相关系数。台站颜色表示互相关系数,路径连线颜色表示时移大小
(a)地震数据;(b)NCF数据;(c)利用NCF时移对地震时移校正后分布(互相关系数大于0.8台站)

假设地震沿某一节面(234°或324°)破裂,根据地震标度律(Somerville et al.,2001),M_W 5.7地震的破裂尺度约为5 km。因此,以起始位置为中心,沿2个节面测试了距离±1 km、±2 km共8个可能的质心位置。对每个可能的质心位置,分别计算地震理论波形,得到理论波形和观测波形的时移,应用路径校正之后计算残差。如沿任一方向未出现局部极小值,则沿该方向每隔1 km设置可能的质心位置直到搜索出局部极小值。为保证时移数据的可靠性,在计算残差之前分别应用以下三个挑选准则对台站进行筛选:①互相关系数大于0.8,排除波形不一致性造成的影响;②方位角远离Rayleigh波辐射花样节面,排除因振幅过小而测量不准确时移的情况;③时移在中位值10倍以内,排除异常数据。数据筛选之后,共有52个台站被保留以进行定位。应用路径校正时,分别测试了采用NCF时移对地震Rayleigh波时移进行校正,以及对NCF时移按照震中距改正后对地震Rayleigh波进行校正。为探讨该方法对误差函数选取的稳定性,分别测试了L1 Norm(L1范数)和L2 Norm(L2范数)两种误差函数。采用不同路径校正计算方式及不同误差函数的定位结果一致(图7.10),在西南侧和东南侧分别出现一个局部极小值,其中西南侧 4 km 处为全局极小值。在 4 组测试中,利用按震中距改正后的路径校正和 L2 Norm 误差函数进行定位时,对东南侧极小值区分更明显,因此,之后的定位均采用该方式计算残差。2 个极小值对应的时移分布与统计图如图 7.11 所示,西南侧极小值对应的时移分布更集中,有 77% 台站的时移在 ±0.5 s 之内;东南侧极小值对应的时移分布相对分散,仅有 56% 台站的时移在 ±0.5 s 之内。因此,认为西南侧距起始震中 4 km 处为地震的质心震中,即主震沿 234° 节面破裂约 8 km。为考察地震沿两节面破裂这个假定的可靠性,对破裂方向每间隔 45° 进行格点搜索,定位结果表明在准确测定地震的起始震中后,"走滑地震沿任一节面破裂"这一假定是合理的。

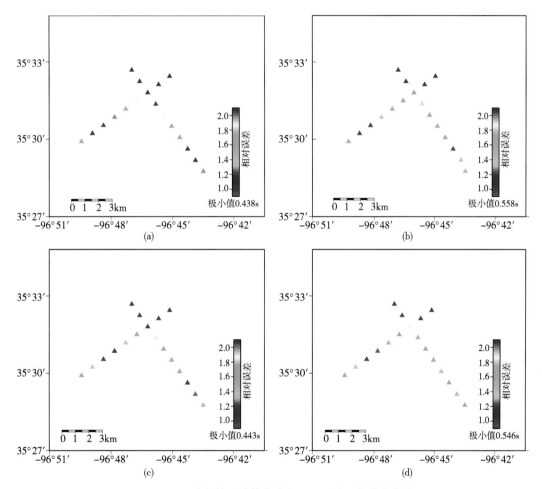

图 7.10 不同路径校正计算方式和不同误差函数的定位结果

（a）以 NCF 时移为路径校正,L1 Norm 误差函数的定位结果;

（b）以 NCF 时移为路径校正,L2 Norm 误差函数的定位结果;

（c）以震中距改正后的 NCF 时移为路径校正,L1 Norm 误差函数的定位结果;

（d）以震中距改正后的 NCF 时移为路径校正,L2 Norm 误差函数的定位结果

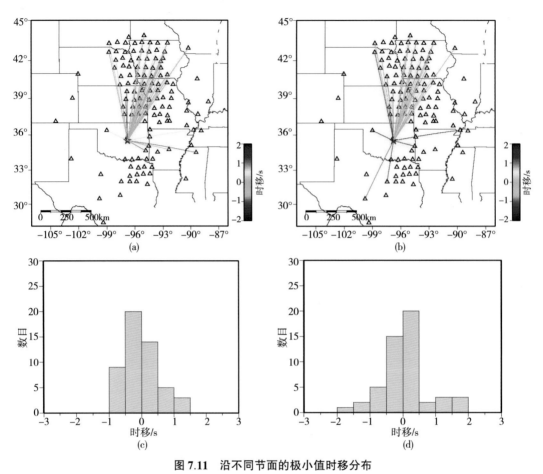

图 7.11　沿不同节面的极小值时移分布

（a）沿 234°节面误差极小值位置对应的时移分布；（b）沿 324°节面误差极小值位置对应的时移分布；
（c）沿 234°节面误差极小值位置对应的时移统计图；（d）沿 324°节面误差极小值位置对应的时移统计图

7.2.3　多参考台站的路径校正

　　在 7.2.2 小节中,选取了 V35A 作为参考台站。为测试选用不同参考台站时定位结果的稳定性,选取地震南部 43 km 处的 W35A 作为参考台站,计算 W35A 与远台的 NCF 提供路径校正。采用与 7.2.2 小节一致的数据处理流程,定位结果如图 7.12 所示。采用 L1 norm 和 L2 norm 的定位结果一致,全局极小值为起始震中西南侧 3 km,与 V35A 测定的质心震中偏差 1 km。东南侧依然存在局部极小值,但该处对应的残差更大且时移分布分散。分别选取 V35A 和 W35A 作为参考台站时,测定质心位置均位于起始震中西南侧,表明地震沿 234°节面向西南破裂,但是,测定的破裂长度有 2 km 偏差。

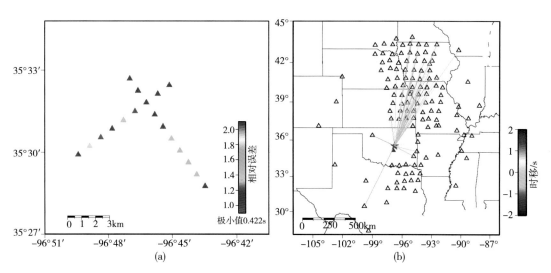

图7.12 以 W35A 为参考台站的测定结果

(a)定位结果;(b)时移分布

由于 V35A、W35A 分别位于地震的两侧,我们探索能否通过结合二者来得到更接近地震面波传播路径的时移校正。为考察不同参考台站 NCF 一致性对定位结果的影响,设计以下2组测试。首先,选取对 V35A 和 W35A 的互相关系数均在0.8以上的台站,计算2组时移的平均值为路径校正。接下来,为增加定位台站个数,选择对任一参考台站互相关系数在0.8以上台站,其中,如远台对2个参考台站的互相关系数均大于0.8,路径校正为二者时移的平均值,对其他远台选用 NCF 互相关系数在0.8以上对应的时移。2组测试的定位结果如图7.13所示,测定的质心位置均为西南侧3 km。相比单独使用一个参考台站的时移残差,第一组测试的残差有显著降低($\approx 50\%$),第二组测试的残差也有微弱的下降。同时,质心震中的时移分布集中性也有明显提高,分别有98%和80%的台站时移在±0.5 s 以内(图7.14)。对于测试1,由台站分布造成的东南侧极小值已经消失;对于测试2,尽管东南侧的极小值依然存在,其残差与全局极小值(西南侧)残差相差更大,表明更容易分辨真实质心位置。由图7.13(a)、(b),可看到地震南部的台站在2个参考台站的 NCF 有不一致性,表明路径上有小尺度的速度异常。最终的质心位置定位结果为起始震中西南侧(234°节面)3 km处,假定单侧破裂得到地震向西南方破裂6 km。综合单独使用任一参考台站的定位结果和结合二者得到的定位结果,利用 NCF 作为路径校正的定位精度约为1 km。因此,利用参考台站法测定地震的破裂方向性时,要求地震的破裂尺度至少2 km 以上,因此对 M 5.0 或者更小地震可能难以应用。

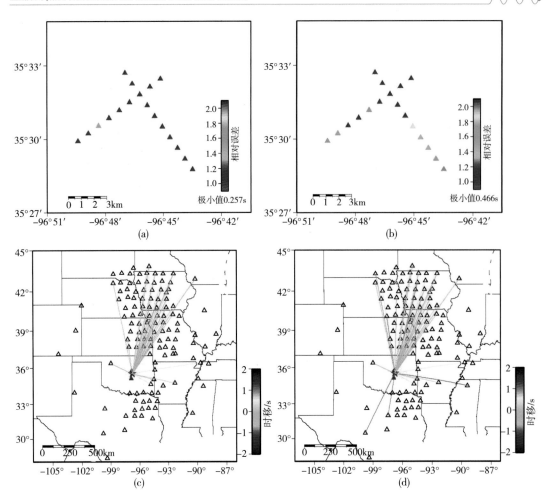

图 7.13　结合 V35A 和 W35A 路径效应的定位结果与质心位置对应的时移分布

（a）（c）方式 1；（b）（d）方式 2

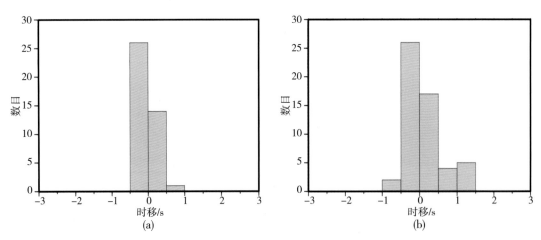

图 7.14　结合 V35A 和 W35A 路径效应的质心位置对应的时移统计分布

（a）方式 1；（b）方式 2

7.2.4 震源机制解、深度的影响

不同机构给出的震源机制解与震源深度有一定差别(表 7.1),余震的深度展布也有一定范围(1~6 km)(Keranen et al.,2013),在本节中,我们主要测试了震源参数偏差对质心定位结果的影响。首先,设计六组测试,分别采用走向、倾角、滑动角偏差±10°的机制解正演理论地震图并定位,以考察该方法对机制解的敏感性。结果显示,大部分情况下均可分辨质心位置为西南侧 3~6 km(图 7.15),然而,倾角偏大 10°时,东南侧的极小值对质心位置测定产生干扰。与图 7.10 相比,当机制解存在 10°偏差时,尽管定位残差增大,但是该方法依然可以得到较为稳定的测定结果。接下来,测试了震源深度偏差对质心定位结果的影响。设计 4 组测试,分别为震源深度偏差±25%、±50%(即±1 km、±2 km)。定位结果显示,4 组测试均可分辨质心位置为西南侧 4~5 km,表明当观测波形与理论波形拟合较好时,震源参数的偏差对测定结果影响较小。

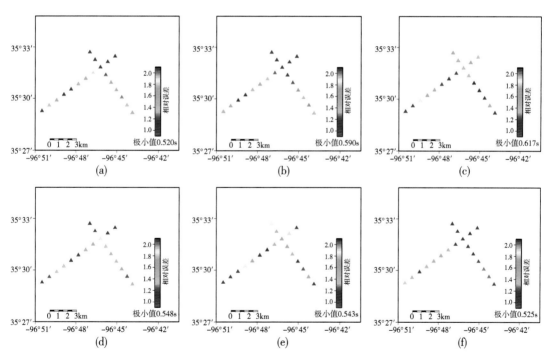

图 7.15 不同机制解下的定位结果

(a)走向偏小 10°;(b)倾角偏小 10°;(c)滑动角偏小 10°;

(d)走向偏大 10°;(e)倾角偏大 10°;(f)滑动角偏大 10°

7.3　基于走时的参考台站法

以 NCF 为经验格林函数,利用观测波形和理论波形的互相关时移可测定地震的质心位置。但是,该方法需要假设不同的质心位置计算理论波形,而且需要计算观测波形和理论波形的互相关,计算量比较大。与利用 P 波、S 波到时进行定位类似,面波不同周期的群到时也包含了地震位置信息。为了减少计算量,Xie 等(2011)和 Zeng 等(2015)提出了基于走时的噪声定位法,应用于 1998 年 M_W 5.7 张北地震及 2005 年 M_W 4.1 澳大利亚卡兰尼地震,得到了与 InSAR 测量位置偏差 3 km 内的定位结果。在本节中,我们考察基于走时的噪声定位法的定位精度,并探讨基于该方法测定破裂方向性的可行性。

7.3.1　方法原理

从面波中提取的不同周期群到时既包含了地震波传播路径的速度结构信息,也包含了地震质心位置偏差的信息。当地震附近存在一个参考台站时,由于台站位置是准确已知的,利用从参考台站与远处台站的噪声互相关函数(NCF)提取的群到时可以得到传播路径的平均速度,亦即路径效应。在对地震 Rayleigh 波群到时进行路径校正后,格点搜索不同位置,走时残差最小的即为地震质心位置。定位时,误差函数记为

$$\text{misfit} = \sum_{n \text{ staition}} \sum_{m \text{ period}} \left[\frac{D(X,R)}{U(R)} - T(X,R) - T_0 \right]^2 \qquad (7.1)$$

式中,$D(X,R)$ 为台站与远台的震中距,X 为地震,R 为远处台站;$U(R)$ 为参考台站与远台 NCF 测量的群速度;$T(X,R)$ 为远台记录到地震波的群到时;T_0 为发震时刻偏差。

具体流程为:选择地震附近台站为参考台站,计算参考台站与远台的 NCF 并利用 do_mft(Herrmann,2013)或时频分析方法(frequency-time analysis,FTAN)(Bensen et al.,2007)提取不同周期的群到时 $U(R)$;在起始震中(或地震目录位置)附近格点搜索不同的质心位置,计算地震质心到远台的震中距得到 $D(X,R)$;采用与 NCF 处理流程一致的方法提取地震面波的群到时 $T(X,R)$,最后按照式(7.1)求得不同质心位置的误差,选定误差最小的位置为地震质心位置,并根据最小二乘法计算发震时刻偏差 T_0。该方法在测定质心位置时不依赖参考速度模型,而起始震中一般需要利用走时和速度模型进行测定,为避免由于起始震中对速度模型的依赖性而造成的破裂方向性测定误差,需要采用小地震作为参考事件对起始震中进行位置校正。对于参考地震,利用基于走时的噪声定位法确定质心震中后,假设起始震中与质心震中位置接近,根据质心位置对地震目录位置进行校正,并将该校正应用于主震,得到

主震的起始位置。最终,通过主震的起始震中与质心震中的相对位置,测定其破裂方向性。

7.3.2　2011 年俄克拉何马地震震例应用

将上述方法应用于 2011 年俄克拉何马地震,并选取地震序列中两个 $M\,4.0\sim5.0$ 地震为参考地震($M\,4.8$ 前震,记为 A1;$M\,4.8$ 余震,记为 A2)。时频分析方法(FTAN)通过多重窄带滤波(multiple narrow-band filter)将波形时间序列转换至时间-频率域,对每个频率拾取信号能量最强对应的群到时。FTAN 方法可以方便地自动测量不同周期的群到时,因此,利用该方法从主震、A1、A2 的 124 个远台(图 7.4)竖直分量波形中提取周期 $8\sim32\,\mathrm{s}$ 的 Rayleigh 波频散曲线,如图 7.16 所示。可以看到,多数台站在 $8\sim20\,\mathrm{s}$ 周期内群速度在 $3.0\,\mathrm{km/s}$ 左右,随周期变化不明显;在更长周期($20\sim32\,\mathrm{s}$),群速度随周期增长单调增大。对于主震和 A1,除个别明显偏离均值的测量点外,仍有一些台站的短周期($8\sim16\,\mathrm{s}$)群速度低至 $2.7\,\mathrm{km/s}$ 左右,而且群速度在短周期也明显单调递增,经检查,这些台站主要位于地震以南区域,暗示地震以南地区存在低速结构,与 Schmandt 等(2015)得到的速度结构大体相符(图 7.17)。对于 A2,在 $8\sim16\,\mathrm{s}$ 周期频散曲线测量值较为离散,推测可能为震源机制解、深度等震源项造成的影响。

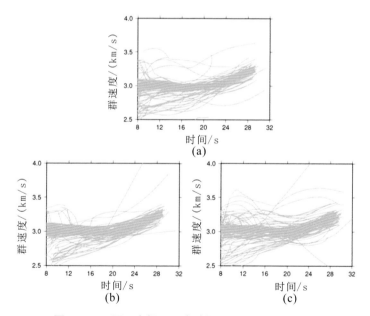

图 7.16　不同远台提取三次地震 Rayleigh 波频散曲线

(a)主震;(b)M4.8 前震 A1;(c)M4.8 余震 A2

在上文中已经分别计算了以 V35A 和 W35A 为虚拟源的竖直分量 NCF,同样利用 FTAN 方法提取频散曲线如图 7.18 所示。与地震频散曲线类似,从 NCF 提取的频散曲线在 $8\sim20\,\mathrm{s}$ 时相对较平,$20\sim30\,\mathrm{s}$ 群速度单调递增。V35A 为虚拟源时提取的频散曲线集中度和一致性好于 W35A,但二者的大体特征比较相似。

利用 CUS 模型和 CPS 程序正演频散曲线,对 3 组地震的频散曲线和 2 组 NCF 的频散曲

线分别筛选得到观测频散曲线与理论值接近并与平均观测值偏离较小的台站。为验证定位
准确性,首先以 V35A 和 W35A 互为虚拟地震和参考台站进行定位。共选用 35 个数据质量
较高的远台按照式(7.1)进行定位,得到的定位结果如图 7.19 所示。以 V35A 为虚拟地震
时,定位结果在真实位置的西北侧2.7 km。以 W35A 为虚拟地震时,定位结果在真实位置的
东南侧 2.3 km。因此,该方法的定位精度可达 2~3 km。

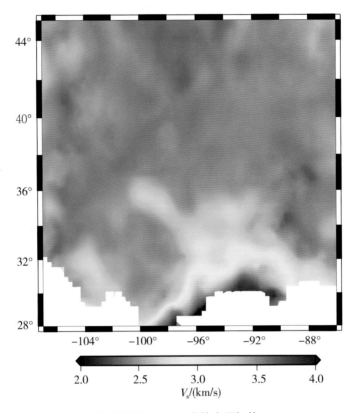

图 7.17　研究区 V_s 速度结构在 10 km 深度的水平切片(Schmandt et al.,2015)

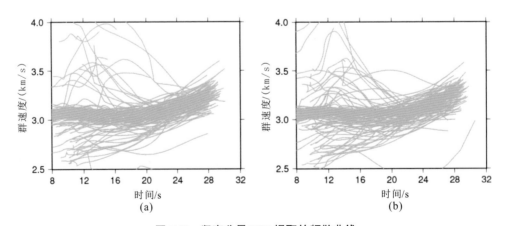

图 7.18　竖直分量 NCF 提取的频散曲线

(a)V35A 为虚拟源;(b)W35A 为虚拟源

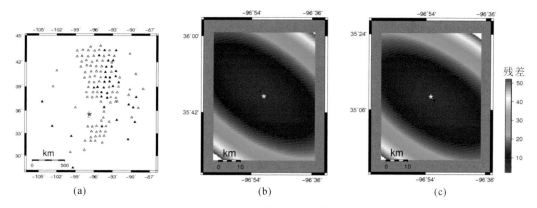

图 7.19 以 V35A 和 W35A 互为虚拟震源和参考台站的定位结果及所用台站

（a）所用台站分布（黑色三角）；（b）以 V35A 为虚拟地震，W35A 为参考台站的定位结果；

（c）以 W35A 为虚拟地震，V35A 为参考台站的定位结果。黑色五角星为定位结果，黄色五角星为真实位置

接下来对 3 个地震事件进行定位。参考主震的目录位置，在 25 km×25 km 范围内格点搜索不同质心位置。对每个质心位置根据频散曲线和震中距，计算不同周期对应的到时，并以 V35A 或 W35A 的群到时为路径校正，搜索误差最小的位置。以 V35A 为参考台站时，定位结果如图 7.20 所示。主震的定位结果位于目录位置的西南侧 11.4 km，A1 的定位结果位于目录位置的西南侧 3.5 km，A2 的定位结果位于目录位置的西南侧 6.4 km。由于台站分布不均，而且主要位于东北侧，残差成椭圆形分布，长轴为西北—东南向。以 W35A 为参考台站时，定位结果（图 7.21）显示 3 个地震也都位于目录位置的西南侧，距离地震目录分别 10.9 km、3.4 km 和 9.7 km。由图 7.16 可知，A2 的频散曲线比较杂乱，质量较差，图 7.20、图 7.21 也显示 A2 的 2 次定位结果偏差大（≈3 km），而 A1 的频散曲线质量较好，2 次定位结果一致（<1 km），因此，选取 A1 为参考地震，对主震的起始震中进行校正。

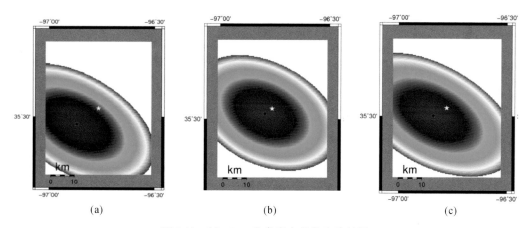

图 7.20 以 V35A 为参考台站的定位结果

（a）地震；（b）A1；（c）A2。黑色五角星为定位结果，黄色五角星为真实位置

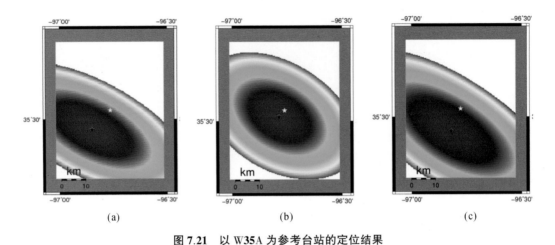

(a)　　　　　　　　　　(b)　　　　　　　　　　(c)

图 7.21　以 W35A 为参考台站的定位结果

(a)地震;(b)A1;(c)A2。黑色五角星为定位结果,黄色五角星为地震目录位置

　　根据以 V35A 为参考台站时 A1 的目录位置与定位结果,对主震起始震中进行相应的校正。之后,再对主震的质心位置进行定位,结果如图 7.22 所示。以 V35A 为参考台站时,质心震中位于起始震中的 204° 方向 5.5 km 处;以 W35A 为参考台站时,质心震中位于起始震中的 189° 方向 5.9 km 处,2 个位置偏差 1.6 km。为减小自由定位结果对破裂方向性测定的影响,假定地震沿走向方向破裂(234° 或 324°),仅在走向方向搜索最佳质心位置。搜索结果如图 7.23 所示,采用 2 个参考台站的定位结果分别为距起始震中 234° 方向 5.8 km、5.6 km。因此,该方法测定得到俄克拉何马地震沿 234° 节面破裂,破裂长度约 11 km。该结果与基于波形的参考台站法结果一致,但破裂长度估算存在 3~5 km 的偏差。

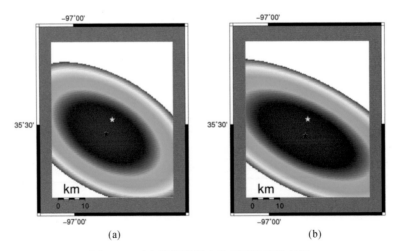

(a)　　　　　　　　　　(b)

图 7.22　对主震起始震中校正后的定位结果

(a)V35A 为参考台站;(b)W35A 为参考台站。黑色五角星为定位结果,黄色五角星为地震目录位置

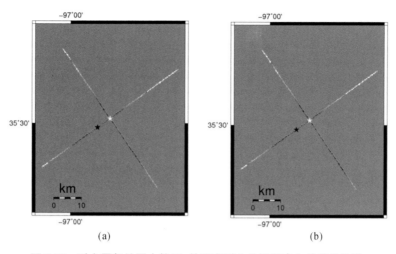

图7.23 对主震起始震中校正,并限定质心位置沿走向的定位结果

(a) V35A 为参考台站;(b) W35A 为参考台站。黑色五角星为定位结果,黄色五角星为校正后起始震中

7.3.3 震源对面波走时的影响及震源项改正

在 7.3.2 小节中,发现 A2 对应的频散曲线测量值杂乱、变化大,定位稳定性较差,推测可能为震源参数(机制解、深度)造成的影响。因此,本节中定量讨论震源项对面波群走时的影响,并探究能否通过震源项改正消除该影响。竖直分量地震 Rayleigh 波可定量表达为下述公式(Aki and Richards,2002)

$$
\begin{aligned}
U_z^{\text{Rayieigh}} = \sum_n \frac{r_2(z)}{8cUI_2} \sqrt{\frac{2}{\pi k_n r}} \exp\left[i\left(k_n r + \frac{\pi}{4}\right)\right] \\
\times \left\{ k_n r_2(h)\left[M_{xx}\cos^2\phi + (M_{xy} + M_{yx})\sin\phi\cos\phi + M_{yy}\sin^2\phi\right] \right. \\
\left. + i\frac{\mathrm{d}r_2}{\mathrm{d}z}\bigg|_h\left[M_{xz}\cos\phi + M_{yz}\sin\phi\right] - ik_n r_2(h)\left[M_{zx}\cos\phi + M_{zy}\sin\phi\right] + \frac{\mathrm{d}r_2}{\mathrm{d}z}\bigg|_h M_{zz} \right\}
\end{aligned}
\tag{7.2}
$$

式中,M_{xx},M_{xy},$\cdots$,M_{zz} 为地震矩分量;h 为震源深度;z 为台站深度;ϕ 为台站方位角;r_1、r_2、r_3、r_4 为本征函数,随深度指数衰减;I_1 为能量积分;U 为群速度;c 为相速度;k_n 为 n 阶面波的波数。

将 Rayleigh 波位移三分量与边界条件代入波动方程后,可以得到本征函数对深度的偏导

$$
\begin{cases}
\dfrac{\mathrm{d}r_2}{\mathrm{d}z} = kr_2 + \dfrac{r_3}{\mu(z)}, \\
\dfrac{\mathrm{d}r_2}{\mathrm{d}z} = -\dfrac{k\lambda(z)}{\lambda(z) + 2\mu(z)} + \dfrac{1}{\lambda(z) + 2\mu(z)}r_4
\end{cases}
\tag{7.3}
$$

将式(7.3)代入式(7.2),整理可以得到 Rayleigh 波由震源项造成的相移 φ

$$\begin{cases} \varphi = \arctan\left(\dfrac{B}{A}\right), \\[2mm] A = kr_2\left[M_{xx}\cos^2\phi + M_{xy}\sin(2\phi) + M_{yy}\sin^2\phi \right] + M_{zz}\left[\dfrac{r_4}{\lambda + 2\mu} - \dfrac{\lambda kr_2}{\lambda + 2\mu} \right], \\[2mm] B = \dfrac{r_2}{\mu}\left[M_{xz}\cos\phi + M_{yz}\sin\phi \right] \end{cases} \tag{7.5}$$

式中,λ 为拉梅系数;μ 为剪切模量。

在获取相移 φ 后,可通过差分方法计算群走时的时移 $\dfrac{\mathrm{d}\varphi}{\mathrm{d}\omega}$。因此,当给定震源矩张量(或机制解)和深度后,可以按照式(7.5)定量计算震源对 Rayleigh 波群走时的影响。当地震位于地表,或者机制解是 3 种基本机制解(倾角 90° 走滑,倾角 90° 逆冲及倾角 45° 逆冲)时,群走时时移均为 0,不影响频散曲线测量。当震源不是双力偶而是单力源时,竖直分量 Rayleigh 波可表示为

$$U_z^{\text{Rayieigh}} = \mathrm{e}^{-i(wt + k_n r)} \frac{\sum_n F_z r_2 + i(F_x\cos\phi + F_x\sin\phi)r_1}{8cUI_1} \sqrt{\frac{2}{\pi k_n r}} r_2 \mathrm{e}^{i\frac{\pi}{4}} \tag{7.6}$$

假定 NCF 由地表垂向单力源激发,则由震源造成的相移为 $\dfrac{\pi}{4}$,与频率无关,因此不会造成群走时的时移。以 CUS 模型为参考模型,按照式(7.5)计算深度 5 km 时不同机制解下的理论群走时的时移如图 7.24 所示。当机制解为倾角 90° 纯走滑时,时移为 0;当滑动角为 1° 时,大多数台站的时移在 ±1 s 以内,而且不同方位角的时移均值为 0;当滑动角为 5° 时,大多数台站的时移在 ±2 s 以内,不同方位角的时移均值同样为 0。3 组理论值在 8 s 附近均出现间断或奇异值,为频谱零点(spectral null)(图 7.25)。由于频谱零点(spectral null)以及辐射花样(radiation pattern)的节点(nodal)会使得特定周期或特定方位角的 Rayleigh 波振幅变小甚至为 0,这种情况下频散曲线测量值有较大误差(图 7.16)。当震源深度 2 km 时,滑动角造成的时移小于 5 km,而且在 4~32 s 周期内未出现频谱零点(图 7.26)。在这 2 组算例中,滑动角偏差 5° 和深度偏差 3 km 造成的群走时时移偏差可达 2 s,对应定位偏差约 6 km,表明准确的震源参数是对时移进行震源校正的必要条件。由于对称方位角台站的时移大小相同、符号相反,利用方位角均匀分布的台站进行定位可以降低震源时移造成的定位误差。

接下来,通过正演波形并提取群到时来验证理论计算时移的准确性。根据俄克拉何马主震机制解和 CUS 模型,分别正演深度 0 km 和 5 km 时理论地震波形,利用 FTAN 测量频散曲线,转换为群到时,相减得到 0 km 和 5 km 波形群到时之差,记为时移观测值。不同周期的时移理论值与观测值之差如图 7.27 所示。在几乎不受频谱零点影响的周期(16~30 s),时移理论值与观测值非常接近,偏差小于 ±0.3 s,且随着周期增大而减小。在频谱零点附近(4~12 s),偏差可达 ±8 s;如仅在振幅较大时测量,频谱零点附近的时移偏差可限制在 ±3 s 以

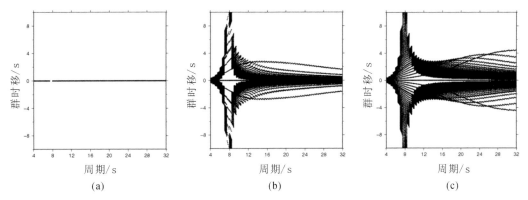

图 7.24 深度 5 km 不同机制解下的理论群走时时移。方位角取值范围为 1°~360°

(a)机制解 325°/90°/0°;(b)机制解 325°/90°/1°;(c)机制解 325°/90°/5°

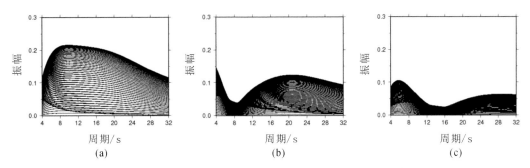

图 7.25 主震机制解不同深度下的 Rayleigh 波振幅谱。方位角取值范围为 1°~360°

(a)深度 2 km;(b)深度 5 km;(c)深度 10 km

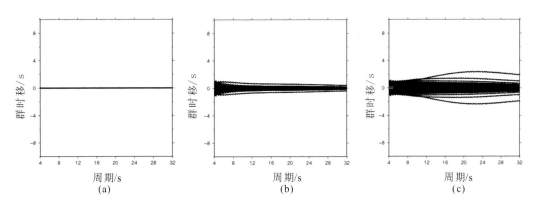

图 7.26 深度 2 km 不同机制解下的理论群走时时移。方位角取值范围为 1°~360°

(a)机制解 325°/90°/0°;(b)机制解 325°/90°/1°;(c)机制解 325°/90°/5°

内。但是,3 s 的时移偏差仍可造成 9 km 的定位偏差,因此,定位时需要利用周期远离频谱零点的测量值。

综上,不同震源参数(机制解及震源深度)会造成 Rayleigh 波群走时时移,频谱零点会造

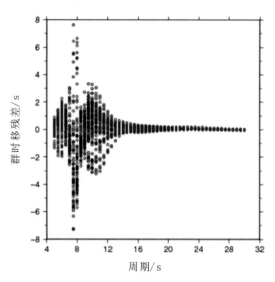

图 7.27 不同周期的时移理论值与观测值之差。蓝色圆圈代表振幅值较大时
(振幅高于最大振幅 30%)的时移理论值与观测值之差

成群速度测量不稳定,二者均会影响定位结果。当震源参数准确已知时,可以通过理论计算时移对远离频谱零点周期进行震源项校正,得到仅包含结构信息与地震位置信息的群到时。但是,由于群走时时移对震源参数非常敏感,对真实地震的群到时数据有效地进行震源校正仍然比较困难,需要进一步探索。

7.4 小结

为验证本章 2 种方法测定的地震破裂方向性的可靠性,选取俄克拉何马地震序列中与主震机制解接近的 M_W 4.8 前震(A1)作为参考事件,应用第 6 章的参考地震法测定方向性。在利用近台对 A1 和主震进行相对定位后,采用 CAP 方法反演得到 A1 的震源参数(5 km,节面 1(301°/90°/−10°))。之后,得到 Pnl 波、Rayleigh 波、Love 波的时移之差并拟合其随方位角的变化如图 7.28 所示。不同震相的拟合结果均表明地震沿 234°节面破裂,测定的破裂长度分别为 4.4 km(Pnl 波)、7.6 km(Rayleigh 波)和 5.2 km(Love 波),平均为 5.7 km,与本章中 2 种方法测定的破裂面与破裂方向一致,但测定的破裂长度与基于波形的参考台站法得到的 6~8 km 以及基于走时的参考台站法得到 11 km 存在一定差异。不同方法测定的质心位置与早期余震分布如图 7.29 所示。早期余震分布沿 234°节面延伸了约 12 km(McNamara et al.,2015),大于 M_W 5.7 地震的经验破裂尺度(Somerville et al.,2001),3 种方法测定的质心位置位于余震之中。Sun 和 Hartzell(2014)反演了此次地震的滑移分布模型,发现位错最大的位置在起始震中西南侧 2~3 km,与参考地震法、基于波形的参考台站法测定的破裂尺度一致。因此,综合多种方法结果,本次地震向西南侧破裂,同震破裂尺度约 6~8 km。

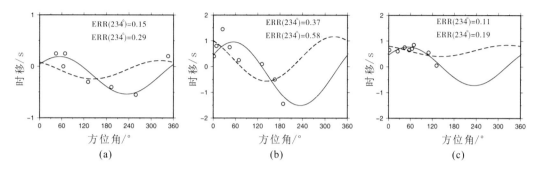

图 7.28 不同震相时移之差随方位角拟合结果。实线为 234° 节面理论预测时移,
虚线为 324° 节面理论预测时移,圆圈为观测时移

(a)Pnl 波;(b)Rayleigh 波;(c)Love 波

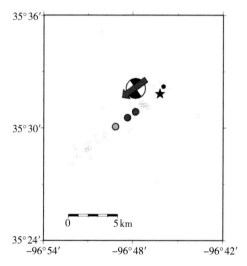

图 7.29 本章测定的主震位置与早期余震

五星为起始震中,蓝色圆圈为参考地震法测定的质心位置,红色圆圈为基于波形的参考台站法(以 V35A 为参考台站)测定的质心位置,橙色圆圈为基于走时的参考台站法测定的质心位置。黑色圆点为 M 4.8 前震 A1 位置,灰色圆圈为 48 h 内余震。震源球为主震机制解,箭头指示了破裂方向

本章在 Zhan 等(2011)、Zeng 等(2015)提出的噪声定位方法基础上,针对沿走向破裂的中强地震,探索发展了基于波形和基于走时的参考台站法以测定破裂方向性。将两种方法应用于 2011 年 M_W 5.7 俄克拉何马地震,发现该地震沿 234° 节面破裂约 6~8 km,与余震分布、有限断层反演结果、参考地震法结果一致。对于基于波形的参考台站法,考察了参考台站选择、多台站平均路径校正及震源参数偏差的影响,发现结合多个参考台站进行测定时残

差更小、对其他方向局部极小值的区分更明显,而且该方法在机制解存在一定偏差时定位结果稳定。对于基于走时的参考台站法,探讨了震源项对 Rayleigh 波群走时的影响、频谱零点对群到时测定的影响以及进行震源项改正的可行性,发现当震源参数准确已知时可以通过理论计算时移对远离频谱零点周期进行震源项校正。2 种方法均可应用于历史地震活动性低、无合适参考地震或台站稀疏的地区,而且各有优势。基于波形的方法在震源参数存在偏差时更加稳定,但计算量较大;基于走时的方法无须计算理论波形,可以快速测定质心位置,但是需要附近的小地震对起始震中进行校正,而且对震源参数偏差比较敏感。如果建立了研究区 NCF 数据库,可应用 2 种方法快速测定未来中强走滑地震的破裂方向性。

第 8 章　基于约化有限源的倾滑地震破裂方向性测定

　　大陆地区应力构造复杂,中等地震频发,以浅源地震为主,往往会造成较强的灾害。而且,大陆地震发生机制类型丰富,以东亚地区为例(图 8.1),走滑型地震分布广泛,逆冲型、正断型地震则较为集中地分布在不同地区,如青藏高原北缘主要为逆冲型地震,往南则多为正断型地震;华东、华北地区既有逆冲型地震也有正断型地震。第 6 章、第 7 章探讨了走滑型中强地震的破裂方向性测定方法,本章则主要探讨沿倾向破裂的倾滑型中强地震的破裂方向性测定方法。

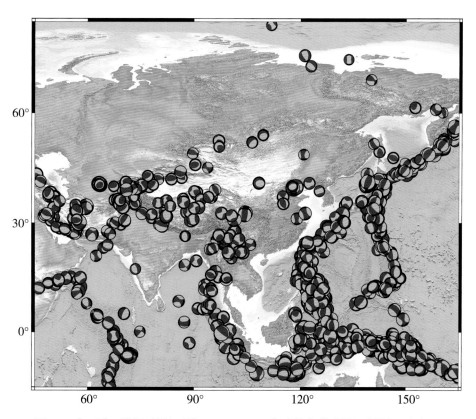

图 8.1　东亚地区浅源地震机制解(1976—1999 年哈佛大学地震矩张量解)分布图

对于走滑型地震,沿着破裂方向的区域受到方向性的影响明显(Somerville et al.,1997);对于沿倾向破裂的倾滑地震,受方向性影响明显的区域主要为出露断层附近或隐伏断层沿倾向的地面投影附近区域。当地震为向上破裂时,断层附近的地面运动会明显增强(≈1.2倍),再加之上盘效应的放大作用(≈1.4倍),震中区域的短周期地面运动可增至原先的1.7倍(Somerville,2000),对建筑物、道路等造成严重损害,也会造成更多的人员伤亡。例如,1994年M_w 6.6美国北岭地震,经地震学、大地测量学数据方法测定为向上破裂,低速沉积层和向上的破裂方向性使得地面运动显著增强,最终造成60人死亡,超过7000人受伤,经济损失高达200亿美元。对北岭地震采用点源近似时,按衰减经验关系得到的极震区PGA约为0.20g,在考虑到断层有限性之后,极震区PGA达到0.49g,增大为原先的2.5倍;2种震源模型计算得到的地震动图也有明显区别,含破裂方向性的地震动图显示出震源区的地面运动更强烈,受地震影响的区域也更广(图8.2)。对于沿走向破裂的地震,可以通过测定起始震中与质心震中的相对位置来判断方向性,相似地,理论上也可以通过起始深度与质心深度的差异来判断沿倾向破裂的方向性。然而,准确测定地震起始深度的难度大,而且断层几何形态及其空间不对称性使破裂方向性对波形的影响更加复杂化(Heaton,1982),因此,沿倾向的破裂方向性测定一直是一个比较困难的问题。

对于沿倾向破裂的地震,常用的破裂方向性测定方法有余震分布和有限断层反演方法。通过对早期余震位置和深度的测定,可以分辨发震断层面;当主震的深度位于余震震群深度范围的边界时,主、余震的相对深度可以指示破裂方向。同样以1994年北岭地震为例,主震深度测定约为20 km,余震主要分布在20 km以浅至地表附近,表明此次地震由下到上破裂[图8.3(a)]。但是,当主震以深、以浅均分布有大量余震(例如芦山地震),或由于台站稀疏,地震破裂尺度较小,造成主、余震深度测定精度与破裂尺度可比,或余震较少难以得到完备的深度分布范围时,只依靠主、余震深度分布关系不能断定破裂方向。

利用近远场地震数据和大地测量数据(InSAR)的有限断层反演可以揭示地震在水平方向和深度方向的破裂过程,例如,Wald和Heaton(1994a)利用近场强震数据反演了北岭地震的滑移分布,结果表明地震沿着倾向向上破裂,且存在逆着走向的破裂区域[图8.3(b)]。然而,由于下地壳主要为塑性形变,地震在深度方向的可破裂范围有限(地表至中地壳),中强地震(M 5.5~7.0)沿深度的破裂尺度更是有限。假设一个发生在倾角30°断层的M 6逆冲地震,按地震标度律(Somerville et al.,2001),总破裂尺度约10 km,沿深度的破裂尺度仅为5 km。采用远震数据反演破裂过程时,分辨率与波形滤波频段有关,当截止频率为0.5 Hz时,水平分辨率约20 km,深度分辨率约6 km,分辨率低于中强地震的破裂尺度,因此很难分辨出真正的破裂面和破裂方向。InSAR数据时间分辨率难以满足同震研究的需求,从滑移分布模型测定破裂方向需要依赖于破裂起始深度的测定。因此,对于中强地震,除了在强震仪密集且方位角分布良好的个别区域,采用有限断层反演方法通常较难测定地震的破裂方向性。

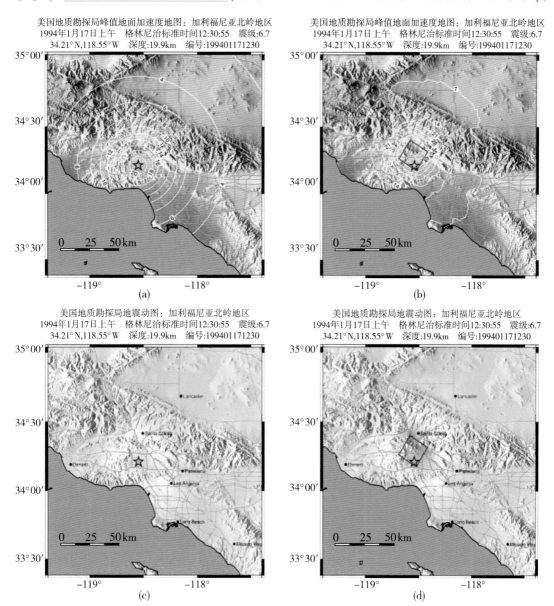

图 8.2　北岭地震的 PGA 分布和地震动图（Worden and Wald，2016）

（a）、（c）点源近似；（b）、（d）有限断层源近似

Langston（1987）利用远台深度震相 sP 和近台 Rg/S 振幅比准确测定了 1968 年澳大利亚 M_S 6.8 梅克林地震的前震以及余震的震源深度，发现前震全部集中在 2 km 以浅、余震深浅均有，而且部分余震深达 7 km，因此推断此次地震的破裂由浅部起始，向下延伸至约 6 km。Vogfjörd 和 Langston（1987）正演了向上破裂和向下破裂的有限断层模型对应的远震 P 波波形，发现向下破裂时正演波形与观测波形拟合程度稍好于向上破裂。结合两方面证据，判断此次地震为向下破裂。但是，这个方法需要对前震和余震的深度进行精确测定，很难快速测定方向性为计算地震动图提供信息。

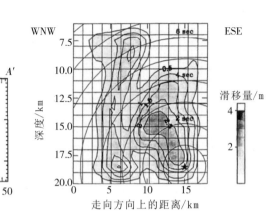

图8.3 直接合并北岭地震的余震分布及滑移分布模型

（a）北岭地震余震分布（Hauksson et al.，1995）；（b）滑移分布模型（Wald and Heaton，1994a）

  对于沿走向破裂的地震,不同方位角的近台波形受到方向性的影响不同甚至相反,波形差异可直接用于分辨破裂方向性。但是,对于沿倾向破裂的地震,台站全部位于地表或地表附近,受到方向性的影响或全为振幅增强持续时间缩短,或全为振幅减弱持续时间延长,随方位角变化不大,只有分布非常密集、方位角覆盖全面的近台才可能分辨出破裂方向性。

  当地震沿倾向破裂时,上行、下行 P 波的持续时间、振幅受方向性的影响相反,Zhan 等（2014）利用此原理,分析了 2013 年 M_W 6.7 鄂霍茨克深震的近震（上行）和远震（下行）直达 P 波的波形差异,发现此次地震为向下破裂。但是,对于浅源地震,近台震中距与深度可比或更大,上行 P 波入射角偏离垂向,而且主要在地壳中传播,受地壳速度结构影响大,因此该方法一般只适用于深震。在台站密集地区,将区域地震波形分解成上行波和下行波后,可以根据波形拟合测定地震的破裂方向性（Saikia and Helmberger,1997）。类似的原理也可以应用于远震波形。远震波形记录中的直达 P 波为下行波,pP、sP 深度震相为上行波,二者受破裂方向性的影响相反,因此,远震 P 波波形可用来分辨破裂方向性。此外,由于 P 波只需 15 min 即可到达震中距 90°的台站,利用远震 P 波可以快速测定破裂方向性。

  本章针对沿倾向破裂的中强地震,发展了利用远震 P 波快速测定破裂方向性的方法,计算包含破裂方向性的远震体波波形,由波形拟合测定破裂面与破裂方向。通过正演测试验证了该方法的有效性,考察了台站选择、数据预处理、点源参数误差、有限源参数误差、地壳速度结构、断层几何形态等参数对方向性测定的影响,并将该方法应用于 2011 年 M_W 5.7 弗吉尼亚等多个实际地震。

8.1 约化有限源远震体波格林

函数正演程序实现

8.1.1 方法原理

考察破裂方向性对远震波形的影响时,需要考虑震源的有限性特征(破裂长度、破裂速度等)。假设震源为单侧破裂的有限源,如图8.4(a)所示。破裂长度为L,破裂以速度ν_f沿ξ_1传播,远场接收点Q有震中距$R \gg L$,破裂方向与射线的夹角为ψ。

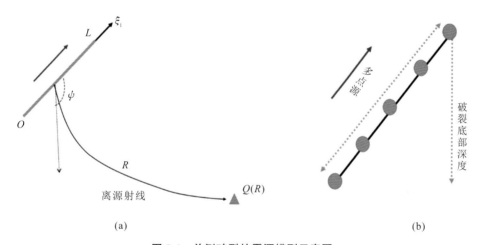

(a)   (b)

图 8.4 单侧破裂的震源模型示意图

(a)约化有限源;(b)线源(多点源)

Q 点记录到的位移是整个破裂过程辐射地震波的叠加,即对破裂长度积分的结果,即

$$u(x,t) = \int_0^L \dot{f}\left(t - \frac{R}{c} - \frac{\xi_1}{\nu_f} - \frac{\xi_1 \gamma_1}{c}\right)\mathrm{d}\xi_1 = \int_0^L \dot{f}\left[t - \frac{R}{c} - \xi_1\left(\frac{1}{\nu_f} - \frac{\cos\psi}{c}\right)\right]\mathrm{d}\xi_1 \quad (8.1)$$

式中,$\dot{f}$为震源函数(slip function);c为地震波传播速度;L为破裂长度;ν_f为破裂速度。

对式(8.1)做傅里叶变换,有

$$u(x,\omega) = i\omega \dot{f}(\omega) L \frac{\sin x}{x}\exp\left[-i\left(\frac{\omega R}{c} + X\right)\right] \quad (8.2)$$

其中

$$X = \frac{\omega L}{2}\left(\frac{1}{\nu_f} - \frac{\cos\psi}{c}\right) \quad (8.3)$$

记点源近似下 Q 点位移为 $\mu_0(x,\omega)$，则有

$$u(x,\omega) \approx \frac{\sin x}{x}\exp(-iX) \times \mu_0(x,\omega) \tag{8.4}$$

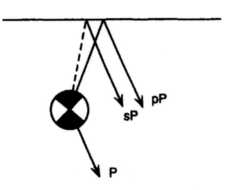

因此，相比于点源近似，一维有限源模型对位移波形的振幅和相位均有调制，调制项为 $\frac{\sin x}{x}\exp(-iX)$，受破裂长度 L、破裂速度 ν_f、地震波速 c 和方向余弦等参数影响。远震 P 波主要由下行 P 波（直达 P 波）、上行 P 波（pP）、上行 S 波（sP）叠加组成（图 8.5），由于 3 种震相的离源角有所不同，我们需要对每个震相单独应用震源有限性调制因子。

图 8.5　远震 P 波构成示意图

在震源区建立笛卡尔坐标系（图 8.6），假定破裂在断层面单侧延伸，并定义破裂方向角度 λ 为断层面上破裂方向与走向的夹角（逆时针为正），则破裂方向单位矢量 $\boldsymbol{u}$ 和波的出射矢量 $\boldsymbol{\gamma}$ 如下

$$\begin{cases} \boldsymbol{u} = (\cos\lambda\cos\phi_s + \cos\delta\cos\lambda\cos\phi_s)\hat{\boldsymbol{x}} + (\cos\lambda\cos\phi_s - \cos\delta\cos\lambda\cos\phi_s)\hat{\boldsymbol{y}} - \sin\lambda\sin\delta\hat{\boldsymbol{z}} \\ \boldsymbol{\gamma} = \sin i_\xi\cos\phi\hat{\boldsymbol{x}} + \sin i_\xi\cos\phi\hat{\boldsymbol{y}} + \cos i_\xi\hat{\boldsymbol{z}} \end{cases} \tag{8.5}$$

式中，$\boldsymbol{u}$ 为破裂方向单位矢量；$\boldsymbol{\gamma}$ 为波的出射矢量；ϕ_s 为断层走向；δ 为断层倾角；i_ξ 为射线的离源角。

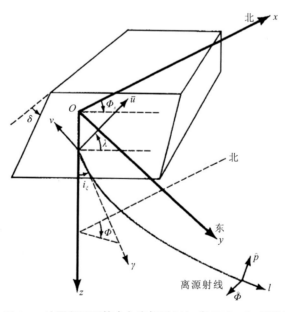

图 8.6　地震断层面笛卡尔坐标系（Aki 和 Richards，2002）

根据式(8.5),可计算式(8.3)中的方向余弦

$$\cos\psi = \boldsymbol{u} \cdot \boldsymbol{\gamma} \qquad (8.6)$$

因此,在点源近似基础上,根据断层有限性参数对直达 P 波、pP、sP 分别计算有限性调制因子,并在频率域应用于点源波形,即可得到单侧破裂有限源近似下的远震波形。以下,将这种在点源基础上添加断层有限性调制的震源模型简称为约化有限源(reduced finite source)。

8.1.2 程序实现与正确性验证

远震体波格林函数计算程序 TEL3 结合了射线理论和 Haskell 矩阵方法,既能够计算地壳分层速度模型的结构响应,又保留了射线理论计算快速的特点(Kikuchi and Kanamori,1982;Chu et al.,2014)。在 TEL3 的基础上,发展了 TelRup 程序,对直达 P 波、pP、sP 波形分别应用有限性调制因子,以计算包含破裂方向性的远震 P 波波形。具体来说,给定断层走向、倾角和破裂方向后,根据式(8.6)计算直达 P 波、pP、sP 出射方向与破裂方向的方向余弦,再由破裂速度、破裂长度和源区速度模型,按照式(8.3)计算每个 X,并最终得到不同震相的调制因子 $\dfrac{\sin X}{X}\exp(-iX)$。在离散频率域对不同震相的点源近似波形应用调制因子之后,反傅里叶变换得到时域位移波形。

为保证程序的正确性,将调制因子 $\dfrac{\sin X}{X}\exp(-iX)$ 反傅里叶变换至时间域并观察其特征。理论上,调制因子反傅里叶变换后会得到单位面积的矩形函数,矩形宽度(持续时间)为 $L\left(\dfrac{1}{X}-\dfrac{\cos\psi}{c}\right)$,表明方向性对时域波形的影响为额外卷积一个矩形窗函数。假定断层走向为 0°,倾角为 90°,破裂方向角为 90°(向上破裂),破裂长度为 10 km,破裂速度为 2.5 km/s,台站方位角 30°,V_p 为 6.0 km/s,V_s 为 3.6 km/s,P 波和 SV 波的射线参数均为 0.05(sP 与 P 波射线参数一致),计算得到调制因子并反傅里叶变换得到的矩形函数如图 8.7 所示。当地震向下破裂时,上行波持续时间减少,振幅增大,下行波则反之。以 P 波为例,$\sin i_\xi = 0.3$,上行波持续时间应为 $10\times[1/2.5-\sqrt{(1-0.09)}/6.0] = 2.4$ s,下行波持续时间应为 $10\times[1/2.5+\sqrt{(1-0.09)}/6.0] = 5.6$ s,与图 8.7 中观测值相符,表明调制因子计算正确。由于 V_s 低于 V_p,更接近破裂速度,S 波受到方向性的影响相较于 P 波更明显。

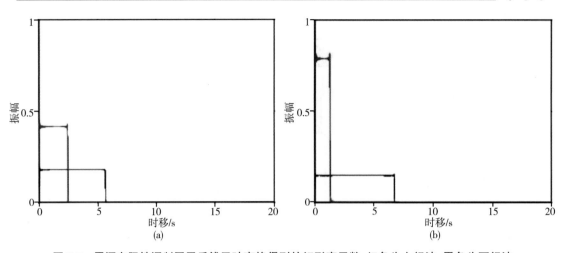

图 8.7　震源有限性调制因子反傅里叶变换得到的矩形窗函数,红色为上行波,黑色为下行波

(a) P 波;(b) SV 波

　　将约化有限源正演的远震 P 波分解为直达 P 波、pP、sP 和 SP(图 8.8)分别输出,并与点源计算波形对比。假定断层走向为 0°,倾角为 45°,起始深度为 15 km,破裂方向为 90°(向上破裂),破裂速度为2.5 km/s,台站方位角为30°,震中距为30°,源区速度模型为 CUS 模型,破裂长度分别取 1 km、5 km 和 10 km,上升时间为 1 s,总持续时间为破裂时间与 2 倍上升时间之和。未滤波的速度波形如图 8.9(a)、(b)、(c)所示。可以看到,远震 P 波主要由 P、pP、sP 组成,SP 振幅非常弱而可以忽略;CUS 模型的结构响应简单,P、pP、sP 震相均较简单,主要由一个脉冲构成。破裂长度为 1 km 时,点源波形和约化有限源波形非常接近。破裂长度为 5 km 时,受向上破裂的方向性影响,P 波略微变宽,振幅几无变化,pP、sP 有较明显的持续时间缩短和振幅增大。破裂长度为 10 km 时,P 波也出现相对明显的持续时间增长和振幅减小,pP、sP 的持续时间和振幅变化程度比破裂长度 5 km 时更明显。在 3 组震相中,sP 受到方向性的影响最明显,表明 sP 是利用远震 P 波测定方向性时的最重要震相。

　　改变破裂方向为-90°(向下破裂)并保持其他参数不变,计算不同破裂长度对应的远震 P 波波形。向上、向下破裂的波形对比如图 8.9(d)、(e)、(f)所示。当破裂长度为 1 km 时,向上、向下破裂波形依然非常相似难以分辨。破裂长度为 5 km 时,两组波形的 P 和 sP 震相均有明显差异,向上破裂对应的 sP 波和向下破裂的 P 波窄而尖锐,向下破裂对应的 sP 波和向上破裂的 P 波则宽而平缓,叠加波形同样呈现出较大差异。破裂长度为 10 km 时,两组波形差异性进一步增大,除 P 和 sP 外,两组 pP 的持续时间也出现较明显区别,向上破裂的叠加波形在宽而低的直达 P 波后出现高振幅的深度震相,向下破裂的叠加波形则有窄而高的直达 P 波,主体能量到达时刻早于向下破裂。因此,对于该断层形态、机制解和台站设置,当破裂长度大于 5 km 时,理想情况下仅用一个台站的远震 P 波即可分辨破裂方向。接下来,通过对实际地震的正演测试来验证用远震 P 波测定沿倾向破裂方向性的可行性。

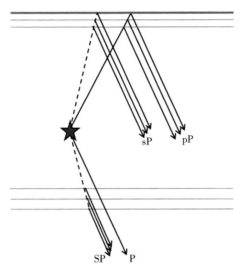

图 8.8 远震 P 波中包含的 4 种震相的射线路径。粗蓝线为地表,细蓝线为速度界面,五角星为震源

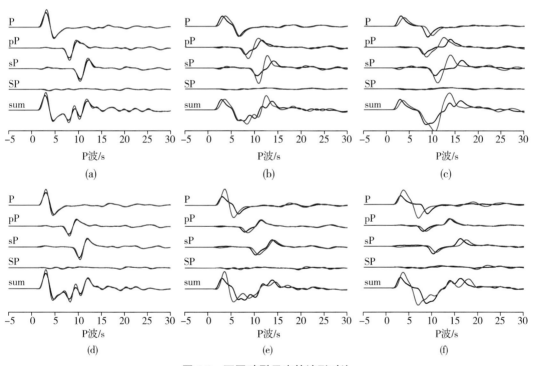

图 8.9 不同破裂尺度的波形对比

(a)~(c)不同破裂长度时点源波形(黑色)和约化有限源波形(红色)对比;

(d)~(f)不同破裂长度时向下破裂波形(黑色)和向上破裂波形(红色)对比;

(a)、(d)破裂长度为 1 km;(b)、(e)破裂长度为 5 km;(c)、(f)破裂长度为 10 km;

波形按绝对振幅比例绘制,上面四排为直达 P 波、pP、sP、SP,最后一排为叠加的 P 波

8.2　破裂方向性测定正演测试

为了进行正演,我们选择 2011 年 M_W 5.8 弗吉尼亚地震为例。该事件是弗吉尼亚地震带(Central Virginia Seismic Zone,CVSZ)上发生的有仪器记录以来的最大地震,强烈的地面运动在震中区域造成了Ⅷ烈度,并发生了一定灾害,也在美国东海岸大部分地区引发震感(Chapman,2013)。由于美国东部地区的高 Q 值和破裂方向性的影响,此次地震造成了 10 倍于美国西部地区类似规模地震造成的受灾面积,引起了广泛的关注。采用 CAP 方法反演了本次地震的机制解,发现该地震主要为逆冲型,质心深度 5 km,两个节面分别为 174°/41°/61°(节面 1)和 30°/54°/112°(节面 2)(详见 8.3.1)。McNamara 等(2014)利用震后架设的 36 台流动地震台数据对余震进行定位,发现余震主要集中分布在东北—西南走向、向东南倾的面上,与节面 2 一致,深度分布在 2~8 km。Davenport 等(2014)利用高密度的竖直分量地震台阵数据也测定得到了类似的余震分布。Hartzell 等(2013)采用远震宽频波形反演了精细网格(0.5 km × 0.5 km)的滑移分布,发现此次地震的主要滑移分布于破裂起始点的上方。因此,余震分布、有限断层反演等多项研究表明弗吉尼亚地震有明显的破裂方向性,地震主要沿节面 2 向上破裂,破裂在深度方向延伸约 6 km。为验证利用远震 P 波测定破裂方向性的可行性,我们以弗吉尼亚地震为例,采用多点源时移叠加近似真实震源破裂过程,正演约化有限源模型远震 P 波,并根据波形拟合测定地震的破裂方向性。

8.2.1　模型设置与理论波形计算

根据余震分布和 CAP 方法反演机制解,设定断层走向 30°、倾角 54°(节面 2)。分别计算线源(多点源)、单点源、约化有限源 3 种震源模型对应的远震波形。其中,线源可以很好近似真实地震破裂过程,其波形可作为正演测试的输入波形。单点源是在计算长周期远震波形时的常用近似,可用于验证线源波形、约化有限源波形在长周期的正确性。约化有限源既能在低频时退化为单点源,又能在高频时反映断层的有限性,其正演波形可用于测定地震的破裂方向性。

首先,用沿倾向等间距分布的 13 个点源组成的线源来模拟真实的地震破裂过程。破裂起始点水平位置为弗吉尼亚地震 PDE 目录值(78.0396°W,37.9190°N),起始深度 8 km,13 个点源沿倾向间隔 0.5 km 分布,深度范围为 2~8 km,质心深度 5 km(CAP 方法反演结果),如图 8.4(b)所示。每个点源震级 M_W 5.1,持续时间 1.0 s,其中上升时间 0.2 s;震源机制解为 CAP 方法反演结果。假定破裂速度为 2.6 km/s($\approx 0.74V_s$),则相邻点源在波形叠加时间延

迟为 $[0.5/\sin(54°)]/2.6 = 0.24$ s。在正演单点源远震波形时,水平位置为 PDE 目录值,质心深度 5 km,震级 M_W 5.84,持续时间 4.0 s,其中上升时间 0.5 s,震源机制解与多点源相同。最后,正演约化有限源远震波形,其中点源参数与单点源一致,破裂过程参数与多点源模型一致,地震沿节面 2 向上破裂,破裂速度为 2.6 km/s,破裂时间 2.85 s,破裂长度 7.42 km,起始深度由质心深度和破裂长度、破裂方向、断层倾角推算为 8 km。

采用 TEL3 正演多点源和单点源波形,并用 8.1 节中实现的程序(TelRup)正演约化有限源波形。为保证多点源波形可按时间间隔 0.24 s 准确叠加,采样间隔取 0.02 s。对弗吉尼亚地震实际波形分析发现共有 40 个远震台站(30°~90°)的波形信噪比较高(图 8.10),为更接近真实情况,在正演测试中采用与实际一致的台站分布。我们对每个点源和这 40 个台站分别计算震中距和方位角(均准确到 0.01°),并计算多点源叠加和单点源理论波形。

图 8.10　弗吉尼亚地震信噪比较高的 40 个台站分布

震源区 CRUST2.0 模型和 CUS 模型分别如图 8.11 所示。2 个速度模型整体比较接近:均有浅的沉积层;沉积层以下至 10 km 深 2 个速度模型几乎一致;莫霍面均在 40 km 左右,10 km 到莫霍面之间速度也比较接近。弗吉尼亚地区位于美国东海岸,而 CUS 更适用于美国中东部,由此我们在正演中采用 CRUST2.0 模型。

在得到 40 个台站的 3 组波形之后,我们对其进行两两做互相关,计算平均互相关系数和时移。图 8.12~图 8.16 分别展示了宽频、低通滤波 0.1 Hz(拐角频率)、高通滤波 0.1 Hz、高通滤波 0.5 Hz 和带通滤波 0.02~0.5 Hz 的速度波形对比。在图 8.12 中,单点源和多点源叠加波形在形态和振幅上均有明显区别,多点源叠加波形表现出明显的向上破裂的方向性:直达 P 波持续时间变长,深度震相振幅增大,持续时间减小。约化有限源波形同样反映出明显的方向性,但与单点源波形的拟合相对多点源有所提高。约化有限源波形与多点源叠加波形整体上呈现了很好的一致性,但对于不同方位角的台站,波形拟合程度有一定差异。图

8.13 可以看出,3 组波形均展示出很好的一致性,表明当滤波频率低于拐角频率时,多点源叠加波形与约化有限源波形均会退化至与单点源近似波形一致。

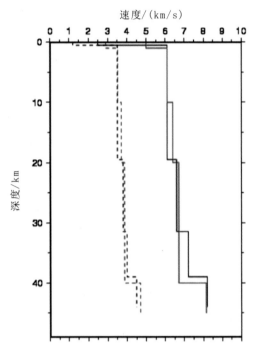

图 8.11　源区地壳速度模型。黑色为 CRUST2.0,红色为 CUS 模型。实线为 P 波速度,虚线为 S 波速度

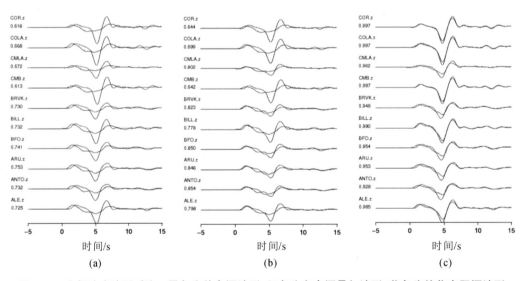

图 8.12　宽频速度波形对比。黑色为单点源波形,红色为多点源叠加波形,蓝色为约化有限源波形。波形互相关系数标注于台站名下方。按绝对振幅比例绘制

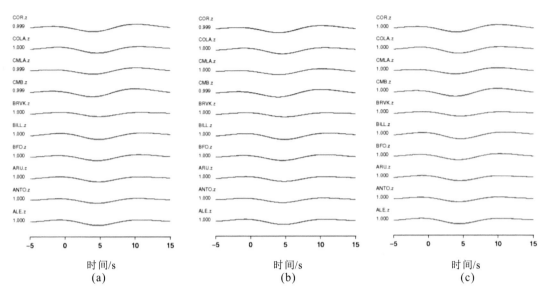

图 **8.13** 低通滤波 0.1 Hz 后速度波形对比。黑色为单点源波形,
红色为多点源叠加波形,蓝色为约化有限源波形。
波形互相关系数标注于台站名下方。按绝对振幅比例绘制

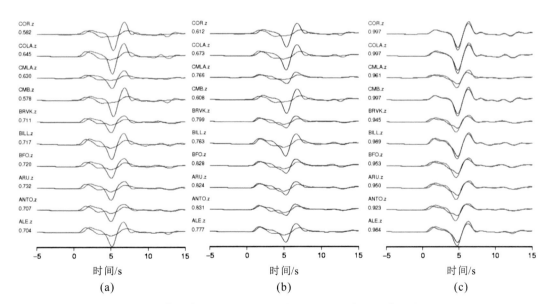

图 **8.14** 高通滤波 0.1 Hz 后速度波形对比。黑色为单点源波形,
红色为多点源叠加波形,蓝色为约化有限源波形。
波形互相关系数标注于台站名下方。按绝对振幅比例绘制

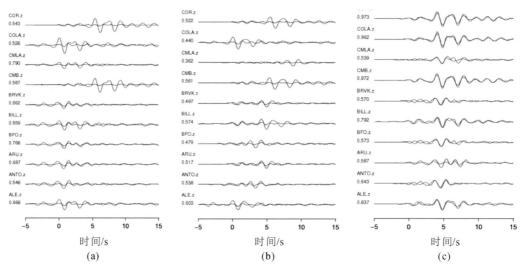

图 8.15　高通滤波 0.5 Hz 后速度波形对比。黑色为单点源波形，
红色为多点源叠加波形，蓝色为约化有限源波形。
波形互相关系数标注于台站名下方。按绝对振幅比例绘制

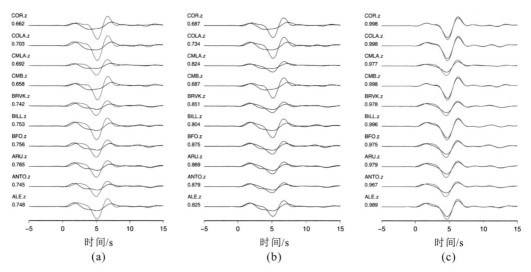

图 8.16　带通滤波 0.02～0.5 Hz 后速度波形对比。黑色为单点源波形，红色为多点源叠加波形，
蓝色为约化有限源波形。波形互相关系数标注于台站名下方。按绝对振幅比例绘制

　　高于拐角频率(0.1 Hz)滤波时，波形与宽频下波形很接近，说明波形中长于 1 s 的信号能量较弱。图 8.15 展示了更加高频(高通 0.5 Hz)的波形对比。波形变得更加复杂，用多点源叠加波形与单点源波形拟合时，85%的台站时移大于 3 s，波形拟合错误。用约化有限源波形与单点源波形拟合时，25%的台站时移大于 3 s，较多点源情况稍好，但依然有相当一部分台站波形错误拟合。用约化有限源波形与多点源叠加波形拟合时，波形一致性相较前两者有了明显改善，不仅互相关系数有所提高，也没有台站出现明显错误时移。但是，与宽频和

高通滤波 0.1 Hz 相比,此频段波形振幅小,形态复杂,更易受到噪声的影响。在实际数据处理中,往往需要进行带通滤波,图 8.16 展示了带通滤波 0.02~0.5 Hz 后波形。与宽频波形类似,图 8.16 清晰阐释了约化有限源波形既更接近单点源波形(与多点源相比),也更接近多点源波形(与单点源相比)的特点。在这个滤波频段下,约化有限源波形与多点源波形的一致性非常好。

总结几种频段下的波形平均互相关系数如表 8.1 所示。可以看到:①对各组波形对比,频率越高,平均互相关系数会因波形的复杂性增大而降低;②低通 0.1 Hz 滤波时,3 组波形的平均互相关系数差别极小,均接近 1.0,表明复杂震源模型在低频(拐角频率以下)时均可以退化至单点源模型;③在带通滤波时,3 组波形的平均互相关系数均高于宽频和高通滤波,不同震源模型的波形互相关系数有明显区别,其中多点源和约化有限性波形最相似;④在宽频和带通滤波时,单点源波形与有限性波形的拟合程度均好于与多点源波形的拟合程度;⑤在拐角频率以上的频段中,3 组波形对比中多点源叠加波形与约化有限源波形拟合最优。

表 8.1 不同频段、不同波形之间的平均互相关系数

项目	单点源-多点源平均互相关系数	单点源-约化有限源平均互相关系数	多点源-约化有限性平均互相关系数
宽频	0.6910	0.7720	0.9390
低通 0.1 Hz	0.9996	0.9996	0.9998
高通 0.1 Hz	0.6660	0.7400	0.9350
高通 0.5 Hz	0.6680	0.5170	0.6990
带通 0.02~0.5 Hz	0.7110	0.8030	0.9730

综上,三种震源模型正演波形的对比展示了约化有限源波形在低频时的退化性,以及高频时相对单点源的先进性。带通滤波 0.02~0.5 Hz 时约化有限源波形与多点源叠加波形最为一致,因此可作为破裂方向性测定采用频段。

8.2.2 未经方位角筛选的方向性测定

以 8.2.1 小节正演的多点源叠加波形为输入波形,假定点源参数(震级、水平位置、质心深度、机制解)和破裂有限性参数(破裂长度、破裂速度)已知,对每个台站分别计算沿两个节面向上、向下破裂共四组约化有限源波形,与输入波形做互相关,根据波形拟合情况(平均互相关系数)判断破裂方向性。不同破裂方向性下约化有限源波形与输入波形的对比如图 8.17 所示。沿任一节面向上破裂时波形拟合均明显优于向下破裂,向下破裂时约化有限源波形在 5 s 处(深度震相)振幅弱,与输入波形不符。40 个台站波形互相关系数统计分布如图 8.18 所示,同样可以看出,相比于向下破裂,向上破裂时互相关系数均值高,分布紧凑、方差小;沿节面 2 向上破裂的互相关系数分布均值略高于沿节面 1 向上破裂。

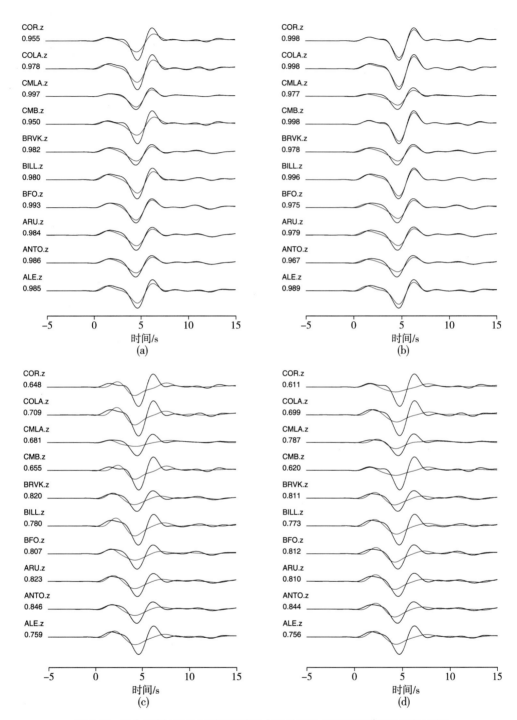

图8.17 输入波形(黑色)和不同破裂方向性下约化有限源波形(红色)对比

(a)沿节面1向上破裂;(b)沿节面2向上破裂;(c)沿节面1向下破裂;(d)沿节面2向下破裂;

仅按台站名展示10组波形

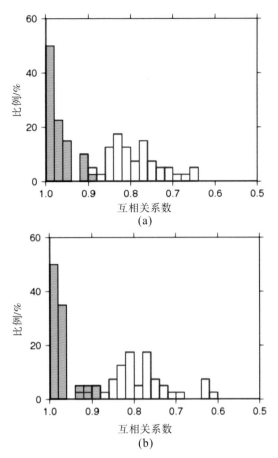

图 8.18　40 个台站的互相关系数统计分布,灰色为向上破裂,蓝色为向下破裂

(a)沿节面 1 破裂;(b)沿节面 2 破裂

不同破裂方向性下所有台站的平均互相关系数如表 8.2 所示。测定结果表明,可以正确分辨出向上破裂,但沿节面 2 向上破裂和沿节面 1 向上破裂平均互相关系数偏差仅为 0.004,较难分辨真正的破裂面。为仔细分辨沿不同节面向上破裂波形的差异,绘制所有台站的沿节面 1 向上破裂和沿节面 2 向上破裂波形对比如图 8.19 所示。对大多数台站,分别沿 2 个节面向上破裂时,约化有限源波形与输入波形的拟合度接近,没有明显差异。然而,在图中用星号标注的台站,沿节面 2 向上破裂的波形与实际波形的一致性显著高于沿节面 1 破裂;如仅采用这些台站进行方向性测定,应更容易分辨出真正的破裂面。

表 8.2　采用所有台站的方向性测定结果

节面	向上破裂平均互相关系数	向下破裂平均互相关系数
节面 1	0.969	0.788
节面 2	0.973	0.786

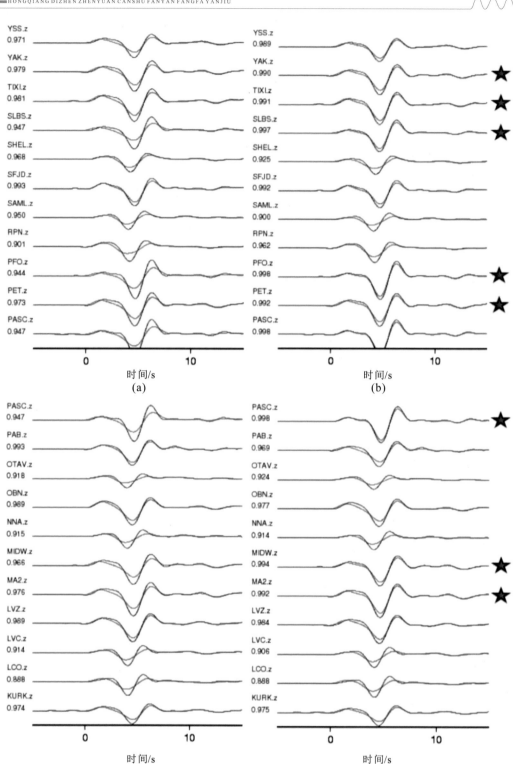

图 8.19 实际波形(黑色)和沿不同节面向上破裂的约化有限源波形(红色)对比。

左列:沿节面 **1** 向上破裂;右列:沿节面 **2** 向上破裂。

五角星标注为沿节面 **2** 破裂波形拟合程度明显优于沿节面 **1** 破裂的台站

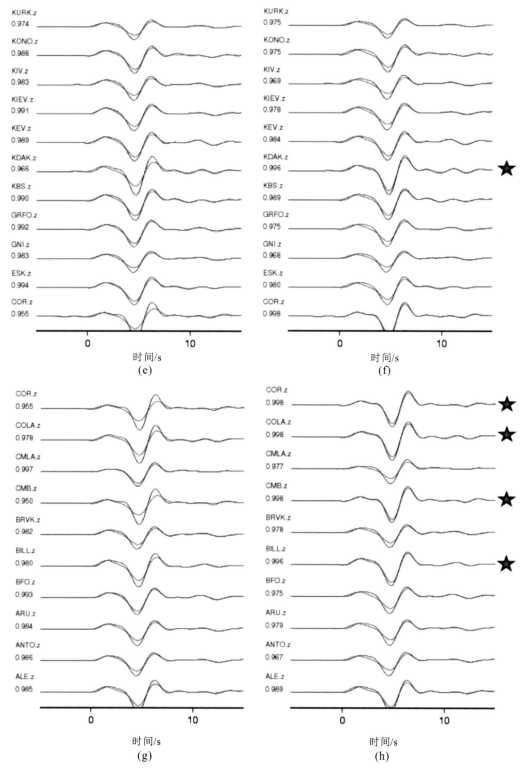

图 8.19(续)

8.2.3　利用波形互相关筛选后台站进行方向性测定

在 8.2.2 小节,利用全部台站测定方向性较难分辨破裂面,可能是一些台站的数据对方向不敏感,从而降低了分辨能力。如果能筛选出对方向性敏感的台站(图 8.19 中五星标注台站),并只用这些台站来测定破裂方向性,也许能分辨出真正的破裂面。不同方位角台站的射线离源角和破裂矢量夹角不同,因此波形受破裂方向性的影响也不同。为分辨不同方位角、不同震相(直达 P 波、pP、sP)对破裂方向性的敏感程度,绘制 30°震中距不同方位角台站的波形对比如图 8.20 所示。

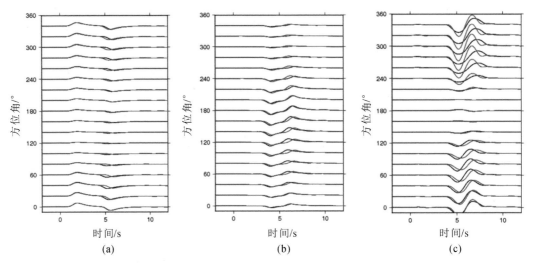

图 8.20　沿着节面 1(黑色)和节面 2(红色)向上破裂的波形对比

(a)直达 P 波;(b) pP 波;(c)sP 波

直达 P 波振幅弱,在多数方位角(60°~280°)沿 2 个节面向上破裂的波形非常相似,难以区分,在其余方位角有微弱的分辨能力;pP 振幅同样较弱,但因其辐射花样与直达 P 波相差 180°,可以在直达 P 波无分辨率的方位角提供一定分辨;3 个震相中 sP 振幅最强,振幅、持续时间受方向性的影响也比前两者更明显,在 240°~360°方位角台站沿 2 个节面向上破裂的波形差异明显。因此,当 3 种震相叠加起来,对方向性敏感台站的分布也存在一定规律性,可被筛选并用以测定破裂方向性。

以 30°震中距为例,对不同方位角生成 4 组合成图:沿节面 1 向上/向下破裂,沿节面 2 向上/向下破裂,如图 8.21 所示。图 8.21(a)展示了沿节面 1 向上和向下破裂的波形对比,方位角 0°~120°和 240°~360°台站的波形差异大,对沿节面 1 破裂的破裂方向差异敏感。同样地,图 8.21(c)中方位角 40°~100°和 240°~360°台站的波形差异大,给定向上破裂时对分辨破裂面敏感。因此,为综合选取对不同破裂方向、破裂面均有分辨率的台站,对 4 组合成图两两做互相关,对每组互相关给定阈值,并筛选互相关系数低于阈值(波形差异大)的方位角,最终指导从实际台站分布筛选台站。本次选台时,4组阈值分为:分辨向上/向下破裂(互相关系数<0.85),分辨破裂面(互相关系数<0.96)。筛选后台站分布如图8.22所示,共保留12个台站。这12个台站与图8.19中五角星标注的台站基本一致。用这些台站进行方向性测定的波形对比和测定结果分别如图8.23和表8.3所示。沿节面2向上破裂时,约化有限源波形和输入波形无论是振幅还是形态均有很好的一致性,每个台站的互相关系数均高于沿节面1向上破裂情况。

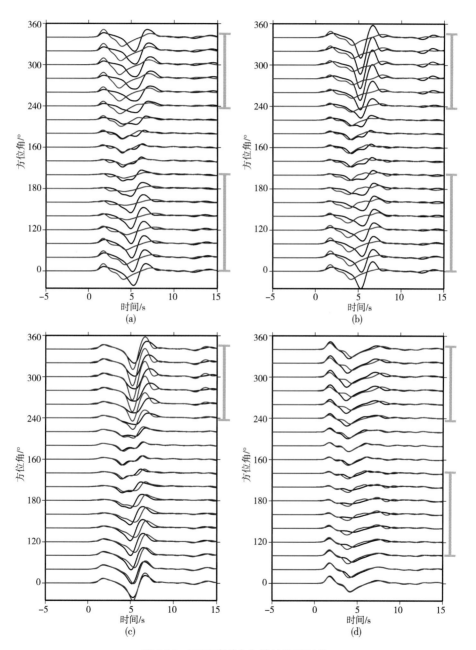

图8.21　不同破裂方向性的波形对比

(a)沿节面1向上破裂(黑色)和向下破裂(红色);(b)沿节面2向上破裂(黑色)和向下破裂(红色);

(c)沿节面1(黑色)和节面2(红色)向上破裂;(d)沿节面1(黑色)和节面2(红色)向下破裂

图 8.22　弗吉尼亚地震台站分布。红色三角形为方位角筛选后保留的台站

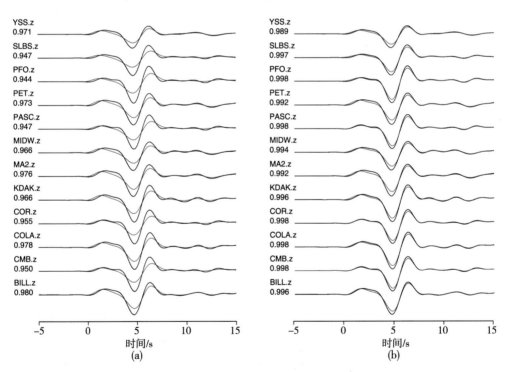

图 8.23　筛选后台站沿不同节面向上破裂时的波形对比。黑色为实际波形,红色为理论波形

(a)沿节面 1 向上破裂;(b)沿节面 2 向上破裂

表 8.3　筛选台站后向上/向下破裂时测定结果

节面	向上破裂平均互相关系数	向下破裂平均互相关系数
节面 1	0.963	0.728
节面 2	0.995	0.704

综上,采用筛选后台站进行方向性测定时,可以正确分辨破裂面和破裂方向。沿节面 2 向上破裂平均互相关系数均明显高于沿节面 1 向上破裂,互相关系数偏差约 0.03,相较采用全部台站时的互相关系数偏差(0.004),差异更明显。因此,在接下来的理论测试和实际地震应用中,均采用筛选后台站进行方向性测定。

8.2.4 数据预处理

数据预处理是利用约化有限源方法测定破裂方向性的重要步骤,需要考察噪声和波形预处理对测定结果的影响。实际波形记录中除了地震信号还存在诸如海浪、气压扰动等环境因素引起的噪声,因此,在前两节理论测试的基础上,采用添加噪声的多点源波形作为输入波形,考察噪声对方向性测定的影响,以评价方法的稳健性。为更接近真实记录,对不同台站分别选取弗吉尼亚地震 P 波之前 10~30 s 的真实噪声(图 8.24),按一定比例加入多点源波形中作为输入波形。

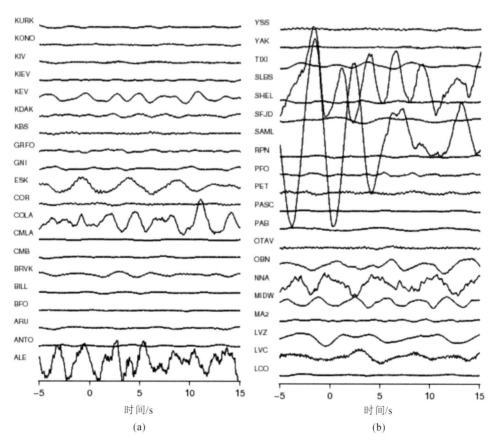

图 8.24 40 个台站在弗吉尼亚地震 P 波之前 10~30 s 的波形,按绝对振幅比例绘制

　　大多数台站的噪声水平均较弱,但在部分海岛台(如 RPN、MIDW)和靠近海岸的台(如 ALE、NNA),噪声相对较强。对窗长 20 s 的噪声和信号波形(P 波之前 5 s,之后 15 s),分别取包络线得到最大振幅值,并按照一定的最大振幅比例将噪声加入信号中作为真实波形。共测试 4 种方案:添加最大振幅 2%、5%、10%的噪声,以及按照真实地震记录的振幅比例添加(低于 20%时按真实比例添加,高于 20%时统一添加 20%)。添加噪声后沿节面 2 向上破裂的波形对比如图 8.25 所示。随着添加噪声比例的增加,波形的互相关系数逐渐降低。但依然存在很好的拟合程度。添加不同比例噪声的测定结果如表 8.4 所示。综合而言,在实际波形中添加 2%、5%、10%和真实比例的噪声之后,尽管波形互相关系数有所降低,但均能分辨出沿节面 2 向上破裂。

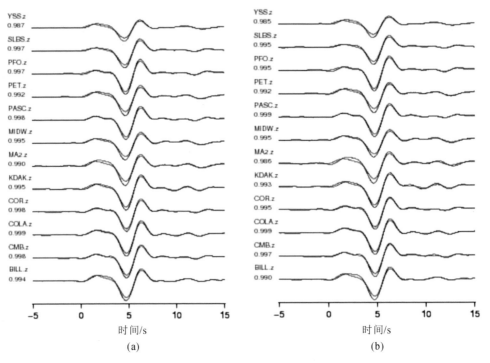

图 8.25　沿节面 2 向上破裂时的波形对比。黑色为实际波形,红色为理论波形

其中(a)、(b)、(c)、(d)中实际波形分别添加了 2%、5%、10%和真实地震记录比例的噪声

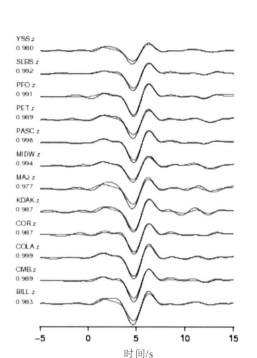
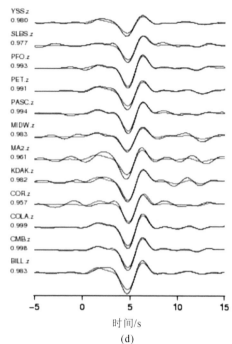

图 8.25(续)

表 8.4 含噪声数据的方向性测定结果

噪声比例	节面	向上破裂平均互相关系数	向下破裂平均互相关系数
0	节面1	0.963	0.728
	节面2	0.995	0.704
2%	节面1	0.962	0.731
	节面2	0.995	0.706
5%	节面1	0.960	0.734
	节面2	0.993	0.709
10%	节面1	0.955	0.739
	节面2	0.989	0.713
真实比例	节面1	0.948	0.738
	节面2	0.983	0.710

地震振幅谱的拐角频率与震级(震源有限性)相关(图 8.26),例如,正演测试中破裂时间 2.88 s,对应拐角频率 $f = \dfrac{1}{\pi t_c} \approx 0.1$ Hz。无论对波形进行任何处理(滤波、微分、卷积等),只要能增大拐角频率附近及以上信号的相对权重,均应有助于分辨真实的破裂方向性。在前

几节中选用带通滤波的速度波形,在这一节中,测试采用其他不同数据类型或预处理方式(宽频位移波形、宽频速度波形、带通滤波位移波形、卷积 Ricker 子波等)时对方向性测定的影响。

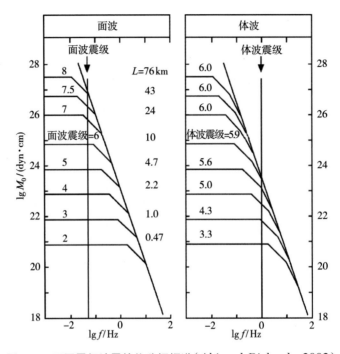

图 8.26 不同震级地震的位移振幅谱(Aki and Richards, 2002)

　　首先测试宽频位移波形和宽频速度波形测定方向性的有效性。选用方位角筛选后的台站,沿节面 2 向上破裂的波形拟合如图 8.27 所示,最终测定结果分别如表 8.5、表 8.6 所示。采用宽频位移波形时,低频信号占主导,向上/向下破裂的波形差异明显减小(互相关系数偏差0.07),沿不同节面向上破裂的波形互相关系数偏差也不到 0.02,因此,不利于分辨正确的破裂面及破裂方向。采用宽频速度波形时,高频信号相对更多,与位移波形相比,可以明显区分向上/向下破裂(互相关系数偏差 0.25)和不同破裂面(互相关系数偏差 0.05)。因此,宽频速度波形相对更适合测定方向性。然而,真实地震的宽频速度图中包含震源破裂过程复杂性,以及一维速度结构下射线理论正演波形难以近似的结构复杂性,直接使用宽频速度波形可能会造成波形拟合程度较差,因此,实际测定中需要对波形进行其他处理(如滤波等)。

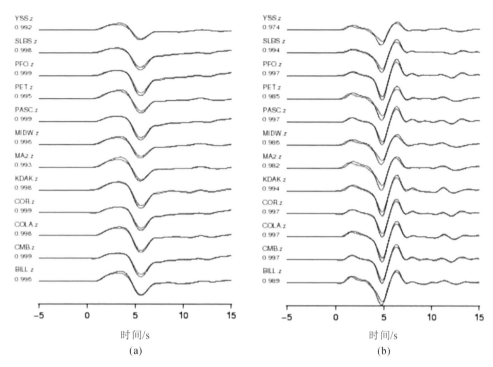

图 8.27 沿节面 2 向上破裂时的波形对比,黑色为输入波形,红色为约化有限源波形

(a)宽频位移波形;(b)宽频速度波形

表 8.5 采用宽频位移波形的测定结果

节面	向上破裂平均互相关系数	向下破裂平均互相关系数
节面 1	0.980	0.905
节面 2	0.997	0.886

表 8.6 采用宽频速度波形的测定结果

节面	向上破裂平均互相关系数	向下破裂平均互相关系数
节面 1	0.942	0.668
节面 2	0.991	0.668

接下来测试对位移波形进行不同频段(0.02~0.5 Hz、0.02~1.0 Hz、0.1~1.0 Hz、0.3~1.0 Hz)的滤波之后测定方向性的有效性。随着滤波频率的变高,约化有限源波形和输入波形的一致性有所降低(图 8.28)。在滤波范围包含拐角频率时(≈ 0.1 Hz),波形形态都比较相似,在滤波频率高于拐角频率时,波形形态发生明显变化,振幅减小,且沿不同面向上破裂的波形互相关系数偏差增大至 0.03,但仍低于宽频速度图情况(互相关系数偏差 0.05)(表 8.7)。因此,滤波操作对位移图的影响仍然小于微分操作。

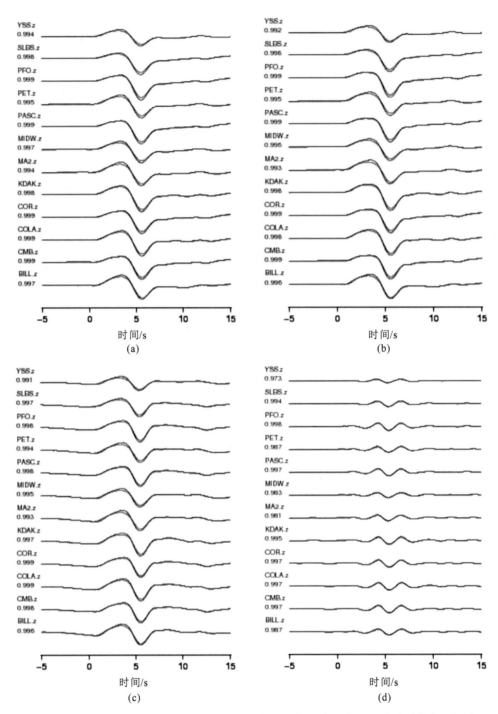

图8.28 带通滤波位移波形对比,沿节面**2**向上破裂,黑色为输入波形,红色为约化有限源波形

(a)0.02~0.5 Hz;(b)0.02~1.0 Hz;(c)0.1~1.0 Hz;(d)0.3~1.0 Hz

表 8.7 采用不同滤波位移波形的测定结果

滤波/Hz	沿节面 1 向上破裂平均互相关系数	沿节面 2 向上破裂平均互相关系数
0.02~0.5	0.983	0.997
0.02~1.0	0.980	0.997
0.1~1.0	0.975	0.996
0.3~1.0	0.960	0.990

Ricker 子波(图 8.29)是高斯函数的二次偏导,是一个零相移,可无限微分、积分的子波,在地震学尤其是勘探地震学中被广泛应用于震源模拟。当其与波形卷积时,会起到类似于两次微分、"连续的"滤波的作用。改变 Ricker 子波的 T_d,可以控制其宽度(即峰值频率,$f_M = \dfrac{\sqrt{6}}{\pi \xi T}$)。分别选取 $T_d = 0.5\,\text{s}$、$1.0\,\text{s}$、$2.0\,\text{s}$(对应 $f_M = 1.6\,\text{Hz}$、$0.8\,\text{Hz}$、$0.4\,\text{Hz}$)(图 8.30),测试位移波形卷积 Ricker 子波测定方向性的有效性(表 8.8)。

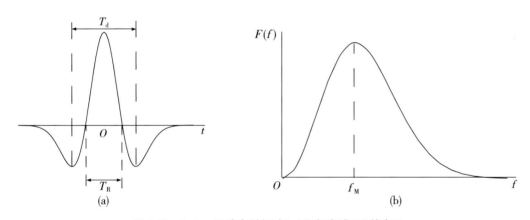

图 8.29 Ricker 子波在时间域(a)和频率域(b)的表示

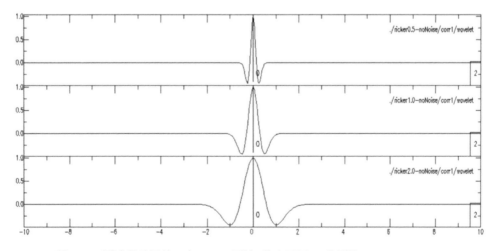

图 8.30 测试所采用的 3 个 Ricker 子波,从上至下 T_d 分别为 0.5 s、1.0 s、2.0 s

表 8.8　采用位移波形卷积不同 Ricker 子波的测定结果

T_d/s	沿节面 1 向上破裂平均互相关系数	沿节面 2 向上破裂平均互相关系数
0.5	0.884	0.977
1.0	0.924	0.986
2.0	0.961	0.995

采用这 3 组 Ricker 子波卷积位移波形,均能分辨出正确破裂面、破裂方向。采用更高峰值频率的 Ricker 子波时,不同破裂方向性对应的波形差异更大,更易分辨出真正的破裂面($T_d = 0.5$ 时,互相关系数偏差可达 0.11)(图 8.31)。但是,当 $T_d = 2.0$ s,即峰值频率 0.4 Hz时,波形差异与宽频速度图的情况接近。

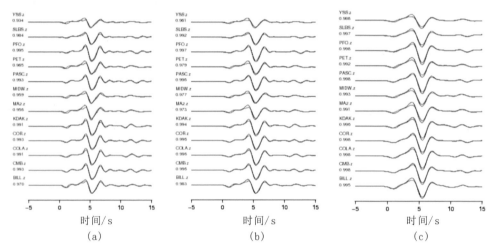

图 8.31　沿节面 2 向上破裂的波形对比

(a) $T_d = 0.5$ s;(b) $T_d = 1.0$ s;(c) $T_d = 2.0$ s

综合以上测试,发现:①宽频位移波形不同破裂方向性的波形差异小,不利于分辨真实破裂面、破裂方向;②宽频速度波形可正确分辨破裂面、破裂方向,但实际中应进行带通滤波,以避免过高的高频信号中包含的震源复杂性、结构复杂性对分辨破裂方向性的干扰;③滤波后的位移波形分辨能力相对宽频位移波形有所提高,但仍低于相同滤波的速度波形;④位移波形卷积 Ricker 子波时,Ricker 子波的峰值频率越高,卷积后波形的分辨能力就越强,但卷积 Ricker 子波更增大了高频信息的权重,对于实际地震数据可能会降低波形拟合的稳定性。因此,不同处理方式的有效性排序为:带通滤波速度图最佳,其余的分别为位移波形卷积 Ricker 子波、宽频速度波形、带通滤波位移波形、宽频位移波形。

8.2.5 点源参数误差影响测试

约化有限源模型基于点源近似,因此点源参数(震源机制解、质心深度等)是计算约化有限源波形的重要参数,其误差也可能影响方向性测定结果。不同方法或目录给出的震源机制解偏差一般小于 15°(Helffrich,1997;Frohlich and Davis,1999),但有时也可能高达 30°(Duputel et al.,2012)。因此,测试 12 组机制解,分别为节面 2 的走向、倾角、滑动角存在偏差 ±15°、±30° 的情况,用有偏差的机制解正演约化有限源波形测定破裂方向性。结果显示,12 组测试均能分辨向上的破裂方向,但在倾角减小 30° 或滑动角增大 30° 时,破裂面分辨失败(图 8.32)。当地震走向改变 30° 以内时,不同破裂方向性的拟合结果稳定,表明沿倾向的方向性受走向影响小。当倾角改变时,远震 P 波及深度震相的相对振幅有所改变,因此可能会导致无法判断破裂面。当滑动角改变时,节面 1 的倾角相应变化,影响了节面 1 的波形拟合,从而导致判断破裂面失败。综上,当机制解存在 15° 以内偏差时,可以稳定测定方向性;当机制解存在 30° 偏差时,破裂方向的测定依然稳定。

对弗吉尼亚地震,CAP 方法反演质心深度为 5 km,余震分布显示质心深度约 7 km,不同地震目录给出的质心深度范围为 6~12 km,因此,分别测试质心深度为 3 km、7 km、10 km、15 km 时,能否正确测定破裂方向性。结果显示,4 组测试中均能正确测定破裂方向性(图 8.32)。质心深度 3 km 和 7 km 时的波形拟合如图 8.33 所示。当给定的质心深度偏离真实值时,正演波形的直达 P 波与深度震相(pP、sP)到时差与输入波形的观测值存在一定偏差。但是,由于直达 P 波振幅小,sP 振幅大,波形拟合时 sP 占了主导。尽管此时约化有限源与输入波形一致性降低,但并不影响破裂方向性的分辨。

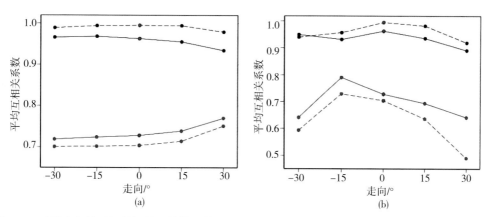

图 8.32　破裂方向性对机制解偏差的敏感性测试结果。实线和虚线分别表示沿节面 1 和节面 2 破裂,黑色圆圈和蓝色圆圈分别表示向上破裂和向下破裂,红色圆圈为采用准确点源参数时测定结果

(a)走向存在偏差;(b)倾角存在偏差;(c)滑动角存在偏差;(d)质心深度存在偏差

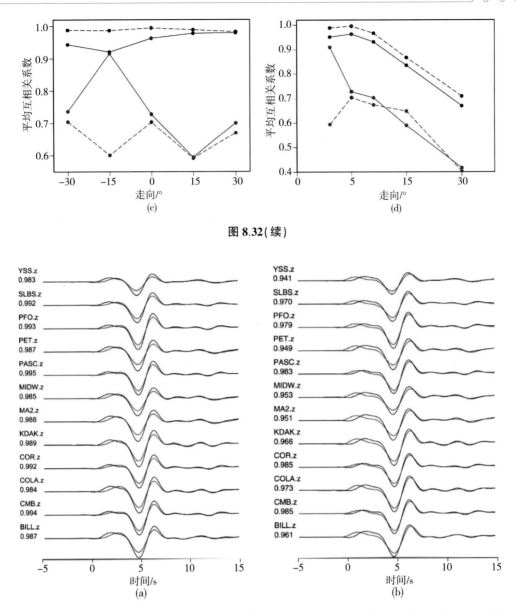

图 8.32(续)

图 8.33　不同质心深度时沿节面 2 向上破裂时的波形对比。红色为约化有限源波形,黑色为输入波形

(a)质心深度为 3 km;(b)质心深度为 7 km

8.2.6　震源有限性参数误差影响测试

除点源参数外,震源有限性特征参数(破裂长度、破裂速度、上升时间等)也可能对波形产生影响,从而影响方向性测定。在正演测试中,取破裂速度 2.6 km/s(0.74 V_s),破裂长度 7.42 km。实际地震的破裂速度可变范围较大,一般为 0.5~0.9 V_s。因此,首先保证破裂长度 7.42 km 和上升时间 0.5 s 不变,测试破裂速度为 0.5~0.9 V_s(1.75~3.15 km/s)时对方向性测定的影响。几组测试中,沿两节面向上破裂互相关系数差异的范围为 0.006(0.9 V_s)至 0.279

$(0.5 V_s)$，显示出破裂速度越低会使得不同破裂方向性下的波形差异越明显[图8.34(a)]。虽然此时和输入波形的一致性有所降低，约化有限源波形依然保有破裂方向性造成的主要特征(如深度震相振幅增大)，因此可以正确分辨破裂面、破裂方向。当破裂速度变大时，更接近点源，不同方向性下波形差异减小，波形平均互相关系数差异减小，但仍可以正确分辨破裂方向性。在破裂速度 $0.5 \sim 0.9 V_s$ 内，均可正确分辨破裂面、破裂方向。

其次，保证破裂速度 2.6 km/s 和上升时间 0.5 s 不变，破裂长度在 7.42 km 基础上变化 $\pm 25\%$、$\pm 50\%$。结果显示，除了破裂长度减小 50% 时难以分辨破裂面以外，其他测试中均可正确分辨破裂面、破裂方向[图8.34(b)]。类似于破裂速度测试，当破裂长度减小时，更接近点源，不同方向性的波形差异减小；反之，波形差异增大，尽管此时波形一致性有所降低，但分辨能力增强。

最后，对上升时间进行测试。保持破裂速度 2.6 km/s 和破裂长度 7.42 km 不变，上升时间在 0.5 s 基础上变化 $\pm 50\%$，分别为 0.25 s、0.75 s，总持续时间为 3.35 s、4.35 s。结果显示，上升时间 $\pm 50\%$ 的变化对波形拟合影响很小，均可分辨正确破裂面和破裂方向[图8.34(c)]。综合 3 组有限性参数测试，破裂速度 $0.5 \sim 0.9 V_s$，破裂长度 $\pm 25\%$、$\pm 50\%$ 变化，上升时间 $\pm 50\%$ 变化，除破裂长度 -50% 外，其他情况均不影响分辨正确破裂面、破裂方向。

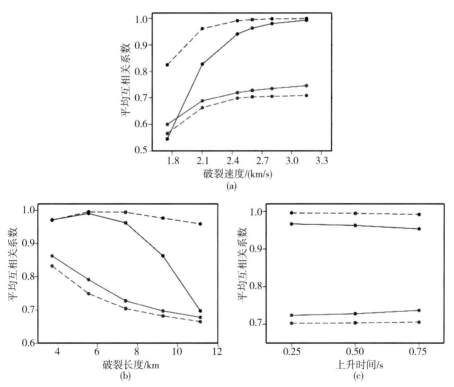

图 8.34 破裂方向性对震源有限性参数偏差的敏感性测试结果。实线和虚线分别表示沿节面 1 和节面 2 破裂， 黑色圆圈和蓝色圆圈分别表示向上破裂和向下破裂,红色圆圈为采用准确点源参数时测定结果

(a)破裂速度存在偏差;(b)破裂长度存在偏差;(c)上升时间存在偏差

8.2.7 速度结构影响测试

在测定实际地震的方向性时,选用的源区速度模型和真实速度模型可能存在一定差异,因此,需要考察源区地壳速度模型偏差对方向性测定的影响。由图 8.11 所示,CRUST2.0 模型和 CUS 模型在沉积层厚度、速度及 10~20 km 深的速度有一定区别。图 8.35 展示了采用不同地壳速度模型时正演沿节面 2 向上破裂波形的对比。2 组波形整体非常接近,由于 CUS 模型的沉积层速度比 CRUST2.0 略高,红色波形中 pP、sP 到时早于黑色波形。以 CRUST2.0 模型正演输入波形,并以 CUS 模型正演约化有限源波形进行方向性测定,结果如表 8.9 所示。与采用真实速度模型(CRUST2.0)正演的测定结果(表 8.3)相比,波形的一致性略有降低,但不影响分辨真实破裂面和破裂方向。

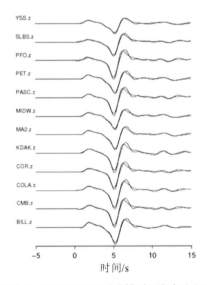

图 8.35 宽频速度波形对比。黑色为采用 CRUST2.0 速度模型正演波形,红色为采用 CUS 速度模型正演波形

表 8.9 采用 CRUST2.0 模型的测定结果

节面	向上破裂平均互相关系数	向下破裂平均互相关系数
节面 1	0.963	0.728
节面 2	0.995	0.704

8.2.8 断层倾角影响测试

前面几个小节的正演测试表明远震 P 波可以正确测定弗吉尼亚地震的破裂方向性。但是,当断层倾角不同时,沿深度的破裂长度不同,能否有效分辨破裂方向性仍需进一步测试。采用弗吉尼亚地震节面 2 的走向和滑动角,测试倾角 10°~80° 时能否分辨方向性。每 10° 进行

一组测试,共 8 组(表 8.10)。对每组机制解,取节面 2 倾角为断层倾角,13 个点源沿断层分布,正演多点源叠加波形,并以其为输入波形分别进行方向性测定。除机制解外,其余参数不变。

表 8.10　断层倾角测试的不同机制解

项目	节面 1:走向/倾角/滑动角	节面 2:走向/倾角/滑动角	沿深度破裂长度/km
测试 1	187°/80°/86°	30°/10°/112°	1.29
测试 2	186°/71°/82°	30°/20°/112°	2.54
测试 3	184°/62°/77°	30°/30°/112°	3.71
测试 4	182°/53°/72°	30°/40°/112°	4.77
测试 5	177°/44°/65°	30°/50°/112°	5.68
测试 6	171°/36°/57°	30°/60°/112°	6.43
测试 7	160°/29°/44°	30°/70°/112°	6.97
测试 8	143°/24°/25°	30°/80°/112°	7.31

对所有测试采用统一台站筛选标准:分辨向上/向下破裂互相关系数<0.85;分辨破裂面互相关系数<0.96;筛选出方位角后,向外拓展 20°选出实际采用台站。随着机制解的改变,按照同一筛选标准得到的可用台站个数与台站分布有较大变化,尤其是倾角为 30°和 40°时,可用台站主要分布在方位角 40°~100°内,与其余倾角下筛选出地震西侧、北侧台站完全不同。将速度波形带通滤波 0.02~0.5 Hz,8 种机制解测试的测定结果如表 8.11 所示。所有测试均能分辨向上破裂,除倾角 30°和 40°外其余也均能正确分辨破裂面;倾角 30°时,沿节面 2 破裂的互相关系数略高于节面 1(互相关系数偏差 0.006);倾角 40°时,破裂面分辨错误。对倾角 30°和 40°的破裂面难以分辨或者分辨错误问题,尝试使用更高频的波形信息。对这两组波形,带通滤波 0.02~1.0 Hz,做互相关并统计互相关系数分布如图 8.36 所示。此时,沿节面 2 向上破裂的互相关系数分布显示出明显优于其他 3 种方向性。因为高频波形中包含更多震源有限性信息,对波形滤波到较高频段可以增大这部分信息的相对权重,有助于正确判断破裂方向性。

表 8.11　不同倾角下方向性测定结果

倾角/°	节面	向上破裂平均互相关系数	向下破裂平均互相关系数
10	节面 1	0.724	0.707
	节面 2	0.959	0.761
20	节面 1	0.955	0.812
	节面 2	0.988	0.830
30	节面 1	0.987	0.786
	节面 2	0.981	0.826
40	节面 1	0.995	0.796
	节面 2	0.977	0.806
50	节面 1	0.963	0.749
	节面 2	0.997	0.709

续表

倾角/°	节面	向上破裂平均互相关系数	向下破裂平均互相关系数
60	节面 1	0.947	0.695
	节面 2	0.996	0.654
70	节面 1	0.906	0.683
	节面 2	0.986	0.647
80	节面 1	0.908	0.647
	节面 2	0.985	0.651

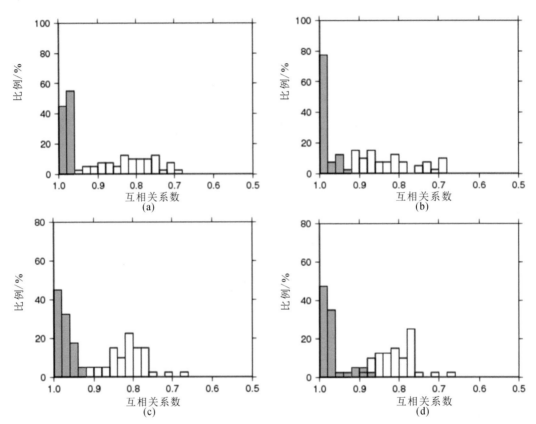

图 8.36 带通滤波 0.02~1.0 Hz 后,不同倾角对应的互相关系数分布。灰色为向上破裂,蓝色为向下破裂

(a)倾角 30°,沿节面 1 破裂;(b)倾角 30°,沿节面 2 破裂;

(c)倾角 40°,沿节面 1 破裂;(d)倾角 40°,沿节面 2 破裂

综上,发现:①台站筛选后,利用 0.02~0.5 Hz 滤波的速度波形,可正确分辨除倾角 30°和 40°外其他测试中的破裂方向性;②利用波形中更高频率信息(0.1~1.0 Hz)时,通过全部台站的互相关系数分布,可正确分辨倾角 30°和 40°时的破裂方向性;③难以分辨方向性对应的两组倾角不互补,可能是由于射线的出射方向与破裂方向夹角不同、起始深度不同。在实际情况中,可对数据采用拐角频率以上滤波进行方向性的分辨。

8.3 地震案例研究

8.2 节中的正演测试表明利用约化有限源可以正确测定出地震的破裂面和破裂方向。然而,对于实际地震破裂方向性测定,该方法的有效性、可靠性还需检验。我们将本方法应用于 2011 年 M_W 5.8 美国弗吉尼亚地震、2008 年 M_W 6.0 美国内华达地震、2016 年 M_W 5.9 青海门源地震以及 1994 年 M_W 6.9 美国加州北岭地震四个实际地震,以考察其在不同地区(美国大陆东部、美国大陆西部、中国大陆)及台站稀疏情况下的有效性。

8.3.1 2011 年弗吉尼亚地震

我们收集了 GSN 台网震中距 30°~90° 的波形,并利用 CAP 方法反演地震的点源参数,发现此次地震主要为逆冲型,最佳拟合的两个节面分别为 174°/41°/61°(节面 1)和 30°/54°/112°(节面 2),质心深度 5 km(图 8.37)。对震中距 30°~90° 共 53 个台站的竖直分量波形,去除仪器响应至速度波形并去均值、去线性趋势,计算 P 波前后 10 s 时窗的信噪比,保留信噪比大于 2 的 40 个台站。假定破裂速度为 2.5 km/s(0.71 V_s),并根据地震标度律(Somerville et al.,2001)设定上升时间 0.5 s,破裂时间 3 s 或 4 s,持续时间测试 4 s 和 5 s。由 8.2.6 小节可知,破裂时间长、破裂速度低时,波形中保留方向性的特征更明显,更容易分辨方向性。因此,首先假定持续时间 5 s,计算所有台站沿 2 个节面向上、向下破裂的约化有限源波形。对实际波形和理论波形均进行滤波 0.02~0.5 Hz 并做互相关。互相关系数分布(图 8.38)显示,沿 2 个节面向上破裂对应的互相关系数值整体高于向下破裂,表明此次地震为向上破裂。沿节面 1 向上破裂时,互相关系数比较离散地分布在 0.64~0.90,沿节面 2 向上破裂时,互相关系数分布相对集中于 0.74~0.94,但是二者差异并不明显。

按照 8.2.3 小节进行台站筛选,保留对破裂方向性敏感的 12 个台站(图 8.22)。对筛选后台站,分别测试采用速度波形带通滤波和位移波形卷积 Ricker 子波测定方向性。对理论和实际波形进行同样的滤波,并测试 3 组滤波范围,分别为 0.02~0.3 Hz、0.02~0.5 Hz 和 0.02~0.1 Hz。持续时间 4 s 和 5 s 的测定结果分别如表 8.12、表 8.13 所示。持续时间 4 s 时,不同滤波均可分辨向上破裂;在 0.02~0.3 Hz 和 0.02~0.5 Hz 时,可分辨沿节面 2 破裂(互相关系数偏差约 0.02),在 0.02~1.0 Hz 时,分辨能力弱(互相关系数偏差0.003)。持续时间 5 s 时,对不同滤波,波形平均互相关系数相对持续时间 4 s 时均略有下降,但沿两节面向上破裂的波形拟合的平均互相关系数偏差均显著增大(0.09~0.13),表明此次地震应为沿节面 2 向上破裂。展示持续时间为 5 s、滤波 0.02~0.5 Hz 时沿 2 个节面破裂的波形对比如图 8.39 所示。

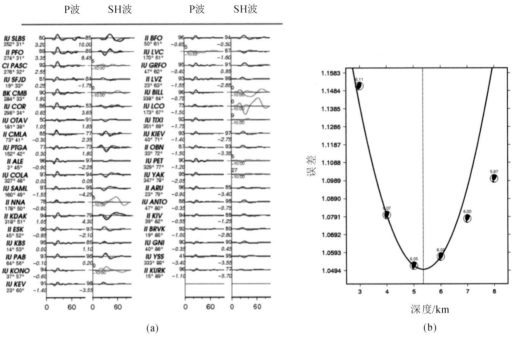

(a)   (b)

图 8.37   弗吉尼亚地震 CAP 反演结果

(a)波形对比;(b)深度-误差分布

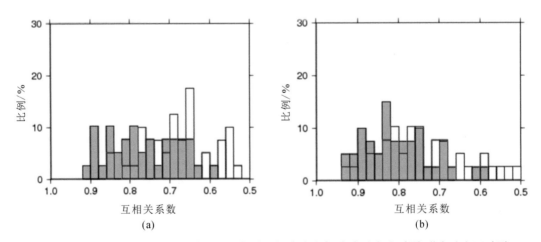

(a)   (b)

图 8.38   弗吉尼亚地震全部 40 个台站互相关系数统计分布,灰色为向上破裂,蓝色为向下破裂

(a)沿节面 1 破裂;(b)沿节面 2 破裂

表8.12 持续时间4s时测定结果

滤波	节面	向上破裂平均互相关系数	向下破裂平均互相关系数
0.02~0.3 Hz	节面1	0.931	0.900
	节面2	0.955	0.822
0.02~0.5 Hz	节面1	0.871	0.806
	节面2	0.889	0.701
0.02~1.0 Hz	节面1	0.838	0.774
	节面2	0.841	0.660

表8.13 持续时间5s时测定结果

滤波	节面	向上破裂平均互相关系数	向下破裂平均互相关系数
0.02~0.3 Hz	节面1	0.833	0.759
	节面2	0.919	0.685
0.02~0.5 Hz	节面1	0.734	0.629
	节面2	0.862	0.626
0.02~1.0 Hz	节面1	0.708	0.591
	节面2	0.828	0.603

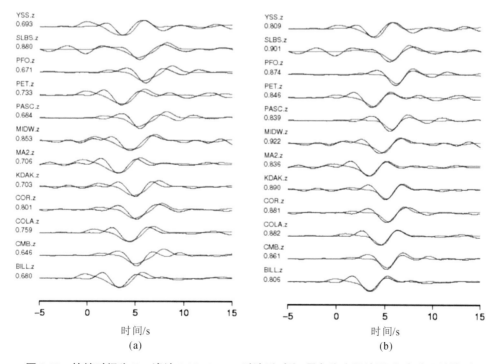

图8.39 持续时间为5s、滤波0.02~0.5 Hz时波形对比,黑色为实际波形,红色为理论波形
(a)沿节面1向上破裂;(b)沿节面2向上破裂;(c)沿节面1向下破裂;(d)沿节面2向下破裂

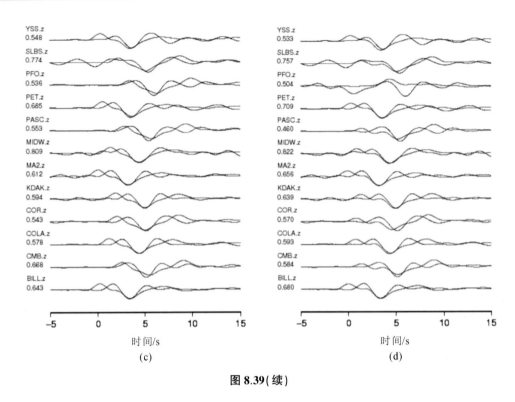

图 8.39(续)

在理论测试部分,发现采用卷积 Ricker 子波的位移波形与采用带通滤波速度波形的效果相似,但因卷积使波形中高频信息的相对权重增大,采用此种处理方式时,既可能因利用更多高频信息使得分辨能力增强,也可能因为低频信息的减少而造成波形拟合不稳定。由 $F_m = \sqrt{6}/\pi T_d$,分别取 $T_d = 2.0$ s、3.0 s、4.0 s 测定方向性,对应 $F_m = 0.39$ Hz、0.26 Hz、0.19 Hz。持续时间 4 s 和 5 s,不同 T_d 下的测定结果如表 8.14、表 8.15 所示。对比表 8.12 可以看到,同样在持续时间 4 s 时,位移波形卷积不同 T_d 的 Ricker 子波均可分辨沿节面 2 向上破裂,且平均互相关系数偏差在 0.03~0.05,高于采用不同滤波的速度波形的测定结果。持续时间取 5 s 时,位移波形卷积 Ricker 子波分辨能力增强,平均互相关系数偏差增大至 0.08~0.12,与速度波形结果类似。展示持续时间为 5 s、$T_d = 2.0$ s 时的波形对比如图 8.40 所示。在图 8.40 中,大多数台站沿节面 2 向上破裂波形拟合程度好于沿节面 1 向上破裂,但 CMB、PASC 台站均出现明显的拟合错误,即由于低频信息少造成的互相关结果不稳定。$T_d = 3.0$ s 时也出现此拟合错误。因此,采用位移波形卷积 Ricker 子波进行方向性测定时,不能仅根据平均互相关系数判断结果,而是需要仔细检查波形。

表 8.14 持续时间 4 s 时测定结果

T_d/F_m	节面	向上破裂平均互相关系数	向下破裂平均互相关系数
2.0 s/0.39 Hz	节面 1	0.828	0.777
	节面 2	0.864	0.648

续表

T_d/F_m	节面	向上破裂平均互相关系数	向下破裂平均互相关系数
3.0 s/0.26 Hz	节面 1	0.877	0.837
	节面 2	0.923	0.739
4.0 s/0.19 Hz	节面 1	0.896	0.875
	节面 2	0.928	0.807

表 8.15 持续时间 5 s 时测定结果

T_d/F_m	节面	向上破裂平均互相关系数	向下破裂平均互相关系数
2.0 s/0.39 Hz	节面 1	0.672	0.553
	节面 2	0.792	0.575
3.0 s/0.26 Hz	节面 1	0.740	0.674
	节面 2	0.846	0.636
4.0 s/0.19 Hz	节面 1	0.800	0.764
	节面 2	0.877	0.706

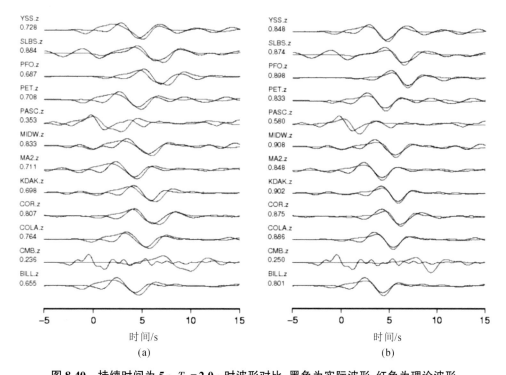

图 8.40 持续时间为 5 s、T_d = 2.0 s 时波形对比,黑色为实际波形,红色为理论波形

(a)沿节面 1 向上破裂;(b)沿节面 2 向上破裂;(c)沿节面 1 向下破裂;(d)沿节面 2 向下破裂

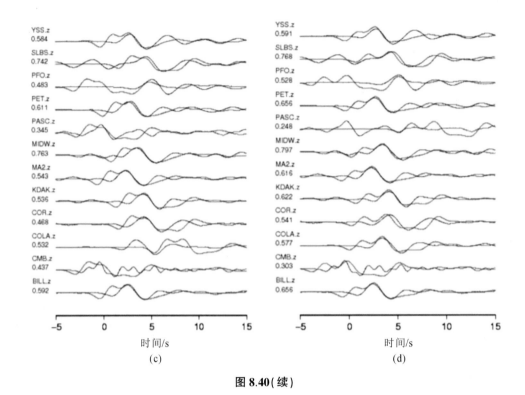

图 8.40(续)

综上,使用不同数据类型或预处理方式、假定不同持续时间,均测定弗吉尼亚地震沿节面 2(30°/54°/112°)向上破裂,与余震分布、滑移分布反演结果一致。测定的发震断层走向 30°,向东南倾,倾角 54°,与当地古生代背斜构造的西倾断层不一致,表明此次地震并没有发生在已知断层上(Davenport et al.,2014)。向上破裂的方向性增强了断层附近的地面运动,再加上美国东部地区的高 Q 值低衰减,使得此次地震造成了震源区Ⅷ烈度,并产生了广泛分布的震感。利用远震 P 波和约化有限源,对弗吉尼亚地震能够快速测定出与余震分布一致的破裂面与破裂方向,表明了该方法对美国大陆东部地区中强逆冲型地震的有效性。

8.3.2　2008 年内华达地震

2008 年 M_W 6.0 内华达地震发生在美国大陆西部盆岭构造中的 Town Creek Flat 盆地,距威尔斯(Wells)镇不到 10 km,对当地的老旧建筑物造成了严重损害,也是该盆岭区自 1993 年以来里最大的正断型地震。内华达州的地震多发生于盆岭区的东西部边缘或州的中部,但此次地震发生在州的东北部,历史地震活动性低,地震台网稀疏,既没有地表破裂,也无法与已知断层对应。地震发生时美国台阵(USArray)正好覆盖震区,提供了相对密集的地震观测数据。地震之后,犹他大学、内华达地震实验室、USGS 等机构在震区架设了 27 台流动台,Smith 等(2011)利用 HypoDD 方法对流动台记录到的余震进行了重定位,余震分布显示发震断层走向约40°,向东南倾,倾角约55°。Dreger 等(2011)利用区域台站(TA、US 台网)数据反演了此次地震的破裂过程,发现东南倾的节面能更好拟合波形,且最大滑移处在起始震中的 1~3 km 以深。这些研究工作为验证我们的方法测定内华达地震方向性的有效性提供了参考信息。

陈伟文(2015)采用 CAP 方法联合近远震波形反演了内华达地震的点源参数,最佳拟合的 2 个节面分别为31°/41°/−84°(节面1)和202°/49°/−95°(节面2),质心深度 8 km。该机制解和震源深度与 Dreger 等(2011)、SLU 矩张量解等较为一致,在计算约化有限源波形时采用以上点源参数。收集震中距30°~90°共 64 个台站的竖直分量数据,去除仪器响应、去均值、去线性趋势。计算 P 波前后 15 s 时窗的信噪比,保留信噪比大于 2 的 49 个台站。正演该机制解和深度下沿两个节面向上、向下破裂的不同方位角的波形,筛选出对破裂方向性敏感的 7 个台站,分布如图 8.41 所示。

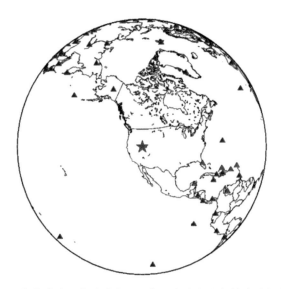

图 8.41 内华达地震台站分布。红色三角为方位角筛选后保留台站

假定破裂速度为 2.5 km/s(0.71 V_s),上升时间 0.5 s,总持续时间分别测试 5 s 和 6 s。对筛选后的 7 个台站,分别计算沿两个节面向上、向下破裂的波形,对理论和实际波形进行带通滤波后做互相关。不同频段、不同持续时间的测定结果如表 8.16、表 8.17 所示。持续时间 5 s 时,不同频段均可分辨向下破裂,但破裂面分辨能力差。持续时间 6 s 时,不同频段下均测定为沿节面 1 向下破裂,互相关系数偏差明显增大(0.11~0.19)。因此,推断此次地震沿节面 1 向下破裂。对于不同频段,持续时间 6 s 时,沿节面 1 向下破裂的波形拟合程度都高于持续时间 5 s 的情况,而且持续时间 5 s 时方向性分辨能力差,因此真实的地震持续时间可能更接近 6 s。展示持续时间 6 s、滤波 0.02~1.0 Hz 时的波形对比如图 8.42 所示。

表 8.16　持续时间 5 s 时测定结果

滤波	节面	向上破裂平均互相关系数	向下破裂平均互相关系数
0.02~0.3 Hz	节面 1	0.864	0.958
	节面 2	0.847	0.962
0.02~0.5 Hz	节面 1	0.806	0.917
	节面 2	0.771	0.926
0.02~1.0 Hz	节面 1	0.789	0.891
	节面 2	0.756	0.902

表 8.17　持续时间 6 s 时测定结果

滤波	节面	向上破裂平均互相关系数	向下破裂平均互相关系数
0.02~0.3 Hz	节面 1	0.853	0.964
	节面 2	0.812	0.850
0.02~0.5 Hz	节面 1	0.792	0.928
	节面 2	0.741	0.739
0.02~1.0 Hz	节面 1	0.756	0.902
	节面 2	0.728	0.715

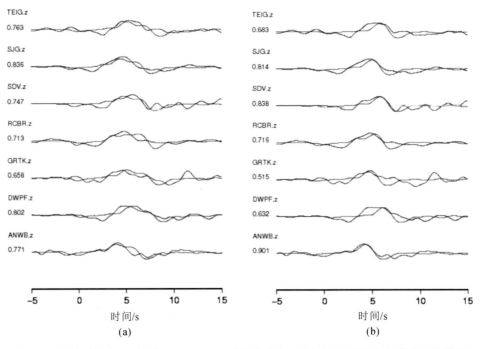

图 8.42　持续时间为 6 s、滤波 0.02~1.0 Hz 时波形对比。黑色为实际波形,红色为理论波形
(a)沿节面 1 向上破裂;(b)沿节面 2 向上破裂;(c)沿节面 1 向下破裂;(d)沿节面 2 向下破裂

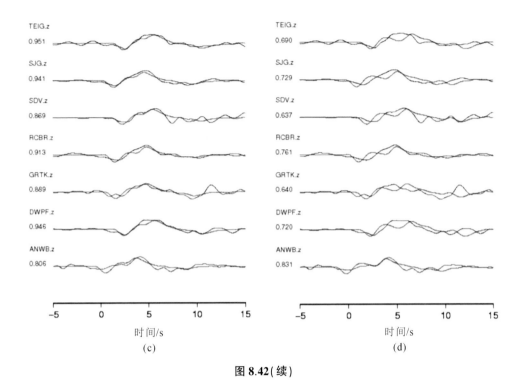

图 8.42(续)

采用位移波形卷积 Ricker 子波时测定结果如表 8.18、表 8.19 所示。持续时间 5 s 时,不同 T_d 对应波形均能分辨沿节面 1 向下破裂,波形互相关系数偏差约 0.03。相比于采用速度波形时几乎无法分辨破裂面的情况,位移波形卷积 Ricker 子波时测定效果有了较大程度的改善。持续时间 6 s 时,波形互相关系数偏差更为显著,为 0.12~0.30。展示持续时间为 6 s、T_d =2.0 s 时沿两节面破裂波形对比如图 8.43 所示。与弗吉尼亚地震类似,在少数台站(AN-WB、GRTK)出现明显波形拟合错误。因此,尽管利用位移波形卷积 Ricker 子波可能获得更高的分辨能力,仍需谨慎采用。

表 8.18　持续时间 5s 时测定结果

T_d/F_m	节面	向上破裂平均互相关系数	向下破裂平均互相关系数
2.0 s/0.39 Hz	节面 1	0.682	0.828
	节面 2	0.642	0.799
3.0 s/0.26 Hz	节面 1	0.728	0.909
	节面 2	0.705	0.881
4.0 s/0.19 Hz	节面 1	0.764	0.945
	节面 2	0.761	0.915

表 8.19　持续时间 6 s 时测定结果

T_d/F_m	节面	向上破裂平均互相关系数	向下破裂平均互相关系数
2.0 s/0.39 Hz	节面 1	0.615	0.812
	节面 2	0.648	0.543
3.0 s/0.26 Hz	节面 1	0.674	0.891
	节面 2	0.694	0.691
4.0 s/0.19 Hz	节面 1	0.719	0.923
	节面 2	0.740	0.799

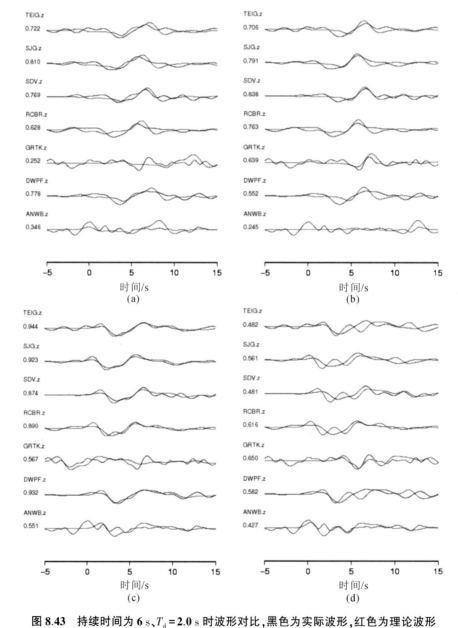

图 8.43　持续时间为 6 s、T_d = 2.0 s 时波形对比,黑色为实际波形,红色为理论波形

(a)沿节面 1 向上破裂;(b)沿节面 2 向上破裂;(c)沿节面 1 向下破裂;(d)沿节面 2 向下破裂

　　综上,使用不同类型数据、不同滤波频段,均测定内华达地震为沿节面 1(31°/41°/−84°)向下破裂。流动台记录重定位的余震分布显示断层走向约 40°,南、北段余震的三维空间分布揭示出不同的倾角,北段倾角约 55°,南段倾角约 42°。早期余震主要分布于震中以南,南段断层倾角 42° 与 CAP 机制解节面 2 的 41° 一致,深度分布范围 8~12 km,与质心深度一致(图 8.44)。因此,余震显示此次地震沿节面 1 破裂。Dreger 等(2011)采用 8 个近台波形反演滑移分布,发现向东南倾的节面(节面 1)能更好地拟合波形,而且主要滑移位于7~9 km,在起始深度 1~3 km,表明地震沿节面 1 向下破裂(图 8.45)。采用约化有限源方法得到的破裂方向性与余震、有限断层反演结果一致,表明该方法对美国大陆西部地区中强正断型地震的有效性。

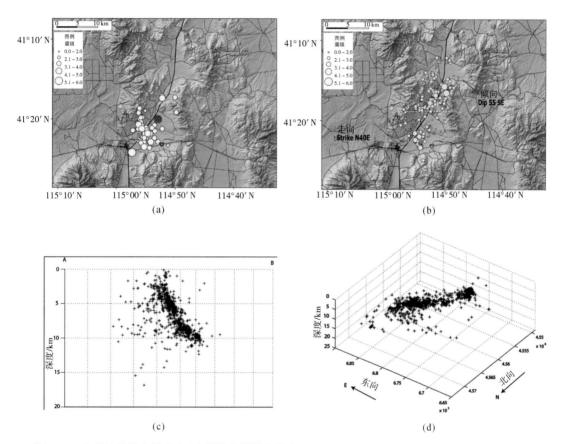

图 8.44　内华达地震余震分布(内华达地震学实验室　http://www.seismo.unr.edu/General?news=6)

(a)早期余震(地震两天内)分布;(b)重定位后的余震分布;

(c)余震随深度分布;(d)余震的三维分布

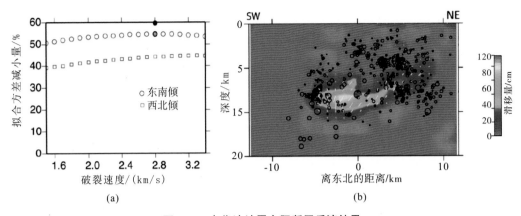

图 8.45　内华达地震有限断层反演结果

（a）不同节面的波形拟合误差；（b）滑移分布与余震分布（Dreger et al.，2011）

8.3.3　2016 年青海门源地震

2016 年 1 月 21 日，青海门源发生 M_w 5.9 地震。本次地震是该地区自 1986 年门源 M 6.5 地震之后发生的最大地震，在青海、甘肃多地有震感，对临近县市如青海门源和甘肃肃南造成较大影响。地震发生在祁连山地震带东段的冷龙岭断裂附近（郭安宁等，2016），震区周围还有门源断裂、民乐—大马营断裂、托莱山断裂等，断层多，构造复杂（图 8.46）。震中附近人口密度较低，地震台站稀疏，仅通过余震分布（图 8.47）无法分辨破裂面。因此，应用约化有限源方法测定门源地震的破裂面及破裂方向。

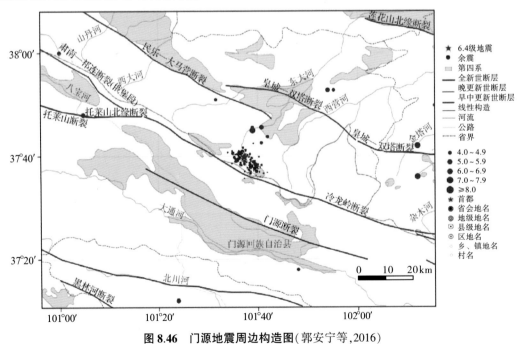

图 8.46　门源地震周边构造图（郭安宁等，2016）

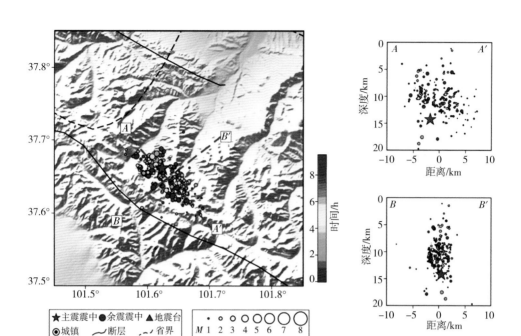

图 8.47 余震精定位结果(郭安宁等,2016)

利用 CAP 方法反演远震体波数据得到点源参数。反演结果显示此次地震为逆冲型地震,最佳拟合的两个节面分别为 341°/49°/103°(节面 1)和 141°/42°/75°(节面 2),质心深度 10 km。收集震中距 30°~90°共 51 个台站的竖直分量数据,进行预处理(去除仪器响应、去均值、去线性趋势)后,信噪比筛选并保留其中的 36 个台站。通过正演不同破裂方向性的波形,筛选出方向性敏感的方位角并对台站筛选,最终保留 6 个台站,分布如图 8.48 所示。假定破裂速度为 2.5 km/s(0.71 V_s),上升时间 0.5 s,破裂时间 3 s,总持续时间 4 s。

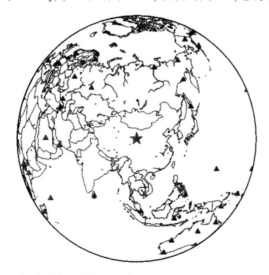

图 8.48 门源地震台站分布。红色三角形为方位角筛选后保留的台站

速度波形带通滤波、位移波形卷积 Ricker 子波的测定结果如表 8.20、表 8.21 所示。不同滤波下的波形平均互相关系数均指示此次地震为沿节面 2 向下破裂;而且,滤波频率越高,不同方向性对应的波形互相关系数偏差就越大,越能清晰分辨。采用 Ricker 子波卷积位移波形时,$T_d = 2 \sim 4$ s 时,均能分辨沿节面 2 向下破裂,与速度波形一致;随着 T_d 的增大(中心频率的降低),分辨能力减弱。图 8.49 展示了 $0.02 \sim 0.5$ Hz 滤波与 $T_d = 3.0$ s 时沿节面 2 破裂的波形对比,可以看到,部分台站的速度波形拟合更好,部分台站的位移卷积 Ricker 子波波形拟合更好,并没有某种数据处理方式表现出明显的优势。总体来说,采用不同的数据类型均测定出此次地震沿节面 2 向下破裂。

表 8.20　速度波形带通滤波后测定结果

滤波	节面	向上破裂平均互相关系数	向下破裂平均互相关系数
0.02~0.3 Hz	节面 1	0.891	0.939
	节面 2	0.878	0.952
0.02~0.5 Hz	节面 1	0.749	0.903
	节面 2	0.762	0.935
0.02~1.0 Hz	节面 1	0.701	0.872
	节面 2	0.731	0.915

表 8.21　位移波形卷积 Ricker 子波后测定结果

T_d/F_m	节面	向上破裂平均互相关系数	向下破裂平均互相关系数
2.0 s/0.39 Hz	节面 1	0.642	0.840
	节面 2	0.651	0.896
3.0 s/0.26 Hz	节面 1	0.799	0.911
	节面 2	0.800	0.932
4.0 s/0.19 Hz	节面 1	0.931	0.943
	节面 2	0.927	0.955

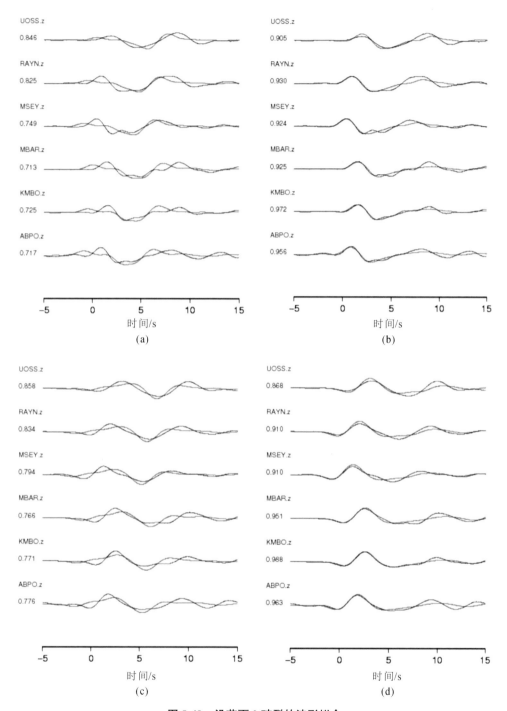

图 8.49　沿节面 2 破裂的波形拟合

（a）速度波形带通滤波 0.02~0.5 Hz，向上破裂；（b）速度波形带通滤波 0.02~0.5 Hz，向下破裂；
（c）位移波形卷积 Ricker 子波 $T_d = 3.0$ s，向上破裂；（d）位移波形卷积 Ricker 子波 $T_d = 3.0$ s，向下破裂

Li 等（2016）利用 InSAR 数据反演了门源地震的滑移分布，发现地震发生在冷龙岭断裂

以北、向主断层汇聚倾斜的次级断层上,断层走向 134°、倾角 40°、滑动角 65°,质心深度 10.5 km,与 CAP 方法反演结果一致(图 8.50)。滑移分布显示,地震沿深度的破裂范围约为 7~13 km,与约化有限源中从 7.5 km 破裂至 12.5 km 相符。但是,InSAR 数据无法分辨同震破裂细节,稀疏台网下起始深度测定误差大,直接对比起始深度和滑移分布并不能直接表明地震是向上破裂还是向下破裂。

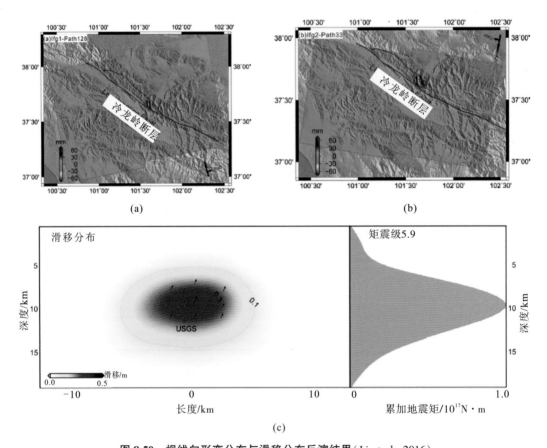

图 8.50 视线向形变分布与滑移分布反演结果(Li et al.,2016)

(a)1 月 13 日至 2 月 6 日的升轨视线向形变分布;

(b)1 月 18 日至 2 月 11 日的降轨视线向形变分布;(c)滑移分布

综上,结合约化有限源反演和大地测量学数据反演,门源地震发震断层为冷龙岭断裂的次级断层,断层向西南倾,走向 142°,倾向 42°(节面 2)。而且,不同频段、不同数据类型的波形拟合显示为沿节面 2 向下破裂,表明我们的方法可以有效分辨该地区破裂沿深度延伸 5 km 尺度地震的破裂方向性。

8.3.4 1994年加州北岭地震

1994年M_W6.9加州北岭地震发生在洛杉矶附近的圣费尔南多河谷,是美国自1906年旧金山大地震以来在城市地区发生的地面运动最强烈、灾害最严重的地震。北岭地震发生于加州横断山脉的南侧,地震未破裂至地表,也并未发生在已知断层上。余震分布、强震数据滑移分布反演、远震数据破裂过程反演等均表明此次地震主要是向上破裂(Hauksson et al.,1995;Thio and Kanamori,1996;Wald and Heaton,1994b)(图8.51),山谷的低速沉积层和震源向上破裂的共同作用,使得震中附近的地面运动被大大增强,共造成60人死亡,超过7000人受伤,经济损失高达200亿美元(USGS)。尽管地震发生时加州地区台站密集,当时GSN台网远震台站相对稀疏,我们以北岭地震为例,考察远震台站较少时能否用约化有限源方法测定破裂方向性。

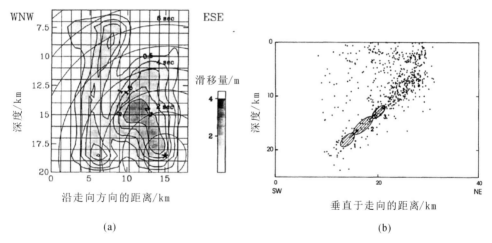

图8.51 1994年加州北岭地震反演结果

(a)强震数据的有限断层反演结果(Wald and Heaton,1994a);

(b)余震分布及远震数据反演得到的3个子事件(Thio and Kanamori,1996)

CAP方法反演远震体波数据得到2个节面为:130°/40°/110°(节面1)和284°/52°/73°(节面2),质心深度为13 km。对震中距30°~90°共22个台站的竖直分量数据去除仪器响应、均值和线性趋势,信噪比筛选并保留其中的21个台站。采用CAP方法反演的点源参数,并根据Wald和Heaton(1994)强震数据有限断层反演结果,选取破裂速度为2.8 km/s,上升时间1.0 s,破裂时间7 s,总持续时间9 s。对所有台站计算沿不同节面向上、向下破裂的波形,与实际波形分别滤波0.02~0.5 Hz并做互相关,得到互相关系数统计分布如图8.52所示。可以看到,对2个节面,向上破裂时波形拟合均优于向下破裂;沿节面1向上破裂的互相关系数均值和集中程度也均优于沿节面2破裂,但不同节面的差异没有不同破裂方向造成的差异明显。对于破裂尺度与北岭地震接近的地震,基于此方法利用所有台站可分辨出破裂方向性。

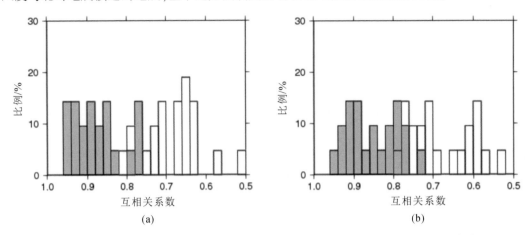

图 8.52　全部 21 个台站的互相关系数统计分布,灰色为向上破裂,蓝色为向下破裂

(a)沿节面 1 破裂;(b)沿节面 2 破裂

根据不同方位角波形对方向性的敏感性对台站筛选,保留 6 个台站,分布如图 8.53 所示。采用速度带通滤波波形和位移波形卷积 Ricker 子波得到的测定结果如表 8.22、表 8.23 所示。采用带通滤波速度波形时,所有频段皆可分辨向上破裂;当滤波 0.02~0.2 Hz 时,难以分辨破裂面,但当滤波至更高频率时,沿节面 1 向上破裂的波形拟合明显优于沿节面 2 (图 8.54)。采用位移波形卷积 Ricker 子波时,T_d = 4.0 s(中心频率 0.2 Hz)时分辨能力好于速度波形滤波0.02~0.2 Hz,表明即使在相近频率范围,卷积 Ricker 子波也能更加突出震源的有限性与复杂性。当 T_d = 2.0 s 时,震源的复杂性进一步凸显,仅用有限性改正后的单点源难以近似,波形一致性锐减,但沿节面 1 向上破裂的平均互相关系数仍然优于其他 3 个方向性,表明高度简化的震源模型在高频时也可以比较稳定地解释波形。

图 8.53　台站分布。红色三角为方位角筛选后保留台站

表 8.22 速度波形带通滤波后测定结果

滤波	节面	向上破裂平均互相关系数	向下破裂平均互相关系数
0.02~0.2 Hz	节面 1	0.951	0.772
	节面 2	0.948	0.776
0.02~0.3 Hz	节面 1	0.880	0.666
	节面 2	0.844	0.700
0.02~0.5 Hz	节面 1	0.796	0.585
	节面 2	0.773	0.639

表 8.23 位移波形卷积 Ricker 子波后测定结果

T_d/F_m	节面	向上破裂平均互相关系数	向下破裂平均互相关系数
2.0 s/0.39 Hz	节面 1	0.556	0.363
	节面 2	0.544	0.457
3.0 s/0.26 Hz	节面 1	0.753	0.501
	节面 2	0.719	0.568
4.0 s/0.19 Hz	节面 1	0.886	0.647
	节面 2	0.864	0.672

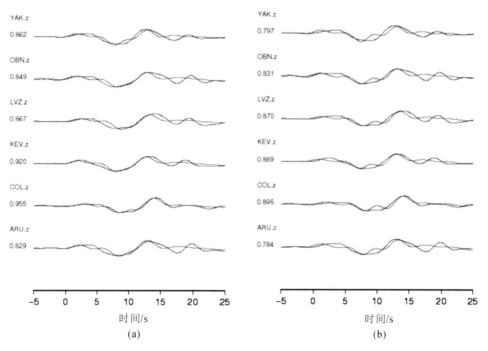

(a)   (b)

图 8.54 速度波形带通滤波 0.02~0.3 Hz 的波形拟合

(a)沿节面 1 向上破裂;(b)沿节面 2 向上破裂;(c)沿节面 1 向下破裂;(d)沿节面 2 向下破裂

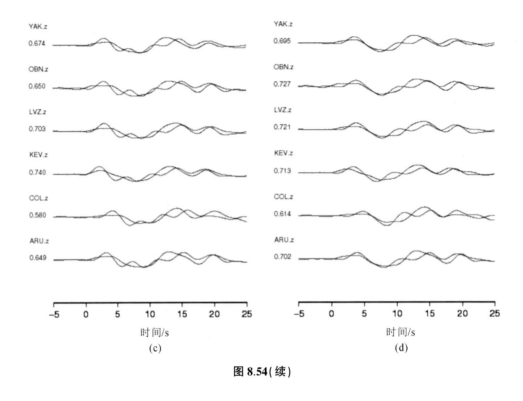

图 8.54(续)

利用约化有限源测定得到北岭地震沿节面 1(130°/40°/110°)向上破裂,与余震分布、破裂过程反演等一致。在远震台站较为稀疏,或当对破裂方向性敏感的方位角方位上台站少时,只要波形信噪比较高,全部台站的互相关系数分布也可以用来快速测定破裂方向性。

8.4 利用 SH 波测定破裂方向性的可行性探讨

前几节的理论测试和实际地震应用表明,采用远震竖直分量 P 波可以稳定地测定破裂方向性。相似地,切向分量的 SH 波也应该可以用来测定方向性,接下来通过理论测试来探讨利用 SH 波测定破裂方向性的可行性。类似于 8.3 节的内容,以弗吉尼亚地震为例,多点源叠加波形为输入波形,正演约化有限源切向分量 SH 波以测定方向性。对速度波形滤波0.02~0.5 Hz 后,全部 40 个台站的互相关系数统计分布如图 8.55 所示。与 P 波相比,向上破裂和向下破裂的互相关系数差异明显减小,分辨能力减弱;而且,仅通过比较全部台站的互相关系数分布,难以分辨破裂面。对台站进行方位角筛选,波形筛选时的 4 组阈值分为:分辨向上/向下破裂(互相关系数<0.96),分辨破裂面(互相关系数<0.99),保留其中 6 个台站。

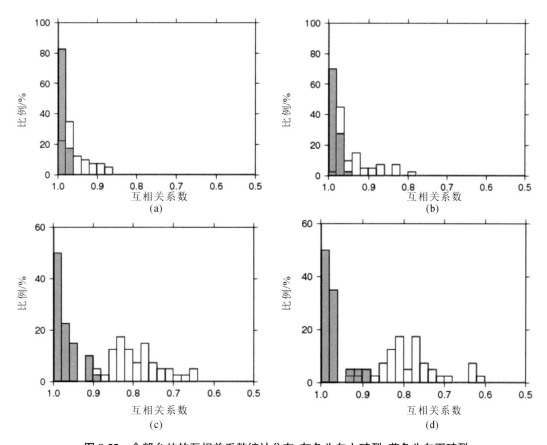

图 8.55 全部台站的互相关系数统计分布,灰色为向上破裂,蓝色为向下破裂

(a)SH 波,沿节面 1 破裂;(b)SH 波,沿节面 2 破裂;(c)P 波,沿节面 1 破裂;(d)P 波,沿节面 2 破裂

筛选后台站的 SH 波测定结果如表 8.24 所示。滤波 0.02~0.5 Hz 时,能够分辨为沿节面 2 向上破裂,但与沿节面 1 向上破裂的互相关系数偏差为 0.02,低于 P 波(0.03),且 4 种方向性下波形的互相关系数偏差仅为 0.05,远低于 P 波的 0.29,表明 SH 波分辨破裂方向和破裂面的能力都比 P 波低。当提高滤波频率至 0.1~1.0 Hz 时,向上破裂、向下破裂的波形互相关系数差异稍有增大,但沿不同节面向上破裂的波形互相关系数差异几乎没有变化,整体分辨能力并没有随着滤波频率的增大而产生明显提升。可能原因是 SH 波的 t^* 大(≈ 5),难以通过射线理论正演得到比较高频的波形,高频信息的缺失导致对方向性的分辨能力减弱。展示 0.02~0.5 Hz 的波形对比如图 8.56 所示。可以看到,沿节面 2 向上破裂时对于 5/6 的台站拟合都好于沿节面 1 向上破裂,但互相关系数差异并不大;向下破裂时约化有限源波形在振幅上和实际波形有比较明显的差异,但到时上的差别较小,波形互相关系数偏差也不如采用 P 波时显著。

表 8.24 不同滤波频段的 SH 波测定结果

滤波	节面	向上破裂平均互相关系数	向下破裂平均互相关系数
0.02~0.5 Hz	节面 1	0.976	0.959
	节面 2	0.995	0.947
0.1~1.0 Hz	节面 1	0.972	0.936
	节面 2	0.995	0.917

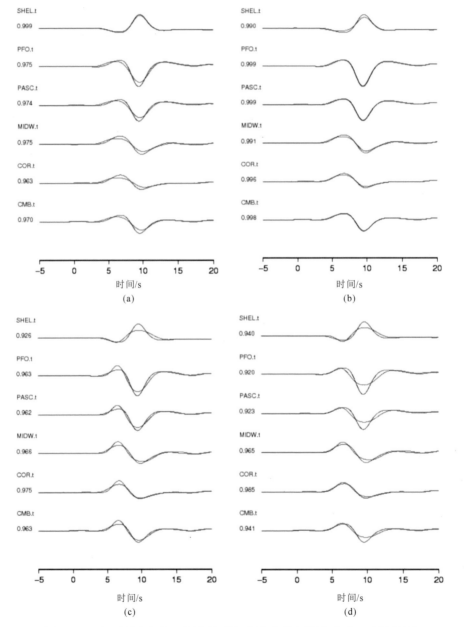

图 8.56 不同破裂方向性下的波形对比,黑色为输入波形,红色为理论波形

(a)沿节面 1 向上破裂;(b)沿节面 2 向上破裂;(c)沿节面 1 向下破裂;(d)沿节面 2 向下破裂

综上,采用 SH 波时,仅用全部台站的互相关系数分布分辨破裂面困难,破裂方向的分辨能力相较 P 波也有所降低。方位角筛选后,可正确分辨真实破裂面与破裂方向,但分辨能力弱于 P 波,且并不随所用频率的增高而存在明显提升。因此,远震 SH 波对中强地震的破裂方向性分辨能力弱,在实际地震中不推荐采用;但是,对于破裂时间大于 5 s 的地震,远震 SH 波应可以用来测定其破裂方向性。同理,远震 P 波的 t^* 约为 1,因此预期使用远震 P 波能够测定破裂方向性的震级也有下限,约为 M 5.5。考虑到背景噪声对波形信噪比的影响,利用远震 P 波测定破裂方向性的震级下限约为 M 5.5。对于更小地震,可利用密集近台反演其破裂过程,例如 Shao 等(2012)反演发现 M_W 5.4 奇诺冈地震主要沿惠蒂尔断层向下破裂。

8.5 小结

本章实现了基于点源和震源有限性改正的约化有限源远震体波正演程序,发展了利用远震 P 波快速测定中强地震沿倾向破裂方向性的方法。以弗吉尼亚地震为例的一系列正演测试表明,利用方位角筛选后台站的带通滤波速度波形和位移波形卷积 Ricker 子波,可以在点源参数、震源有限性参数、速度结构存在一定偏差情况下,稳定地测定真实的破裂面与破裂方向。此外,将本方法应用于美国大陆东部的 2011 年 M_W 5.8 弗吉尼亚地震、美国大陆西部 2008 年 M_W 6.0 内华达地震、中国大陆 2016 年 M_W 5.9 青海门源地震和稀疏远震台网下的 1994 年 M_W 6.9 加州北岭地震,测定得到的破裂面、破裂方向与余震分布等其他研究相一致,表明本书提出方法适用于多地区,能够快速有效地测定中强倾滑地震的破裂方向性。

第 9 章　结论与展望

本书主要探讨、研究了中强地震基本点源参数(例如震级、机制解、矩张量等)及扩展参数(例如,破裂面、破裂方向、破裂尺度等破裂方向性参数)的反演方法,并通过正演测试及震例分析展示了不同方法的有效性、稳定性及适用范围。有以下主要结论。

9.1　结论

在第 3 章中,我们首先采用接收函数的方法,利用赤峰台的远震体波数据得到该地区地壳厚度和纵横波速比,并参考 CRUST2.0 等结果得到该地区的一个速度模型。以该速度结构作为源区速度模型的估计,用以反演震源机制解。我们利用近震宽频带地震数据,采用 CAP 方法反演得到了 2003 年内蒙古赤峰地震的震源机制解及震源深度。该深度及机制解能很好地拟合远震 P 波数据。因此我们认为此次地震的震源机制解为:节面 1 为 315°/64°/19°,节面 2 为 216°/74°/152°,深度为 25 km,已深达下地壳。节面 1、节面 2 皆有可能为地震的破裂面,为确认哪一个为地震的实际破裂面需要对余震序列做进一步的分析研究,同时我们初步讨论了这样的发震深度(25 km)所对应的可能发震机理和岩石物理特征,认为赤峰地区的下地壳处于相对低温的状态。我们在反演中使用的是一维源区模型。将来的工作还可以用考虑了路径校正的准二维模型、三维模型对震源机制进行反演。

在第 4 章中,我们测试了近来发展的 CAPloc 方法,即利用近震地震数据反演地震参数,这些参数包括:断层的 3 个几何参数(走向、倾角、滑动角),震级,3 个空间位置参数,这里我们用网格搜索的方式来确定最佳参数。如果要用至少 2 个台站反演这些参数,我们必须对一维模型预测的面波走时进行校正,而这样的走时校正(地图)通常可以通过大量精确定位的地震面波记录来获得。而后,我们将该方法运用到从南加州诸多地震中随机挑选的地震上,并将得到的双台解(PAS 和 GSC)和台网解进行比较。结果表明,对位于 2 个台站中间的地震,运用 CAPloc 方法可以得到相当满意的结果;而对其他位置上的地震,结果则不那么理想,为更好地确定这些地震的震源参数,还需要对一维模型预测的 P 波走时进行校正,以便能更好地约束面波的走时。我们主要分析了 CAPloc 方法在 2 个台站的情况下能在多大程度上获得正确的机制解,由于使用的台站数量有限,有可能对震源参数的约束不足。同时,由于 CAPloc 方法是通过面波走时校正地图来校正面波走时,进而确定震源的位置,因此,如果不能正确校正某条路径上的面波走时,即便波形拟合仍然很好,我们得到的很可能是错误的位置。这样的路径通常沿着地质块体的边界,从基于台站的"蜘蛛网"状图中也看出,沿着这些路径,面波走时的校正值急速变化,并且对 Rayleigh 波和 Love 波分别表现出不同的特征。因此,当把该方法运用到其他区域的时候,我们建议以分析临时台网数据为主,例如:利用 PASSACL 地震记录,辅以震相识别以确定地质块体边界(Tan et al.,2006)。

在第 5 章中,我们在传统的 CAP 方法基础之上,增加了远震体波与近震数据的联合反演功能,开发了 CAPjoint 软件包并开源给学界使用。在该章中我们具体介绍了软件的基本原理和正演反演各个模块的架构,并对多个事件的反演结果与不同机构给出的参数进行了对比,验证了方法的可靠性。另外,对 2008 年内华达地震,我们利用其丰富的近远震数据,对其结果进行了系统分析,测试了不同数目台站组合的反演效果,探究了 CAPjoint 方法对数据量的依赖程度,发现即使仅加入一个近台也能提高远震体波反演的震源参数准确性。虽然 CAPjoint 程序包在近震和远震距离上均仅假定了一维的水平层状速度模型作为计算格林函数的基础,但是该程序可以方便地接入三维速度模型计算出的格林函数进行反演。本章的结果显示,CAPjoint 方法能够有效利用近震与远震所包含的震源信息,快速反演得到震源参数。在此基础上,我们发展了近远震波形联合全矩张量测定方法 gCAPjoint。gCAPjoint 方法被应用于位于兴都库什中等深度地震带的两次中强地震的震源参数反演中。测定结果显示,两次地震都发生在相近的震源深度上,且它们震源机制的双力偶部分具有走向和倾角相近的可能断层面。测得的两次地震的震源参数也与 Global CMT 等地震目录中的参数比较一致。结合它们十分相近的水平位置推测,它们可能发生在同样的或相邻的断层上。然而,两次地震的全矩张量解具有显著不同的双力偶分量比例。2015 年地震矩张量解显示了大比例 CLVD 分量部分,而 2016 年地震的双力偶分量则占据震源矩张量主要部分。这表明两次地震可能具有不同的发震机制。本书中对矩张量的分解与解释使用了 Chapman and Leaney(2012)提出的分解方式。同样的矩张量解也可以被解释为不同的震源机制的组合,例如多个双力偶源的组合。因此,对于本书研究的兴都库什地区两次地震事件,这种可能性也不应被排除。

在第 6 章中,针对沿走向破裂的中强地震,在秦刘冰等(2014)的基础上,发展了基于参考地震的破裂方向性测定方法。该方法利用参考地震进行路径校正,有效压制了三维速度结构效应。通过正演测试验证了该方法的可行性,并发现:①Love 波对不同节面的分辨能力强、破裂长度测定更准确;②存在部分双侧破裂时,该方法可以正确测定破裂面与主要破裂方向,但得到的破裂长度仅为真实破裂长度的下限;③当参考地震与主震的相对位置偏差小于破裂尺度的 25% 时,测定的破裂面和破裂方向基本是可靠的。我们将参考地震法应用于 2008 年 M_W 5.2 美国伊利诺伊地震、2014 年 M_W 6.1 云南鲁甸地震以及 2016 年 M_W 5.4 韩国庆州地震,发现伊利诺伊地震主要沿 297° 节面向东南侧破裂,破裂长度 2~3 km;鲁甸地震主要沿 168° 节面(包谷垴—小河断裂)向东南侧破裂,破裂长度至少 4 km;庆州地震主要沿 24° 节面(梁山断裂)向西南侧破裂,破裂长度约 4 km。对这 3 次地震,测定得到的破裂面、破裂方向、破裂尺度等与余震展布、烈度分布等其他研究相一致,表明本章提出的方法适用于多地区,当存在合适的余震、前震、历史地震作为参考地震时,能够有效测定中强走滑地震的破裂方向性。

在第 7 章中,针对沿走向破裂的中强地震,在 Zhan 等(2011)、Zeng 等(2014)提出的噪声定位方法基础上,探索发展了基于波形和基于走时的参考台站法测定破裂方向性。对于基于波形的参考台站法,考察了参考台站选择、多台站平均路径校正及震源参数偏差的影响,发现结合多个参考台站测定破裂方向性时残差更小、分辨能力更强,而且该方法在机制解存在一定偏差时依然可以得到较为稳定的结果。对于基于走时的参考台站法,探讨了震源项对 Rayleigh 波群走时的影响、频谱零点对群到时测量的影响以及进行震源项改正的可行性,发现当震源参数准确已知时,可以通过理论计算时移对远离频谱零点周期进行震源项校正。将 2 种方法应用于 2011 年 M_W 5.7 俄克拉何马地震,发现该地震沿 234° 节面破裂约 6 ~11 km。两种方法均可应用于历史地震活动性低、无合适参考地震或台站稀疏的地区,而且各有优势。基于波形的方法在震源参数存在偏差时更加稳定,但计算量较大;基于走时的方法无须计算理论波形,可以快速测定质心位置,但是需要附近的小地震对起始震中进行校正,而且对震源参数偏差比较敏感。如果建立了研究区 NCF 数据库,可应用两种方法快速测定未来中强走滑地震的破裂方向性。

在第 8 章中,针对沿倾向破裂的倾滑地震,发展了约化有限源方法,利用远震 P 波快速测定破裂方向性。开发了基于点源和震源有限性改正的约化有限源远震体波正演程序,并通过一系列正演测试表明,即使点源参数、震源有限性参数或速度结构存在一定偏差,利用敏感方位角的远震 P 波也可以稳定地测定出地震的破裂面与破裂方向。将该方法应用于 1994 年 M_W 6.9 北岭地震、2008 年 M_W 6.0 内华达地震、2011 年 M_W 5.8 弗吉尼亚地震以及 2016 年 M_W 5.9 青海门源地震,测定得到的破裂面、破裂方向与余震分布等其他研究相一致,表明本章提出的方法适用于多地区,能够快速有效地测定中强倾滑地震破裂方向性。

综上,本书研究了适用于中强地震基本点源参数和破裂方向性测定方法。对于 M 以下的地震,根据台站情况可选用可以使用近震 CAP、CAPloc 算法。对于 M 5.5 以上的地震,一些台站的远震记录信噪比较高,可以使用 CAPjoint 或者 gCAPjoint。在破裂方向性研究方面,对于震源区历史地震活动性较高,或存在较大前震、余震的走滑地震,可以使用参考地震法;对于震源区历史地震活动性较低、区域台网稀疏、震区附近在曾经/目前/未来有至少一个近台的走滑地震,可以采用参考台站法;对于有清晰远震 P 波记录的倾滑地震,可以采用约化有限源法。

9.2 展望

随着宽频带地震台数量在全世界范围的快速增长,对地震震源机制解的研究呈现出更细致更深入的趋势。特别是近年来发展的一些新的方法和技术(Tan and Helmberger,2007;Chen et al.,2005;Ji et al.,2002a,b)使得人们对小地震($M \approx 2.5$)机制解、中小地震的震源破裂方向、大地震运动学参数的确定等方面取得了显著的进展。地震波既包含了震源的信息同时也受地球结构的影响,要想深入了解其中任何一方面都是以对另外一方面了解的深入作为基础的,二者存在相互依赖关系,可以通过螺旋上升的方式逐步增进对它们的了解。随着计算技术的发展,模拟三维地球结构已变得越来越现实和具有吸引力。在传统的数值结算方法如有限差分法(finite difference method,FDM)和走时层析成像反演日渐成熟的同时,新的数值计算如谱元法(spectral element method,SEM)和波形反演也逐渐拓展了人们对地球介质的了解(Liu and Tromp,2006;Tape,2009;Liu et al.,2004)。同时,三维介质结构与震源参数存在依赖关系,二者同时反演是需要考虑的问题(Chen et al.,2015)。而且,通过引入大地测量数据,利用其在空间上的分辨率将中等地震破裂断层的几何形态勾勒出来,将对中强震研究起着重要的推进作用。

本书发展的中强地震破裂方向性测定方法主要基于单侧破裂假设,虽然可适用于大多数地震(~80%)(McGuire et al.,2002),但是仍有部分地震双侧破裂,甚至沿多条断层破裂。例如1989年M_S7.1美国洛马普列塔(Loma Prieta)地震,沿着断层同时向西北和东南侧破裂,在起始震中西北侧6 km和东南侧5 km处分别有约3.5 m和4.6 m的滑移量,导致断层两个延伸方向地区的地面运动都显著放大(Wald et al.,1991)。对于沿走向破裂的地震,当存在部分双侧破裂时,本书所探讨的基于起始震中与质心震中相对位置的测定方法(参考地震法、参考台站法)只能分辨破裂面与主要破裂方向,测定的破裂长度小于真实破裂尺度;此时可以结合地震标度律(Gibson and Sandiford,2013)与测定的破裂长度判断双侧破裂程度。对于完全双侧破裂情况,该方法可能失效。此时可以利用拐角频率或P波视持续时间随方位角的变化推断地震破裂方向性(Cesca et al.,2011;Wang and Rubin,2011),如何快速稳定地测量拐角频率或P波视持续时间,以及如何结合拐角频率、视持续时间与点源参数反演方法是需要进一步研究的内容。对于沿倾向破裂的地震,尽管本书提出的约化有限源方法只考虑了单侧破裂,但是可以通过结合2个约化有限源直观地近似双侧破裂,因此,需要对该方法进一步地发展、完善,以适用于不同破裂模式的地震。

约化有限源方法可以有效测定中强倾滑地震的破裂方向性,然而,在计算远震体波约化有限源波形时,震源区仅采用了一维速度模型。当震源区速度结构复杂、存在小尺度三维速度结构时(例如海沟、俯冲带等),下行的直达 P 波与上行的 pP、sP 受震源区结构的影响可能难以用一维平均模型近似,因此,利用一维速度结构正演的远震约化有限源波形可能与观测波形的一致性较差,导致破裂方向性测定困难。有限差分、谱元法等数值方法可以模拟三维速度模型下的地震波形(Komatitsch and Tromp,1999;Zhang et al.,2012),但是模拟远震波形所需的计算量大,难以满足快速测定破裂方向性的需求。Wu 等(2018)发展了一种模拟远震体波的混合算法,在震源区利用谱元法计算三维速度结构响应,在远离震源区的传播路径利用射线理论方法计算一维速度结构响应。Zhan 等(2012)将该方法应用于震源机制解反演。类似地,我们也可以利用谱元法等方法计算震源区三维速度结构下含破裂方向性的理论波形,并在远场与射线理论方法结合得到最终的正演波形。由于在波形拟合中只利用了远震 P 波信息,所需计算量较小,该方法仍然用于地震破裂方向性快速测定,这也将是下一步的重点研究内容。

此外,本书论述方法大多仅给出了震源参数的平均值(期望值)结果,对结果的置信区间和误差范围论述得比较有限。在未来的研究中,发展概率模型的方向性测定方法,既有利于加深对地震破裂过程的理解,也将有助于建立更合理的地震危险性预测模型。

快速准确的地震动图是指导灾害评估、震后救援的关键信息,而地震的破裂方向性是计算地震动图的重要参数。因此,在地震之后快速测定方向性,应当不再根据不同破裂模式选择特定方法,而是综合不同方法,形成自动化的测定程序,能够自动进行方法选择、数据收集、台站筛选、波形拟合、误差分析等,并形成模块化输入、输出,以便于加入地震动图计算,为抗震减灾提供帮助。这其中仍然有非常多的技术细节需要今后继续完善、研究。

参考文献

包丰,倪四道,汪贞杰,等,2011.2003 年云南大姚两次强震破裂区重叠程度的研究[J].地震学报,33(03):279-291,406.

包丰,倪四道,赵建和,等,2013.时钟不准情形地震精确定位研究——以 2011 年 1 月 19 日安庆地震序列为例[J].地震学报,35(02):160-172.

陈伟文,倪四道,汪贞杰,等,2012.2010 年高雄地震震源参数的近远震波形联合反演[J].地球物理学报,55(07):2319-2328.

陈伟文,2015.中等强度地震的震源参数联合反演[D].合肥:中国科学技术大学.

陈运泰,林邦慧,王新华,等,1979.用大地测量资料反演的 1976 年唐山地震的位错模式[J].地球物理学报,22(03):201-217.

崇加军,倪四道,曾祥方,2010.sPL,一个近距离确定震源深度的震相[J].地球物理学报,53(11):2620-2630.

邓起东,1991.活动断裂研究[M].北京:地震出版社,1-6.

董一兵,倪四道,李志伟,等,2018.基于近震转换波的沉积层地区震源深度测定方法[J].地球物理学报,61(1):199-215.

房立华,王未来,吴建平,2016.2016 年 1 月 21 日青海门源地震余震精定位图[R].

房立华,吴建平,王未来,等,2013.四川芦山 M_S 7.0 级地震及其余震序列重定位[J].科学通报,58(20):1901-1909.

房明山,杜安陆,董孝平,等,1995.用 sPn 震相测定近震震源深度[J].地震地磁观测与研究,16(5):13-18.

高景春,刁桂苓,张四昌,等,2002.以震源精确定位结果分析张北地震序列的破裂特征[J].地震地质,24(1):81-90.

高立新,刘芳,赵蒙生,等,2007.用 sPn 震相计算震源深度的初步分析与应用[J].西北地震学报,29(3):213-217,244.

郭安宁,李鑫,白雪见,等,2016.2016 年 1 月 21 日青海门源 6.4 级地震及相关参数[J].地震工程学报,38(1):150-158.

国家地震局《深部物理成果》编写组,1986.中国地壳上地幔地球物理探测成果[M].北京:地
　　震出版社.

韩立波,郑勇,倪四道,2007.理论地震图的F-K算法的并行实现[J].中国科学技术大学学报,
　　37(08):911-915.

何骁慧,倪四道,刘杰,2015.2014年8月3日云南鲁甸M6.5地震破裂方向性研究[J].中国
　　科学:地球科学,45(03):253-263.

何玉梅,郑天愉,单新建,2001.1996年3月19日新疆阿图什6.9级地震:单侧破裂过程[J].
　　地球物理学报,44(04):510-519.

贺曼秋,倪四道,曾祥方,等,2012.2008年以来荣昌地区地震重新定位及地震丛集原因初探
　　[J].中国地震,28(03):245-255.

胡幸平,俞春泉,陶开,等,2008.利用P波初动资料求解汶川地震及其强余震震源机制解
　　[J].地球物理学报,51(6):1711-1718.

皇甫岗,2015.2014年云南鲁甸6.5级地震[M].昆明:云南科技出版社.

黄建平,倪四道,傅容珊,等,2009.综合近震及远震波形反演2006文安地震(M_W 5.1)的震源
　　机制解[J].地球物理学报,52(01):120-130.

刘鹏程,纪晨,1995.改进的模拟退火-单纯形综合反演方法[J].地球物理学报,38(02):
　　199-205.

刘强,倪四道,秦嘉政,等,2007.2007年宁洱6.4级地震强余震库仑破裂应力触发研究[J].地
　　震研究,30(04):331-336,413.

龙锋,张永久,闻学泽,等,2010.2008年8月30日攀枝花—会理6.1级地震序列$M_L \geqslant 4.0$事
　　件的震源机制解[J].地球物理学报,53(12):2852-2860.

罗艳,曾祥方,倪四道,2013.震源深度测定方法研究进展[J].地球物理学进展,28(5):
　　2309-2321.

罗艳,倪四道,曾祥方,等,2010.汶川地震余震区东北端一个余震序列的地震学研究[J].中国
　　科学:地球科学,40(6):677-687.

罗艳,倪四道,曾祥方,等,2011.一个发生在沉积盖层里的破坏性地震:2010年1月31日四
　　川遂宁—重庆潼南地震[J].科学通报,56(2):147-152.

吕坚,倪四道,沈小七,等,2007.九江—瑞昌地震的精确定位及其发震构造初探[J].中国地
　　震,(2):166-174.

吕坚,郑勇,倪四道,等,2008.2005年11月26日九江—瑞昌M_S 5.7、M_S 4.8地震的震源机制
　　解与发震构造研究[J].地球物理学报,(01):158-164.

孟庆君,倪四道,韩立波,等,2014.地壳速度结构对极浅源地震深度反演的影响——以荣昌
　　地震为例[J].中国地震,30(4):490-500.

倪江川,陈运泰,王鸣,等,1991.云南禄劝地震部分余震的矩张量反演[J].地震学报,13(4):

412-419.

倪四道,王伟涛,李丽,2010.2010 年 4 月 14 日玉树地震:一个有前震的破坏性地震[J].中国科学:地球科学,40(5):535-537.

倪四道,周勇,钱韵衣,等,2018.2008 年汶川地震 ScS 波是否触发了首个 6 级余震?[J].科学通报,63(30):3124-3136.

倪四道,周勇,钱韵衣,等,2018.2008 年汶川地震震源区东北端局部形变区与青川 M_S 6.4 强余震关系[J].地震学报,40(3):268-278.

裴顺平,刘杰,马宏生,等,2010.川滇地区横波 Q 值动态变化[J].地球物理学报,53(7):1639-1652.

钱韵衣,倪四道,2016.核幔边界反射震相 ScS 对远震体波反演震源参数精度影响[J].地球物理学报,59(6):2014-2027.

秦刘冰,陈伟文,倪四道,等,2014.基于相对质心震中的地震破裂方向性测定方法研究:以 2008 年云南盈江 M_S 6.0 地震为例[J].地球物理学报,57(10):3259-3269.

沈蒲生,张超,叶缙垚,等,2014.我国高层及超高层建筑的基本自振周期[J].建筑结构 44(18):1-3,38.

施春辉,何骁慧,倪四道,2018.2009 年 7 月 9 日姚安 M_S 6.0 地震破裂方向性研究[J].中国地震,34(2):293-302.

石耀霖,曹建玲,2010.库仑应力计算及应用过程中若干问题的讨论——以汶川地震为例[J].地球物理学报,53(1):102-110.

束沛镒,李幼铭,铁安,等,1983.利用远震 P 波波形反演渤海地震的震源参数[J].地球物理学报,26(1):31-38.

苏金蓉,郑钰,杨建思,等,2013.2013 年 4 月 20 日四川芦山 M 7.0 级地震与余震精确定位及发震构造初探[J].地球物理学报,56(8):2636-2644.

孙苗,吴建平,房立华,等,2014.利用 sPn 震相测定芦山 M_S 7.0 级地震余震的震源深度[J].地球物理学报,57(2):430-440.

万永革,吴忠良,周公威,等,2002.地震应力触发研究[J].地震学报,24(5):533-551.

汪小厉,倪四道,陈伟文,等,2015.2011 年 11 月 6 日美国俄克拉何马 5.6 级地震震源参数测定及成因初步研究[J].中国地震,31(2):308-318.

王烁帆,倪四道,王伟涛,等,2022.基于背景噪声经验格林函数的地震准确定位精度分析——以 2008 年甘肃武都地震为例[J].地球物理学报,65(8):2904-2916.

王卫民,郝金来,姚振兴,2013.2013 年 4 月 20 日四川芦山地震震源破裂过程反演初步结果[J].地球物理学报,56(4):1412-1417.

王卫民,赵连锋,李娟,等,2008.四川汶川 8.0 级地震震源过程[J].地球物理学报,51(5):1403-1410.

王未来,吴建平,房立华,等,2014.2014 年云南鲁甸 M_S 6.5 地震序列的双差定位[J].地球物理学报,57(9):3042-3051.

王向腾,李志伟,包丰,等,2014.2011 年 9 月 10 日瑞昌—阳新地震发震构造初探[J].地震地磁观测与研究,35(Z1):15-21.

王向腾,倪四道,周勇,等,2019.地形起伏对基于地震波形的浅源地震深度反演影响——以 2017 年 9 月 3 日朝鲜 M 6.3 事件为例[J].地球物理学报,62(12):4684-4695.

韦生吉,倪四道,崇加军,等,2009.2003 年 8 月 16 日赤峰地震:一个可能发生在下地壳的地震?[J].地球物理学报,52(1):111-119.

韦生吉,2009.稀疏台网震源参数方法研究[D].合肥:中国科学技术大学.

吴建平,明跃红,张恒荣,等,2005.2002 年夏季长白山天池火山区的地震活动研究[J].地球物理学报,48(3):621-628.

谢祖军,金笔凯,郑勇,等,2013.近远震波形反演 2013 年芦山地震震源参数[J].中国科学:地球科学,43(6):1010-1019.

谢祖军,郑勇,倪四道,等,2012.2011 年 1 月 19 日安庆 M_L 4.8 地震的震源机制解和深度研究[J].地球物理学报,55(5):1624-1634.

徐锡伟,江国焰,于贵华,等,2014.鲁甸 6.5 级地震发震断层判定及其构造属性讨论[J].地球物理学报,57(9):3060-3068.

徐锡伟,于贵华,吴熙彦,2016.2016 年 1 月 21 日青海门源 6.4 级地震发震构造图[R].

徐锡伟,赵伯明,马胜利,等,2011.活动断层地震灾害预测方法与应用[M].北京:科学出版社.

许力生,陈运泰,2004.从全球长周期波形资料反演 2001 年 11 月 14 日昆仑山口地震时空破裂过程[J].中国科学(D 辑:地球科学),34(3):256-264.

许忠淮,汪素云,黄雨蕊,等,1989.由大量的地震资料推断的我国大陆构造应力场[J].地球物理学报,32(06):636-647.

许忠淮,2001.东亚地区现今构造应力图的编制[J].地震学报,23(5):492-501.

姚振兴,纪晨,1997.时间域内有限地震断层的反演问题[J].地球物理学报,40(5):691-701.

曾祥方,韩立波,倪四道,等,2013.2012 年 6 月 24 日宁蒗—盐源 M_S 5.7 地震震源参数研究[J].地震,33(04):196-206.

曾祥方,罗艳,韩立波,等,2013.2013 年 4 月 20 日四川芦山 M_S 7.0 地震:一个高角度逆冲地震[J].地球物理学报,56(4):1418-1424.

张爱萍,倪四道,杨晓勇,2008.2004 年东乌珠穆沁旗地震震源参数研究[J].地震,(3):61-68.

张国民,李丽,马宏生,等,2002.中国大陆地震震源深度及其构造含义[J].科学通报,47(9):663-668,721-722.

张军龙,陈长云,胡朝忠,等,2010.玉树 M_S 7.1 地震地表破裂带及其同震位移分布[J].地震,

30（3）:1-12.

张培震,邓起东,张国民,等,2003.中国大陆的强震活动与活动地块[J].中国科学(D 辑:地球科学),33(B04):12-20.

张培震,毛凤英,1996.活动断裂定量研究与中长期强地震危险性概率评价[M].活动断裂研究(5).北京:地震出版社,12:31.

张瑞青,吴庆举,李永华,等.汶川中强余震震源深度的确定及其意义[J].中国科学(D 辑:地球科学),2008,38(10):1234-1241.

张勇,陈运泰,许力生,等,2015.2014 年云南鲁甸 M_W 6.1 地震:一次共轭破裂地震[J].地球物理学报,58(1):153-162.

张勇,冯万鹏,许力生,等,2008a.2008 年汶川大地震的时空破裂过程[J].中国科学(D 辑:地球科学),38(10):1186-1194.

张勇,许力生,陈运泰,等,2008b.2007 年云南宁洱 M_S 6.4 地震震源过程[J].中国科学(D 辑:地球科学),38(6):683-692.

张智,赵兵,张晰,等,2006.云南思茅—中旬地震剖面的地壳结构[J].地球物理学报,49(5):1377-1384.

赵韬,储日升,倪四道,等,2019.广西苍梧 M_S 5.4 地震震源深度[J].地震地质,41(3):619-632.

赵珠,范军,郑斯华,1997.龙门山断裂带地壳速度结构和震源位置的精确修定[J].地震学报,19(6):615-622.

郑勇,马宏生,吕坚,等,2009.汶川地震强余震(M_S≥5.6)的震源机制解及其与发震构造的关系[J].中国科学(D 辑:地球科学),39(4):413-426.

周蕙兰,Hiroo Kanamori,Clarence R.Allen.,1984.复杂大地震分析和龙陵地震震源过程[J].地球物理学报,27(6):523-536.

周蕙兰,1985.浅源走滑大震震源过程的某些特征[J].地球物理学报,28(6):579-587.

周仕勇,许忠淮,韩京,1999.主地震定位法分析以及 1997 年新疆伽师强震群高精度定位[J].地震学报,21(3):258-265.

朱艾斓,徐锡伟,周永胜,等,2005.川西地区小震重新定位及其活动构造意义[J].地球物理学报,48(3):629-636.

朱冰清,曹井泉,董一兵,等,2020.利用近震及远震转换波测定永清 M 4.3 级地震的震源深度[J].大地测量与地球动力学,40(3):291-298.

朱光,王道轩,刘国生,等,2004.郯庐断裂带的演化及其对西太平洋板块运动的响应[J].地质科学,39(1):36-49.

AAGAARD B T,HALL J F,HEATON T H,2004.Effects of fault dip and slip rake angles on near-source ground motions:why rupture directivity was minimal in the 1999 Chi-Chi, Taiwan, earthquake[J].Bulletin of the Seismological Society of America,94(1):155-170.

AAGAARD B T,1999.Finite-element simulations of earthquakes[D].Los Angeles:Caltech.

AKI K,RICHARDS P G,2002.Quantitative seismology[M].Univ Science Books.

AKI K,LEE W,1976.Determination of three-dimensional velocity anomalies under a seismic array using first P arrival times from local earthquakes:1.A homogeneous initial model[J].Journal of Geophysical Research,81(23):4381-4399.

ALESSANDRO PINO N,MAZZA S,BOSCHI E,1999.Rupture directivity of the major shocks in the 1997 Umbria-Marche(central Italy) sequence from regional broadband waveforms[J]. Geophysical Research Letters,26(14):2101-2104.

ARNADOTTIR T,1993.Earthquake dislocation models derived from inversion of geodetic data [M].Palo Alto:Stanford University.

AVOUAC J P,MENG L,WEI S,et al.,2015.Lower edge of locked Main Himalayan Thrust unzipped by the 2015 Gorkha earthquake[J].Nature Geoscience,8(9):708-711.

BAAG C E,LANGSTON C A,1985.A WKBJ spectral method for computation of SV synthetic seismograms in a cylindrically symmetric medium[J].Geophysical Journal International,80(2): 387-417.

BACKUS G E,MULCAHY M,1976a.Moment tensors and other phenomenological descriptions of seismic sources—Ⅰ.Continuous displacements[J].Geophysical Journal International,46(2): 341-361.

BACKUS G E,MULCAHY M,1976b.Moment tensors and other phenomenological descriptions of seismic sources—Ⅱ.Discontinuous displacements[J].Geophysical Journal International,47 (2):301-329.

BACKUS G E,1977a.Interpreting the seismic glut moments of total degree two or less[J]. Geophysical Journal International,51(1):1-25.

BACKUS G E,1977b.Seismic sources with observable glut moments of spatial degree two[J]. Geophysical Journal International,51(1):27-45.

BAK P,CHRISTENSEN K,DANON L,et al.,2002.Unified scaling law for earthquakes[J]. Physical Review Letters,88(17):178501.

BAO H,BIELAK J,GHATTAS O,et al.,1998.Large-scale simulation of elastic wave propagation in heterogeneous media on parallel computers[J].Computer methods in applied mechanics and engineering,152(1-2):85-102.

BARMIN M P,LEVSHIN A L,YANG Y,et al.,2011.Epicentral location based on Rayleigh wave Empirical Green's Functions from ambient seismic noise[J].Geophysical Journal International, 184(2):869-884.

BASSIN C,2000.The current limits of resolution for surface wave tomography in North America [C].Eos Trans.AGU.

BAUMBACH M,GROSSER H,SCHMIDT H G,et al.,1994.Study of foreshocks and aftershocks of the intraplate Latur earthquake of September 30,1993,India[J].Latur Earthquake,35:33-63.

BAYER B,KIND R,HOFFMANN M,et al.,2012.Tracking unilateral earthquake rupture by P-wave polarization analysis[J].Geophysical Journal International,188(3):1141-1153.

BELL J W,AMELUNG F,HENRY C D,2012.InSAR analysis of the 2008 Reno-Mogul earthquake swarm:Evidence for westward migration of Walker Lane style dextral faulting[J].Geophysical Research Letters,39(18):L18306.

BEN-MENAHEM A,SINGH S J,1968.Multipolar elastic fields in a layered half space[J].Bulletin of the Seismological Society of America,58(5):1519-1572.

BEN-MENAHEM A,1961.Radiation of seismic surface-waves from finite moving sources[J].Bulletin of the Seismological Society of America,51(3):401-435.

BENSEN G D,RITZWOLLER M H,BARMIN M P,et al.,2007.Processing seismic ambient noise data to obtain reliable broad-band surface wave dispersion measurements[J].Geophysical Journal International,169(3):1239-1260.

BENT A L,DRYSDALE J,PERRY H K C,2003.Focal mechanisms for eastern Canadian earthquakes,1994-2000[J].Seismological Research Letters,74(4):452-468.

BEN-ZION Y,ANDREWS D J,1998.Properties and implications of dynamic rupture along a material interface[J].Bulletin of the Seismological Society of America,88(4):1085-1094.

BEN-ZION Y,LEE W H K,KANAMORI H,et al.,2003.Key formulas in earthquake seismology [J].International handbook of earthquake and engineering seismology,81:1857-1875.

BEN-ZION Y,2006.Comment on "Material contrast does not predict earthquake rupture propagation direction" by RA Harris and SM Day [J].Geophysical research letters,33 (13):L13310.

BEROZA G C,SPUDICH P,1988.Linearized inversion for fault rupture behavior:application to the 1984 Morgan Hill,California,earthquake[J].Journal of Geophysical Research:Solid Earth,93 (B6):6275-6296.

BERTERO M,BINDI D,BOCCACCI P,et al.,1997.Application of the projected Landweber method to the estimation of the source time function in seismology[J].Inverse Problems,13 (2):465.

BOATWRIGHT J,BOORE D M,1982.Analysis of the ground accelerations radiated by the 1980 Livermore Valley earthquakes for directivity and dynamic source characteristics[J].Bulletin of the Seismological Society of America,72(6A):1843-1865.

BOATWRIGHT J,2007. The persistence of directivity in small earthquakes[J]. Bulletin of the Seismological Society of America,97(6):1850-1861.

BOCK G,GRÜNTHAL G,WYLEGALLA K,1996. The 1985/86 Western Bohemia earthquakes: Modelling source parameters with synthetic seismograms [J]. Tectonophysics, 261 (1-3): 139-146.

BODIN P,HORTON S,2004. Source parameters and tectonic implications of aftershocks of the M_W 7.6 Bhuj earthquake of 26 January 2001[J]. Bulletin of the Seismological Society of America,94 (3):818-827.

BONDÁR I,MYERS S C,ENGDAHL E R,et al.,2004. Epicentre accuracy based on seismic network criteria[J]. Geophysical Journal International,156(3):483-496.

BONDÁR I,STORCHAK D,2011. Improved location procedures at the International Seismological Centre[J]. Geophysical Journal International,186(3):1220-1244.

BOUCHON M,AKI K,1977. Discrete wave-number representation of seismic-source wave fields [J]. Bulletin of the Seismological Society of America,67(2):259-277.

BOUCHON M,BOUIN M P,KARABULUT H,et al.,2001. How fast is rupture during an earthquake? New insights from the 1999 Turkey earthquakes[J]. Geophysical Research Letters, 28(14):2723-2726.

BOUCHON M,VALLÉE M,2003. Observation of long supershear rupture during the magnitude 8.1 Kunlunshan earthquake[J]. Science,301(5634):824-826.

BOUCHON M,1981. A simple method to calculate Green's functions for elastic layered media[J]. Bulletin of the Seismological Society of America,71(4):959-971.

BOWERS D,1997. The October 30,1994,seismic disturbance in South Africa:Earthquake or large rock burst? [J]. Journal of Geophysical Research:Solid Earth,102(B5):9843-9857.

BRILLINGER D R,UDIAS A,BOLT B A,1980. A probability model for regional focal mechanism solutions[J]. Bulletin of the Seismological Society of America,70(1):149-170.

BURRIDGE R,KNOPOFF L,1964. Body force equivalents for seismic dislocations[J]. Bulletin of the Seismological Society of America,54(6A):1875-1888.

BYERLY P,1938. The earthquake of July 6,1934:Amplitudes and First Motion[J]. Bulletin of the Seismological Society of America,28(1):1-13.

BYERLY P,1928. The nature of the first motion in the Chilean earthquake of November 11,1922 [J]. American Journal of Science,(5)93:232-236.

CALAIS E,FREED A,MATTIOLI G,et al.,2010. Transpressional rupture of an unmapped fault during the 2010 Haiti earthquake[J]. Nature Geoscience,3(11):794-799.

CAMPILLO M,PAUL A,2003. Long-range correlations in the diffuse seismic coda[J]. Science,

299(5606):547-549.

CESCA S,HEIMANN S,DAHM T,2011.Rapid directivity detection by azimuthal amplitude spectra inversion[J].Journal of seismology,15(1-4):147-164.

CHANG C, LEE J B, KANG T S, 2010. Interaction between regional stress state and faults: Complementary analysis of borehole in situ stress and earthquake focal mechanism in southeastern Korea[J].Tectonophysics,485(1-4):164-177.

CHAPMAN C H,LEANEY W S,2012.A new moment-tensor decomposition for seismic events in anisotropic media[J].Geophysical Journal International,188(1):343-370.

CHAPMAN C H, 1978. A new method for computing synthetic seismograms [J]. Geophysical Journal International,54(3):481-518.

CHAPMAN C H,1976.Exact and approximate generalized ray theory in vertically inhomogeneous media[J].Geophysical Journal International,46(2):201-233.

CHAPMAN M C,2013.On the rupture process of the 23 August 2011 Virginia earthquake[J]. Bulletin of the Seismological Society of America,103(2A):613-628.

CHEN L C,WANG H,RAN Y K,et al.,2010.The M_S 7.1 Yushu earthquake surface rupture and large historical earthquakes on the Garzê-Yushu Fault[J].Chinese Science Bulletin,55(31): 3504-3509.

CHEN M,NIU F,LIU Q,et al.,2015a.Multiparameter adjoint tomography of the crust and upper mantle beneath East Asia:1.Model construction and comparisons[J].Journal of Geophysical Research:Solid Earth,120(3):1762-1786.

CHEN P,JORDAN T H,ZHAO L,2005b.Finite-moment tensor of the 3 September 2002 Yorba Linda earthquake[J].Bulletin of the Seismological Society of America,95(3):1170-1180.

CHEN P, 2005. A unified methodology for seismic waveform analysis and inversion [D]. Los Angeles:University of South California.

CHEN W P,MOLNAR P,1983.Focal depths of intracontinental and intraplate earthquakes and their implications for the thermal and mechanical properties of the lithosphere[J].Journal of Geophysical Research:Solid Earth,88(B5):4183-4214.

CHEN W, NI S, KANAMORI H, et al., 2015b.CAPjoint,a computer software package for joint inversion of moderate earthquake source parameters with local and teleseismic waveforms[J]. Seismological Research Letters,86(2A):432-441.

CHI W C,HAUKSSON E,2006.Fault-perpendicular aftershock clusters following the 2003 $M_W =$ 5.0 Big Bear,California,earthquake[J].Geophysical research letters,33(7):L07301.

CHU R,NI S,PITARKA A,et al.,2014.Inversion of source parameters for moderate earthquakes using short-period teleseismic P waves[J].Pure and Applied Geophysics,171(7):1329-1341.

CHUNG T W, KIM W H, 2000. Fault plane solutions for the June 26, 1997 Kyong-ju Earthquake [J]. Journal of the Korean Geophysical Society, 3(4):245-250.

CIRELLA A, PIATANESI A, COCCO M, et al., 2009. Rupture history of the 2009 L'Aquila(Italy) earthquake from non-linear joint inversion of strong motion and GPS data [J]. Geophysical Research Letters, 36(19):L19304.

CLEVELAND K M, AMMON C J, 2013. Precise relative earthquake location using surface waves [J]. Journal of Geophysical Research: Solid Earth, 118(6):2893-2904.

COHEE B P, BEROZA G C, 1994. Slip distribution of the 1992 Landers earthquake and its implications for earthquake source mechanics [J]. Bulletin of the Seismological Society of America, 84(3):692-712.

CROTWELL H P, OWENS T J, RITSEMA J, 1999. The TauP Toolkit: Flexible seismic travel-time and ray-path utilities[J]. Seismological Research Letters, 70(2):154-160.

DAS S, KOSTROV B V, 1997. Determination of the polynomial moments of the seismic moment rate density distribution with positivity constraints [J]. Geophysical Journal International, 131(1): 115-126.

DAS S, KOSTROV B V, 1990. Inversion for seismic slip rate history and distribution with stabilizing constraints: application to the 1986 Andreanof Islands earthquake [J]. Journal of Geophysical Research: Solid Earth, 95(B5):6899-6913.

DAS S, SCHOLZ C H, 1983. Why large earthquakes do not nucleate at shallow depths[J]. Nature, 305(5935):621-623.

DAVENPORT K K, HOLE J A, QUIROS D A, et al., 2014. Aftershock imaging using a dense seismometer array(AIDA) after the 2011 Mineral, Virginia, earthquake[J]. Geological Society of America Special Papers, 509:SPE509-15.

DAWSON J, CUMMINS P, TREGONING P, et al., 2008. Shallow intraplate earthquakes in Western Australia observed by interferometric synthetic aperture radar [J]. Journal of Geophysical Research: Solid Earth, 113(B11408).

DE HOOP A T, 1960. A modification of Cagniard's method for solving seismic pulse problems[J]. Applied Scientific Research, Section B, 8(1):349-356.

DE NATALE G, ZOLLO A, FERRARO A, et al., 1995. Accurate fault mechanism determinations for a 1984 earthquake swarm at Campi Flegrei caldera (Italy) during an unrest episode: Implications for volcanological research[J]. Journal of Geophysical Research: Solid Earth, 100 (B12):24167-24185.

DE POLO C, 2008. Observations and Reported Effects of the February 21, 2008 Wells, Nevada, Earthquake, 03/15/2008, UNR[R].

DELOUIS B, GIARDINI D, LUNDGREN P, et al., 2002. Joint inversion of InSAR, GPS, teleseismic, and strong-motion data for the spatial and temporal distribution of earthquake slip: Application to the 1999 Izmit mainshock[J]. Bulletin of the Seismological Society of America, 92 (1):278-299.

DEMETS C, GORDON R G, ARGUS D F, et al., 1994. Effect of recent revisions to the geomagnetic reversal time scale on estimates of current plate motions[J]. Geophysical research letters, 21 (20):2191-2194.

DER HILST B H, 2008. A geological and geophysical context for the Wenchuan earthquake of 12 May 2008, Sichuan, People's Republic of China[J]. GSA today, 18(7):4-11.

DER KIUREGHIAN A, ANG A H S, 1977. A fault-rupture model for seismic risk analysis[J]. Bulletin of the Seismological Society of America, 67(4):1173-1194.

DERODE A, LAROSE E, TANTER M, et al., 2003. Recovering the Green's function from field-field correlations in an open scattering medium(L)[J]. The Journal of the Acoustical Society of America, 113(6):2973-2976.

DREGER D S, FORD S R, RYDER I, 2008. Finite-Source Study of the February 21, 2008 M_W 6.0 Wells, Nevada, Earthquake[C]//AGU Fall Meeting Abstracts. 2008:S51B-1743.

DREGER D S, FORD S R, RYDER I, 2011. Preliminary finite-source study of the February 21, 2008 Wells, Nevada earthquake[J]. Nevada Bureau of Mines and Geology Special Publication, 36:147-156.

DREGER D S, HELMBERGER D V, 1990. Broad-Band Modeling of Local Earthquakes[J]. Bulletin of the Seismological Society of America, 80(5):1162-1179.

DREGER D S, HELMBERGER D V, 1991a. Source Parameters of the Sierra-Madre Earthquake from Regional and Local Body Waves[J]. Geophysical Research Letters, 18(11):2015-2018.

DREGER D S, HELMBERGER D V, 1991b. Complex Faulting Deduced from Broad-Band Modeling of the 28 February 1990 Upland Earthquake(M_L = 5.2)[J]. Bulletin of the Seismological Society of America, 81(4):1129-1144.

DREGER D S, HELMBERGER D V, 1993. Determination of Source Parameters at Regional Distances with 3-Component Sparse Network Data[J]. Journal of Geophysical Research: Solid Earth, 98(B5):8107-8125.

DREGER D S, TKALČIĆ H, JOHNSTON M, 2000. Dilational processes accompanying earthquakes in the Long Valley Caldera[J]. Science, 288(5463):122-125.

DREGER D S, UHRHAMMER R, PASYANOS M, et al., 1998. Regional and far-regional earthquake locations and source parameters using sparse broadband networks: A test on the ridgecrest sequence[J]. Bulletin of the Seismological Society of America, 88(6):1353-1362.

DREGER D, 2003. TDMT_INV: Time Domain Seismic Moment Tensor INVersion, International Handbook of Earthquake and Engineering Seismology, WHK Lee, H[J]. Kanamori, PC Jennings and C. Kisslinger(eds.), Vol. B: 1627.

DUNHAM E M, ARCHULETA R J, 2004. Evidence for a supershear transient during the 2002 Denali fault earthquake [J]. Bulletin of the Seismological Society of America, 94 (6B): S256-S268.

DUPUTEL Z, RIVERA L, KANAMORI H, et al., 2012. W phase source inversion for moderate to large earthquakes(1990-2010)[J]. Geophysical Journal International, 189(2): 1125-1147.

DZIEWONSKI A M, ANDERSON D L, 1981. Preliminary reference Earth model[J]. Physics of the earth and planetary interiors, 25(4): 297-356.

DZIEWONSKI A M, CHOU T A, WOODHOUSE J H, 1981. Determination of earthquake source parameters from waveform data for studies of global and regional seismicity [J]. Journal of Geophysical Research: Solid Earth, 86(B4): 2825-2852.

DZIEWONSKI A M, FRANZEN J E, WOODHOUSE J H, 1984. Centroid-moment tensor solutions for January-March, 1984[J]. Physics of the earth and planetary interiors, 34(4): 209-219.

DZIEWONSKI A M, GILBERT F, 1974. Temporal variation of the seismic moment tensor and the evidence of precursive compression for two deep earthquakes[J]. Nature, 247: 185-188.

DZIEWONSKI A M, WOODHOUSE J H, 1983. An experiment in systematic study of global seismicity: Centroid-moment tensor solutions for 201 moderate and large earthquakes of 1981 [J]. Journal of Geophysical Research: Solid Earth, 88(B4): 3247-3271.

DZIEWONSKI A M, WOODWARD R L, 1992. Acoustic imaging at the planetary scale [M]// Acoustical Imaging. Springer, Boston, MA: 785-797.

EFRON B, 1979. Bootstrap methods: another look at the jackknife [J]. The annals of Statistics: 1-26.

EKSTRÖM G, DZIEWONSKI A M, 1985. Centroid-moment tensor solutions for 35 earthquakes in western North America(1977-1983) [J]. Bulletin of the Seismological Society of America, 75 (1): 23-39.

EKSTRÖM G, NETTLES M, DZIEWOŃSKI A M, 2012. The global CMT project 2004-2010: Centroid-moment tensors for 13,017 earthquakes [J]. Physics of the Earth and Planetary Interiors, 200: 1-9.

EKSTRÖM G, TROMP J, LARSON E W F, 1997. Measurements and global models of surface wave propagation[J]. Journal of Geophysical Research: Solid Earth, 102(B4): 8137-8157.

ENGDAHL E R, VAN DER HILST R, BULAND R, 1998. Global teleseismic earthquake relocation with improved travel times and procedures for depth determination [J]. Bulletin of the

Seismological Society of America,88(3):722-743.

ENGDAHL E R,2006.Application of an improved algorithm to high precision relocation of ISC test events[J].Physics of the Earth and Planetary Interiors,158(1):14-18.

FAN G,WALLACE T,1995.Focal mechanism of a recent event in South Africa:A study using a sparse very broadband network[J].Seismological Research Letters,66(5):13-18.

FAN G,WALLACE T,1991.The Determination of Source Parameters for Small Earthquakes from a Single,Very Broad-Band Seismic Station[J].Geophysical Research Letters,18(8):1385-1388.

FENG C C,TENG T L,1983.Three-dimensional crust and upper mantle structure of the Eurasian continent[J].Journal of Geophysical Research:Solid Earth,88(B3):2261-2272.

FLISS S,BHAT H S,DMOWSKA R,et al.,2005.Fault branching and rupture directivity[J]. Journal of Geophysical Research:Solid Earth,110(B06312).

FRANKEL A,KANAMORI H,1983.Determination of rupture duration and stress drop for earthquakes in southern California[J].Bulletin of the Seismological Society of America,73 (6A):1527-1551.

FRANKEL A,VIDALE J,1992.A 3-Dimensional Simulation of Seismic-Waves in the Santa-Clara Valley,California,from a Loma-Prieta Aftershock[J].Bulletin of the Seismological Society of America,82(5):2045-2074.

FRENCH S W,ROMANOWICZ B,2015.Broad plumes rooted at the base of the Earth's mantle beneath major hotspots[J].Nature,525(7567):95-99.

FROHLICH C,DAVIS S D,1999.How well constrained are well-constrained T,B,and P axes in moment tensor catalogs? [J].Journal of Geophysical Research: Solid Earth, 104 (B3): 4901-4910.

FUCHS K,MÜLLER G,1971.Computation of synthetic seismograms with the reflectivity method and comparison with observations[J].Geophysical Journal International,23(4):417-433.

FUKUYAMA E,MIKUMO T,1993.Dynamic Rupture Analysis - Inversion for the Source Process of the 1990 Izu-Oshima,Japan,Earthquake($M=6.5$)[J].Journal of Geophysical Research:Solid Earth,98(B4):6529-6542.

GALETZKA J, MELGAR D, GENRICH J F, et al., 2015. Slip pulse and resonance of the Kathmandu basin during the 2015 Gorkha earthquake, Nepal [J]. Science, 349 (6252): 1091-1095.

GEIGER L,1912.Probability method for the determination of earthquake epicenters from the arrival time only[J].Bulletin of St.Louis University,8(1):56-71.

GELLER R J,1976.Scaling relations for earthquake source parameters and magnitudes[J].Bulletin of the Seismological Society of America,66(5):1501-1523.

GIBSON G, SANDIFORD M, 2013. Seismicity and induced earthquakes[J]. Background paper to NSW Chief Scientist and Engineer (OCSE). Univ. Melbourne: 33.

GILBERT F, DZIEWONSKI A M, 1975. An application of normal mode theory to the retrieval of structural parameters and source mechanisms from seismic spectra [J]. Philosophical Transactions of the Royal Society of London A: Mathematical, Physical and Engineering Sciences, 278(1280): 187-269.

GILBERT F, 1973. A disscussion on the measurement and interpretation of change of strain in the Earth-derivation of source parameters from low-frequency spectra[J]. Philosophical Transactions for the Royal Society of London. Series A, Mathematical and Physical Sciences: 369-371.

GILBERT F, 1971. Excitation of the normal modes of the Earth by earthquake sources [J]. Geophysical Journal International, 22(2): 223-226.

GIVEN J W, WALLACE T C, KANAMORI H, 1982. Teleseismic analysis of the 1980 Mammoth Lakes earthquake sequence [J]. Bulletin of the Seismological Society of America, 72 (4): 1093-1109.

GOLDSTEIN R M, ENGELHARDT H, KAMB B, et al., 1993. Satellite radar interferometry for monitoring ice-sheet motion: Application to an Antarctic ice stream [J]. Science, 262: 1525-1530.

GRAHAM L C, 1974. Synthetic interferometer radar for topographic mapping[J]. Proceedings of the IEEE, 62(6): 763-768.

GRAVES R W, PITARKA A, 2010. Broadband ground-motion simulation using a hybrid approach [J]. Bulletin of the Seismological Society of America, 100(5A): 2095-2123.

GRAVES R W, 1996. Simulating seismic wave propagation in 3D elastic media using staggered-grid finite differences[J]. Bulletin of the Seismological Society of America, 86(4): 1091-1106.

GREEN H W, HOUSTON H, 1995. The mechanics of deep earthquakes[J]. Annual Review of Earth and Planetary Sciences, 23(1): 169-213.

GUATTERI M, SPUDICH P, 2000. What can strong-motion data tell us about slip-weakening fault-friction laws? [J]. Bulletin of the Seismological Society of America, 90(1): 98-116.

HAMBURGER M W, SHOEMAKER K, HORTON S, et al., 2011. Aftershocks of the 2008 Mt. Carmel, Illinois, earthquake: Evidence for conjugate faulting near the termination of the Wabash Valley fault system[J]. Seismological Research Letters, 82(5): 735-747.

HAMZEHLOO H, 2005. Determination of causative fault parameters for some recent Iranian earthquakes using near field SH-wave data [J]. Journal of Asian Earth Sciences, 25 (4): 621-628.

HAN L, ZENG X, JIANG C, et al., 2014. Focal mechanisms of the 2013 M_W 6.6 Lushan, China earthquake and high-resolution aftershock relocations[J].Seismological Research Letters,85 (1):8-14.

HARDEBECK J L, SHEARER P M, 2002. A new method for determining first-motion focal mechanisms[J].Bulletin of the Seismological Society of America,92(6):2264-2276.

HARDEBECK J L, SHEARER P M, 2008. HASH: A FORTRAN Program for Computing Earthquake First-Motion Focal Mechanisms v1.2 January 31,2008[J].

HARDEBECK J L, SHEARER P M, 2003. Using S/P amplitude ratios to constrain the focal mechanisms of small earthquakes[J].Bulletin of the Seismological Society of America,93(6): 2434-2444.

HARRIS R A,DAY S M,1993.Dynamics of fault interaction:Parallel strike-slip faults[J].Journal of Geophysical Research:Solid Earth,98(B3):4461-4472.

HARRIS R A,DAY S M,2005.Material contrast does not predict earthquake rupture propagation direction[J].Geophysical research letters,32(L23301).

HARRIS R A,1998.Introduction to special section:Stress triggers,stress shadows,and implications for seismic hazard[J].Journal of Geophysical Research:Solid Earth,103(B10):24347-24358.

HARTZELL S H,HEATON T H,1983.Inversion of strong ground motion and teleseismic waveform data for the fault rupture history of the 1979 Imperial Valley,California,earthquake[J].Bulletin of the Seismological Society of America,73(6A):1553-1583.

HARTZELL S H, LIU P C, MENDOZA C, 1996. The 1994 Northridge, California, earthquake: Investigation of rupture velocity, risetime, and high-frequency radiation [J]. Journal of Geophysical Research:Solid Earth,101(B9):20091-20108.

HARTZELL S H,LIU P C,1996.Calculation of earthquake rupture histories using a hybrid global search algorithm:application to the 1992 Landers,California,earthquake[J].Physics of the earth and planetary interiors,95(1-2):79-99.

HARTZELL S H, MENDOZA C, ZENG Y, 2013. Rupture model of the 2011 Mineral, Virginia, earthquake from teleseismic and regional waveforms[J].Geophysical Research Letters,40(21): 5665-5670.

HARTZELL S H,MENDOZA C,1991.Application of an iterative least-squares waveform inversion of strong-motion and teleseismic records to the 1978 Tabas,Iran,earthquake[J].Bulletin of the Seismological Society of America,81(2):305-331.

HARTZELL S H,MENDOZA C,2011.Source and site response study of the 2008 Mount Carmel, Illinois,earthquake[J].Bulletin of the Seismological Society of America,101(3):951-963.

HASKELL N A, 1963. Radiation pattern of Rayleigh waves from a fault of arbitrary dip and direction of motion in a homogeneous medium [J]. Bulletin of the Seismological Society of

America,53(3):619-642.

HASKELL N A,1964.Radiation pattern of surface waves from point sources in a multi-layered medium[J].Bulletin of the Seismological Society of America,54(1):377-393.

HASKELL N A,1953.The dispersion of surface waves on multilayered media[J].Bulletin of the seismological Society of America,43(1):17-34.

HAUKSSON E,FELZER K,GIVEN D,et al.,2008.Preliminary report on the 29 July 2008 M_W 5.4 chino Hills, eastern Los angeles basin, california, earthquake sequence [J]. Seismological Research Letters,79(6):855-866.

HAUKSSON E,JONES L M,HUTTON K,1995.The 1994 Northridge earthquake sequence in California:Seismological and tectonic aspects[J].Journal of Geophysical Research:Solid Earth, 100(B7):12335-12355.

HAUKSSON E,SHEARER P,2005.Southern California hypocenter relocation with waveform cross-correlation,part 1:Results using the double-difference method[J].Bulletin of the Seismological Society of America,95(3):896-903.

HAUKSSON E,TENG T,HENYEY T L,1987.Results from a 1500 m deep,three-level downhole seismometer array:site response,low Q values,and f_{max}[J].Bulletin of the Seismological Society of America,77(6):1883-1904.

HAYES G P, RIVERA L, KANAMORI H, 2009. Source inversion of the W-Phase: real-time implementation and extension to low magnitudes[J].Seismological Research Letters,80(5): 817-822.

HE X,NI S,YE L,et al.,2015.Rapid seismological quantification of source parameters of the 25 April 2015 Nepal earthquake[J].Seismological Research Letters,86(6):1568-1577.

HEATON T H,1982.The 1971 San Fernando earthquake:A double event? [J].Bulletin of the Seismological Society of America,72(6A):2037-2062.

HELFFRICH G R,1997.How good are routinely determined focal mechanisms? Empirical statistics based on a comparison of Harvard, USGS and ERI moment tensors[J].Geophysical Journal International,131(3):741-750.

HELMBERGER D V,ENGEN G R,1980.Modeling the long-period body waves from shallow earthquakes at regional ranges[J].Bulletin of the Seismological Society of America,70(5): 1699-1714.

HELMBERGER D V, STEAD R, HO-LIU P, et al., 1992. Broadband modelling of regional seismograms:Imperial Valley to Pasadena[J].Geophysical Journal International,110(1):42-54.

HELMBERGER D V, 1974. Generalized ray theory for shear dislocations [J]. Bulletin of the Seismological Society of America,64(1):45-64.

HELMBERGER D V,1983. Theory and application of synthetic seismograms[J]. Earthquakes: Observation, Theory, and Interpretation, 37: 174-222.

HENRY C, DAS S, 2001. Aftershock zones of large shallow earthquakes: fault dimensions, aftershock area expansion and scaling relations[J]. Geophysical Journal International, 147(2): 272-293.

HERRMANN R B, BENZ H, AMMON C J, 2011. Monitoring the earthquake source process in North America[J]. Bulletin of the Seismological Society of America, 101(6): 2609-2625.

HERRMANN R B, MALAGNINI L, MUNAFÒ I, 2011. Regional moment tensors of the 2009 L'Aquila earthquake sequence[J]. Bulletin of the Seismological Society of America, 101(3): 975-993.

HERRMANN R B, WANG C Y, 1985. A comparison of synthetic seismograms[J]. Bulletin of the Seismological Society of America, 75(1): 41-56.

HERRMANN R B, WITHERS M, BENZ H, 2008. The April 18, 2008 Illinois earthquake: an ANSS monitoring success[J]. Seismological Research Letters, 79(6): 830-843.

HERRMANN R B, 2013. Computer programs in seismology: An evolving tool for instruction and research[J]. Seismological Research Letters, 84(6): 1081-1088.

HERRMANN R B, 1979. Surface wave focal mechanisms for eastern North American earthquakes with tectonic implications[J]. Journal of Geophysical Research: Solid Earth, 84(B7): 3543-3552.

HERRMANN R B, 1975. The use of duration as a measure of seismic moment and magnitude[J]. Bulletin of the Seismological Society of America, 65(4): 899-913.

HO-LIU P, HELMBERGER D V, 1989. Modeling regional love waves: Imperial Valley to Pasadena [J]. Bulletin of the Seismological Society of America, 79(4): 1194-1209.

HOLLAND A A, 2013. Optimal fault orientations within Oklahoma[J]. Seismological Research Letters, 84(5): 876-890.

HONDA H, 1962. Earthquake mechanism and seismic waves[J]. Journal of Physics of the Earth, 10 (2): 1-97.

HONDA H, 1957. The mechanism of the earthquakes[M]. Sendai: Faculty of Science, Tohoku University.

HOUSTON H, 1993. The non-double-couple component of deep earthquakes and the width of the seismogenic zone[J]. Geophysical research letters, 20(16): 1687-1690.

HSIEH M C, ZHAO L, MA K F, 2014. Efficient waveform inversion for average earthquake rupture in three-dimensional structures[J]. Geophysical Journal International, 198(3): 1279-1292.

HUANG J P, NI S, FU R S, et al., 2009. Source Mechanism of the 2006 M_W 5.1 Wen'an Earthquake

Determined from a Joint Inversion of Local and Teleseismic Broadband Waveform Data[J]. Chinese Journal of Geophysics,52(1):64-74.

HUDNUT K W, SHEN Z, MURRAY M, et al., 1996. Co-seismic displacements of the 1994 Northridge, California, earthquake [J]. Bulletin of the Seismological Society of America, 86 (1B):S19-S36.

ICHINOSE G A,SMITH K D,ANDERSON J G,1998.Moment tensor solutions of the 1994 to 1996 Double Spring Flat,Nevada,earthquake sequence and implications for local tectonic models[J]. Bulletin of the Seismological Society of America,88(6):1363-1378.

ICHINOSE G A,SMITH K D,ANDERSON J G,1997.Source parameters of the 15 November 1995 Border Town, Nevada, earthquake sequence [J]. Bulletin of the Seismological Society of America,87(3):652-667.

ISACKS B,MOLNAR P,1971.Distribution of stresses in the descending lithosphere from a global survey of focal-mechanism solutions of mantle earthquakes[J].Reviews of Geophysics,9(1): 103-174.

ISACKS B,OLIVER J,SYKES L R,1968.Seismology and the new global tectonics[J].Journal of geophysical research,73(18):5855-5899.

ISHII M, SHEARER P M, HOUSTON H, et al., 2005. Extent, duration and speed of the 2004 Sumatra-Andaman earthquake imaged by the Hi-Net array[J].Nature,435(7044):933-936.

JI C, HELMBERGER D V, ALEX SONG T R, et al., 2001. Slip distribution and tectonic implication of the 1999 Chi-Chi, Taiwan, Earthquake [J]. Geophysical Research Letters, 28 (23):4379-4382.

JI C,HELMBERGER D V,WALD D J,et al.,2003.Slip history and dynamic implications of the 1999 Chi-Chi,Taiwan,earthquake[J].Journal of Geophysical Research:Solid Earth,108(B9).

JI C,HELMBERGER D V,WALD D J,2004.A teleseismic study of the 2002 Denali fault,Alaska, earthquake and implications for rapid strong-motion estimation[J].Earthquake Spectra,20(3): 617-637.

JI C,HELMBERGER D V,WALD D J,2000.Basin structure estimation by waveform modeling: forward and inverse methods [J]. Bulletin of the Seismological Society of America, 90 (4): 964-976.

JI C, WALD D J, HELMBERGER D V, 2002. Source description of the 1999 Hector Mine, California,earthquake,part Ⅰ:Wavelet domain inversion theory and resolution analysis[J]. Bulletin of the Seismological Society of America,92(4):1192-1207.

JI C, WALD D J, HELMBERGER D V, 2002. Source description of the 1999 Hector Mine, California,earthquake,part Ⅱ:Complexity of slip history [J]. Bulletin of the Seismological

Society of America,92(4):1208-1226.

JIA Z,NI S,CHU R,et al.,2017.Joint Inversion for Earthquake Depths Using Local Waveforms and Amplitude Spectra of Rayleigh Waves[J].Pure and Applied Geophysics,174(1):261-277.

JO N D,BAAG C E,2003.Estimation of spectrum decay parameter κ and stochastic prediction of strong ground motions in southeastern Korea[J].Journal of Earthquake Engineering Society of Korea,7(6):59-70.

JONES L E,HELMBERGER D V,1998.Earthquake source parameters and fault kinematics in the eastern California shear zone[J].Bulletin of the Seismological Society of America,88(6): 1337-1352.

JóNSSON S,ZEBKER H,SEGALL P,et al.,2002.Fault slip distribution of the 1999 M_W 7.1 Hector Mine,California,earthquake,estimated from satellite radar and GPS measurements[J]. Bulletin of the Seismological Society of America,92(4):1377-1389.

JORDAN T H,SVERDRUP K A,1981.Teleseismic location techniques and their application to earthquake clusters in the south-central Pacific[J].Bulletin of the Seismological Society of America,71(4):1105-1130.

JULIAN B R,FOULGER G R,1996.Earthquake mechanisms from linear-programming inversion of seismic-wave amplitude ratios[J].Bulletin of the Seismological Society of America,86(4): 972-980.

JULIAN B R,MILLER A D,FOULGER G R,1998.Non-double-couple earthquakes 1.Theory[J]. Reviews of Geophysics,36(4):525-549

JULIAN B R,SIPKIN S A,1985.Earthquake processes in the Long Valley caldera area,California [J].Journal of Geophysical Research:Solid Earth,90(B13):11155-11169.

KANAMORI H,GIVEN J W,LAY T,1984.Analysis of seismic body waves excited by the Mount St.Helens eruption of May 18,1980[J].Journal of Geophysical Research:Solid Earth,89(B3): 1856-1866.

KANAMORI H,GIVEN J W,1981.Use of long-period surface waves for rapid determination of earthquake source parameters[J].Physics of the Earth and Planetary interiors,27(1):8-31.

KANAMORI H,GIVEN J W,1982.Use of long-period surface waves for rapid determination of earthquake source parameters 2.Preliminary determination of source mechanisms of large earthquakes($M_S \geqslant 6.5$) in 1980[J].Physics of the Earth and Planetary Interiors,30(2-3): 260-268.

KANAMORI H,RIVERA L,2008.Source inversion of W phase:speeding up seismic tsunami warning[J].Geophysical Journal International,175(1):222-238.

KANAMORI H,1970.Synthesis of long-period surface waves and its application to earthquake source studies—Kurile Islands earthquake of October 13, 1963［J］. Journal of Geophysical Research,75(26):5011-5027.

KANAMORI H, 1977. The energy release in great earthquakes［J］. Journal of Geophysical Research,82(20):2981-2987.

KANAMORI H,1993.W Phase［J］.Geophysical Research Letters,20(16):1691-1694.

KANE D L,SHEARER P M,GOERTZ-ALLMANN B P,et al.,2013.Rupture directivity of small earthquakes at Parkfield［J］.Journal of Geophysical Research:Solid Earth,118(1):212-221.

KAWAKATSU H,1989.Centroid single force inversion of seismic waves generated by landslides［J］.Journal of Geophysical Research:Solid Earth,94(B9):12363-12374.

KEILIS-BOROK V I,YANOVSKAYA T B,1962.Dependence of the spectrum of surface waves on the depth of the focus within the Earth's crust［J］.Bull.Acad.Sci.,USSR,Geophys.Ser.,English Transl,11:1532-1539.

KENNETT B L N,ENGDAHL E R,1991.Traveltimes for global earthquake location and phase identification［J］.Geophysical Journal International,105(2):429-465.

KENNETT B L N,1974.Reflections,rays,and reverberations［J］.Bulletin of the Seismological Society of America,64(6):1685-1696.

KENNETT B L N,2013.Seismic wave propagation in stratified media［M］.Canberra:ANU Press.

Keranen K M,Savage H M,Abers G A,et al.,2013.Potentially induced earthquakes in Oklahoma, USA:Links between wastewater injection and the 2011 M_W 5.7 earthquake sequence［J］. Geology,41(6):699-702.

KIKUCHI M,KANAMORI H,1982.Inversion of complex body waves— I ［J］.Bulletin of the Seismological Society of America,72(2):491-506.

KIKUCHI M,KANAMORI H,1986.Inversion of complex body waves— II ［J］.Physics of the earth and planetary interiors,43(3):205-222.

KIKUCHI M,KANAMORI H,1991.Inversion of complex body waves— III ［J］.Bulletin of the Seismological Society of America,81(6):2335-2350.

KIKUCHI M,KANAMORI H,1994.The mechanism of the deep Bolivia earthquake of June 9,1994 ［J］.Geophysical Research Letters,21(22):2341-2344.

KIM S,RHIE J,KIM G,2011.Forward waveform modelling procedure for 1-D crustal velocity structure and its application to the southern Korean Peninsula ［J］. Geophysical Journal International,185(1):453-468.

KIM Y H,RHIE J,KANG T S,et al.,2016.The 12 September 2016 Gyeongju earthquakes:1. Observation and remaining questions［J］.Geosciences Journal,20(6):747-752.

KING G C P,STEIN R S,LIN J,1994.Static stress changes and the triggering of earthquakes［J］.

Bulletin of the Seismological Society of America,84(3):935-953.

KLEIN F W, 2002. User's guide to HYPOINVERSE-2000, a Fortran program to solve for earthquake locations and magnitudes[R].US Geological Survey.

KNOPOFF L,RANDALL M J,1970.The compensated linear-vector dipole:A possible mechanism for deep earthquakes[J].Journal of Geophysical Research,75(26):4957-4963.

KOMATITSCH D,LIU Q,TROMP J,et al.,2004.Simulations of ground motion in the Los Angeles basin based upon the spectral-element method[J]. Bulletin of the Seismological Society of America,94(1):187-206.

KOMATITSCH D, TROMP J, 1999. Introduction to the spectral element method for three-dimensional seismic wave propagation[J].Geophysical journal international,139(3):806-822.

KOMATITSCH D,VILOTTE J P,1998.The spectral element method:An efficient tool to simulate the seismic response of 2D and 3D geological structures[J].Bulletin of the seismological society of America,88(2):368-392.

KOSTROV B V,1970.The theory of the focus for tectonic earthquakes[J].Izv.Earth Physics,4:84-101.

KOSTROV V V,1974.Seismic moment and energy of earthquakes,and seismic flow of rock[J].Izv.Acad.Sci.USSR Phys.Solid Earth,1:23-44.

KRÜGER F,OHRNBERGER M,2005.Tracking the rupture of the M_W = 9.3 Sumatra earthquake over 1,150 km at teleseismic distance[J].Nature,435(7044):937-939.

KUGE K, KAWAKATSU H, 1993. Significance of non-double couple components of deep and intermediate-depth earthquakes:implications from moment tensor inversions of long-period seismic waves[J].Physics of the earth and planetary interiors,75(4):243-266.

LANGER C J,HARTZELL S,1996.Rupture distribution of the 1977 western Argentina earthquake [J].Physics of the Earth and Planetary Interiors,94(1-2):121-132.

LANGSTON C A, HELMBERGER D V, 1975. A procedure for modelling shallow dislocation sources[J].Geophysical Journal International,42(1):117-130.

LANGSTON C A, 1987. Depth of faulting during the 1968 Meckering, Australia, earthquake sequence determined from waveform analysis of local seismograms[J].Journal of Geophysical Research:Solid Earth,92(B11):11561-11574.

LANGSTON C A,1979.Structure under Mount Rainier,Washington,inferred from teleseismic body waves[J].Journal of Geophysical Research:Solid Earth,84(B9):4749-4762.

LANZA V, SPALLAROSSA D, CATTANEO M, et al., 1999. Source parameters of small events using constrained deconvolution with empirical Green's functions [J]. Geophysical journal international,137(3):651-662.

LAROSE E,KHAN A,NAKAMURA Y,et al.,2005.Lunar subsurface investigated from correlation of seismic noise[J].Geophysical Research Letters,32(16).

LARSON K M, BODIN P, GOMBERG J,2003.Using 1-Hz GPS data to measure deformations caused by the Denali fault earthquake[J].Science,300(5624):1421-1424.

LASKE G,MASTERS G,REIF C,2004.A new global crustal model at 2×2 degrees[DB/OL]. URL:http://mahi.ucsd.edu/Gabi/rem.dir/crust/crust2.html.

LAY T,GIVEN J W,KANAMORI H,1995.Long-period mechanism of the 8 November 1980 Eureka,California,earthquake[J].Bulletin of the Seismological Society of America,1982,72 (2):439-456.

LAY T,WALLACE T C,1995.Modern global seismology[M].San Diego:Academic press.

LAY T,YE L,AMMON C J,et al.,2016.The 2 March 2016 Wharton Basin M_W 7.8 earthquake: High stress drop north-south strike-slip rupture in the diffuse oceanic deformation zone between the Indian and Australian Plates[J].Geophysical Research Letters,43(15):7937-7945.

LENGLINÉ O,GOT J L,2011.Rupture directivity of microearthquake sequences near Parkfield, California[J].Geophysical Research Letters,38(8).

LEVSHIN A L,BARMIN M P,MOSCHETTI M P,et al.,2012.Refinements to the method of epicentral location based on surface waves from ambient seismic noise:Introducing Love waves [J].Geophysical Journal International,191(2):671-685.

LI H,ZHU L,YANG H,2007.High-resolution structures of the Landers fault zone inferred from aftershock waveform data[J].Geophysical Journal International,171(3):1295-1307.

LI Y,JIANG W,ZHANG J,et al.,2016.Space Geodetic Observations and Modeling of 2016 M_W 5.9 Menyuan Earthquake:Implications on Seismogenic Tectonic Motion [J]. Remote Sensing, 8 (6):519.

LI Z, FENG W, XU Z, et al.,2008.The 1998 M_W 5.7 Zhangbei-Shangyi (China) earthquake revisited:A buried thrust fault revealed with interferometric synthetic aperture radar [J]. Geochemistry,Geophysics,Geosystems,9(4).

LI Z,TIAN B,LIU S,et al.,2013.Asperity of the 2013 Lushan earthquake in the eastern margin of Tibetan Plateau from seismic tomography and aftershock relocation [J]. Geophysical Journal International:195(3):2016-2022.

LIN F C,MOSCHETTI M P,RITZWOLLER M H,2008.Surface wave tomography of the western United States from ambient seismic noise:Rayleigh and Love wave phase velocity maps[J]. Geophysical Journal International,173(1):281-298.

LISTER G,KENNETT B,RICHARDS S,et al.,2008.Boudinage of a stretching slablet implicated in earthquakes beneath the Hindu Kush[J].Nature Geoscience,1(3):196-201.

LIU C L,ZHENG Y,GE C,et al.,2013.Rupture process of the M_S7.0 Lushan earthquake,2013 [J].Science China Earth Sciences,56(7):1187-1192.

LIU H L,HELMBERGER D V,1985.The 23:19 aftershock of the 15 October 1979 Imperial Valley earthquake:more evidence for an asperity[J].Bulletin of the Seismological Society of America, 75(3):689-708.

LIU Q,POLET J,KOMATITSCH D,et al.,2004.Spectral-element moment tensor inversions for earthquakes in southern California[J].Bulletin of the Seismological Society of America,94(5): 1748-1761.

LIU Q,TROMP J,2006.Finite-frequency kernels based on adjoint methods[J].Bulletin of the Seismological Society of America,96(6):2383-2397.

LOBKIS O I,WEAVER R L,2001.On the emergence of the Green's function in the correlations of a diffuse field[J].The Journal of the Acoustical Society of America,110(6):3011-3017.

LOHMAN R B,SIMONS M,SAVAGE B,2002.Location and mechanism of the Little Skull Mountain earthquake as constrained by satellite radar interferometry and seismic waveform modeling[J].Journal of Geophysical Research:Solid Earth,107(B6).

LOVELY P,SHAW J H,LIU Q,et al.,2006.A structural VP model of the Salton Trough, California,and its implications for seismic hazard[J].Bulletin of the Seismological Society of America,96(5):1882-1896.

LUO Y,NI S,ZENG X F,et al.,2010.A shallow aftershock sequence in the north-eastern end of the Wenchuan earthquake aftershock zone [J].Science China Earth Sciences,53(11): 1655-1664.

LUO Y,NI S,ZENG X F,et al.,2011.The M 5.0 Suining-Tongnan(China) earthquake of 31 January 2010:A destructive earthquake occurring in sedimentary cover[J].Chinese Science Bulletin,56(6):521-525.

LUO Y,TAN Y,WEI S,et al.,2010.Source mechanism and rupture directivity of the 18 May 2009 M_W 4.6 Inglewood,California,earthquake[J].Bulletin of the Seismological Society of America, 100(6):3269-3277.

LUYENDYK B P,1991.A Model for Neogene Crustal Rotations,Transtension,and Transpression in Southern California[J].Geological Society of America Bulletin,103(11):1528-1536.

MA S,ATKINSON G M,2006.Focal depths for small to moderate earthquakes($m_N \geqslant 2.8$) in Western Quebec,Southern Ontario,and Northern New York[J].Bulletin of the Seismological Society of America,96(2):609-623.

MA S,2010.Focal depth determination for moderate and small earthquakes by modeling regional depth phases sPg,sPmP,and sPn[J].Bulletin of the Seismological Society of America,100(3):

1073-1088.

MAI P M, SPUDICH P, BOATWRIGHT J, 2005. Hypocenter locations in finite-source rupture models[J]. Bulletin of the Seismological Society of America, 95(3):965-980.

MALAGNINI L, HERRMANN R B, MUNAFÒ I, et al., 2012. The 2012 Ferrara seismic sequence: Regional crustal structure, earthquake sources, and seismic hazard[J]. Geophysical Research Letters, 39(19).

MARUYAMA T, 1963. On the force equivalents of dynamical elastic dislocations with reference to the earthquake mechanism[J]. Bulletin of the Earthquake Research Institute, University of Tokyo, 41(3):467-486.

MARUYAMA T, 1964. Statical elastic dislocations in a infinte and semi-infinite medium[J]. Bull. Earthq. Res. Inst., 42:289-368.

MASSONNET D, ROSSI M, CARMONA C, et al., 1993. The displacement field of the Landers earthquake mapped by radar interferometry[J]. Nature, 364(6433):138-142.

MCCOWAN D W, 1976. Moment tensor representation of surface wave sources[J]. Geophysical Journal International, 44(3):595-599.

MCCOWAN D W, FITCH T J, SHIELDS M W, 1980. Estimation of the seismic moment tensor from teleseismic body wave data with applications to intraplate and mantle earthquakes[J]. Journal of Geophysical Research: Solid Earth, 85(B7):3817-3828.

MCGARR A, 1992a. An implosive component in the seismic moment tensor of a mining-induced tremor[J]. Geophysical research letters, 19(15):1579-1582.

MCGARR A, 1992b. Moment tensors of ten Witwatersrand mine tremors[J]. pure and applied geophysics, 139(3):781-800.

MCGUIRE J J, ZHAO L, JORDAN T H, 2002. Predominance of unilateral rupture for a global catalog of large earthquakes[J]. Bulletin of the Seismological Society of America, 92(8):3309-3317.

MCGUIRE J J, ZHAO L, JORDAN T H, 2001. Teleseismic inversion for the second degree moments of earthquake space-time distributions[J]. Geophysical Journal International, 145(3):661-678.

MCGUIRE J J, 2004. Estimating finite source properties of small earthquake ruptures[J]. Bulletin of the Seismological Society of America, 94(2):377-393.

MCNAMARA D E, BENZ H M, HERRMANN R B, et al., 2015. Earthquake hypocenters and focal mechanisms in central Oklahoma reveal a complex system of reactivated subsurface strike-slip faulting[J]. Geophysical Research Letters, 42(8):2742-2749.

MCNAMARA D E, BENZ H M, HERRMANN R B, et al., 2014. The M_W 5.8 Mineral, Virginia, earthquake of August 2011 and aftershock sequence: Constraints on earthquake source parameters and fault geometry[J].Bulletin of the Seismological Society of America,104(1): 40-54.

MENDIGUREN J A,1977.Inversion of surface wave data in source mechanism studies[J].Journal of Geophysical Research,82(5):889-894.

MENDOZA C, HARTZELL S H, 1988. Inversion for slip distribution using teleseismic P waveforms:North Palm Springs, Borah Peak, and Michoacan earthquakes[J].Bulletin of the Seismological Society of America,78(3):1092-1111.

MENDOZA C, HARTZELL S H, 1989. Slip distribution of the 19 September 1985 Michoacan, Mexico, earthquake: Near-source and teleseismic constraints[J].Bulletin of the Seismological Society of America,79(3):655-669.

MIGNAN A,DANCIU L,GIARDINI D,2015.Reassessment of the maximum fault rupture length of strike-slip earthquakes and inference on Mmax in the Anatolian peninsula, Turkey[J]. Seismological Research Letters,86(3):890-900.

MILLER A D,FOULGER G R,JULIAN B R,1998.Non-double-couple earthquakes 2.Observations [J].Reviews of Geophysics,36(4):551-568.

MINSON S E,DREGER D S,2008.Stable inversions for complete moment tensors[J].Geophysical Journal International,174(2):585-592.

MYERS S C,JOHANNESSON G,HANLEY W,2007.A Bayesian hierarchical method for multiple-event seismic location[J].Geophysical Journal International,171(3):1049-1063.

NÁBĚLEK J, XIA G, 1995. Moment-tensor analysis using regional data: Application to the 25 March,1993,Scotts Mills,Oregon,Earthquake[J].Geophysical Research Letters,22(1):13-16.

NAKANISHI I,KANAMORI H,1982.Effects of lateral heterogeneity and source process time on the linear moment tensor inversion of long-period Rayleigh waves [J]. Bulletin of the Seismological Society of America,72(6A):2063-2080.

NAKANISHI I,KANAMORI H,1984.Source mechanisms of twenty-six large,shallow earthquake ($M_S \geqslant 6.5$) during 1980 from P-wave first motion and long-period Rayleigh wave data[J]. Bulletin of the Seismological Society of America,74(3):805-818.

NAKANO H,1923.Notes on the nature of the forces which give rise to the earthquake motions[J]. Seismol.Bull,1:92-120.

NGUYEN B V,HERRMANN R B,1992.Determination of source parameters for central and eastern North American earthquakes(1982-1986)[J].Seismological Research Letters,63(4):567-586.

OKADA Y,1992.Internal deformation due to shear and tensile faults in a half-space[J].Bulletin of the Seismological Society of America,82(2):1018-1040.

OLSEN K B,1994.Simulation of three-dimensional wave propagation in the Salt Lake Basin[D].

Salt Lake City: Dept. of Geology and Geophysics, University of Utah.

OLSON A H, APSEL R J, 1982. Finite faults and inverse theory with applications to the 1979 Imperial Valley earthquake[J]. Bulletin of the Seismological Society of America, 72 (6A): 1969-2001.

OLSON E L, ALLEN R M, 2005. The deterministic nature of earthquake rupture[J]. Nature, 438 (7065):212-215.

OWENS T J, ZANDT G, TAYLOR S R, 1984. Seismic evidence for an ancient rift beneath the Cumberland Plateau, Tennessee: A detailed analysis of broadband teleseismic P waveforms[J]. Journal of Geophysical Research: Solid Earth, 89 (B9):7783-7795.

PARK J C, KIM W, CHUNG T W, et al., 2007. Focal mechanisms of recent earthquakes in the southern Korean Peninsula[J]. Geophysical Journal International, 169 (3):1103-1114.

PASYANOS M E, DREGER D S, ROMANOWICZ B, 1996. Toward real-time estimation of regional moment tensors[J]. Bulletin of the Seismological Society of America, 86 (5):1255-1269.

Patton H, Aki K, 1979. Bias in the estimate of seismic moment tensor by the linear inversion method[J]. Geophysical Journal International, 59 (3):479-495.

PATTON H, ZANDT G, 1991. Seismic moment tensors of western US earthquakes and implications for the tectonic stress field[J]. Journal of Geophysical Research: Solid Earth, 96 (B11): 18245-18259.

PATTON H, 1980. Reference point equalization method for determining the source and path effects of surface waves[J]. Journal of Geophysical Research: Solid Earth, 85 (B2):821-848.

PAVLOV V M, 1994. On non-uniqueness of the inverse problem for a seismic source—II. Treatment in terms of polynomial moments[J]. Geophysical Journal International, 119 (2):487-496.

PEGLER G, DAS S, 1998. An enhanced image of the Pamir-Hindu Kush seismic zone from relocated earthquake hypocentres[J]. Geophysical Journal International, 134 (2):573-595.

PELTZER G, ROSEN P, 1995. Surface displacement of the 17 May 1993 Eureka Valley, California, earthquake observed by SAR interferometry[J]. Science, 268 (5215):1333-1336.

PREJEAN S, ELLSWORTH W, ZOBACK M, et al., 2002. Fault structure and kinematics of the Long Valley Caldera region, California, revealed by high-accuracy earthquake hypocenters and focal mechanism stress inversions[J]. Journal of Geophysical Research: Solid Earth, 107 (B12).

PRINDLE K, TANIMOTO T, 2006. Teleseismic surface wave study for S-wave velocity structure under an array: Southern California[J]. Geophysical Journal International, 166 (2):601-621.

PRO C, BUFORN E, CESCA S, et al., 2014. Rupture process of the Lorca (southeast Spain) 11 May 2011 (M_W = 5.1) earthquake[J]. Journal of seismology, 18 (3):481-495.

RANJITH K, RICE J R, 2001. Slip dynamics at an interface between dissimilar materials[J].

Journal of the Mechanics and Physics of Solids,49(2):341-361.

REASENBERG P,OPPENHEIMER D H,1985.FPFIT,FPPLOT and FPPAGE:Fortran computer programs for calculating and displaying earthquake fault-plane solutions [R]. US Geological Survey.

REID H F, 1910. The mechanics of the earthquake [M]. Washington:Carnegie institution of Washington.

RITSEMA J,LAY T,1993.Rapid source mechanism determination of large($M_W \geqslant 5$) earthquakes in the western United States[J].Geophysical research letters,20(15):1611-1614.

RITZWOLLER M H, SHAPIRO N M, LEVSHIN A L, et al., 2003. Ability of a global three-dimensional model to locate regional events[J].Journal of Geophysical Research:Solid Earth, 108(B7).

ROBINSON R,MCGINTY P J,2000.The enigma of the Arthur's Pass,New Zealand,earthquake:2. The aftershock distribution and its relation to regional and induced stress fields[J].Journal of Geophysical Research:Solid Earth,105(B7):16139-16150.

RODGERS A J,SCHWARTZ S Y,1998.Lithospheric structure of the Qiangtang Terrane,northern Tibetan Plateau,from complete regional waveform modeling:Evidence for partial melt [J]. Journal of Geophysical Research,103(B4):7137-7152.

ROECKER S W,SOBOLEVA O V,Nersesov I L,et al.,1980.Seismicity and fault plane solutions of intermediate depth earthquakes in the Pamir-Hindu Kush region[J].Journal of Geophysical Research:Solid Earth,85(B3):1358-1364

ROMANOWICZ B A,1981. Depth resolution of earthquakes in central Asia by moment tensor inversion of long-period Rayleigh waves:Effects of phase velocity variations across Eurasia and their calibration[J].Journal of Geophysical Research:Solid Earth,86(B7):5963-5984.

romanowicz b a,1982.Moment tensor inversion of long period Rayleigh waves:a new approach[J]. Journal of Geophysical Research:Solid Earth,87(B7):5395-5407.

ROMNEY C,1957.Seismic waves from the Dixie Valley-Fairview Peak earthquakes[J].Bulletin of the Seismological Society of America,47(4):301-319.

ROSEN P A,HENSLEY S,JOUGHIN I R,et al.,2000.Synthetic aperture radar interferometry[J]. Proceedings of the IEEE,88(3):333-382.

ROTHMAN D H,1986.Automatic estimation of large residual statics corrections[J].Geophysics,51 (2):332-346.

RUNDLE J B,HILL D P,1988.The geophysics of a restless caldera Long Valley,California[J]. Annual Review of Earth and Planetary Sciences,16(1):251-271.

RYBICKI K,1971.The elastic residual field of a very long strike-slip fault in the presence of a discontinuity[J].Bulletin of the Seismological Society of America,61(1):79-92.

SABRA K G, GERSTOFT P, ROUX P, et al., 2005. Extracting time-domain Green's function estimates from ambient seismic noise[J].Geophysical Research Letters,32(3).

SAIKIA C K, BURDICK L J, 1991. Fine structure of Pnl waves from explosions[J].Journal of Geophysical Research:Solid Earth,96(B9):14383-14401.

SAIKIA C K, HELMBERGER D V, 1997. Approximation of rupture directivity in regional phases using upgoing and downgoing wave fields[J].Bulletin of the Seismological Society of America, 87(4):987-998.

SAIKIA C K, 2000. A method for path calibration using regional and teleseismic broadband seismograms:Application to the 21 May 1997 Jabalpur,India earthquake(M_W 5.8)[J].Current Science-Bangalore,79(9):1301-1315.

SAIKIA C K, 2006. Modeling of the 21 May 1997 Jabalpur earthquake in central India:Source parameters and regional path calibration[J].Bulletin of the Seismological Society of America,96 (4A):1396-1421.

SAIKIA C K, 1994. Modified frequency-wavenumber algorithm for regional seismograms using Filon's quadrature:modelling of Lg waves in eastern North America[J].Geophysical Journal International,118(1):142-158.

SAMBRIDGE M,1999.Geophysical inversion with a neighbourhood algorithm—II.Appraising the ensemble[J].Geophysical Journal International,138(3):727-746.

SATO H, FEHLER M C, MAEDA T, 2012. Seismic wave propagation and scattering in the heterogeneous earth[M].Berlin:Springer.

SATO R,1971.Crustal deformation due to dislocation in a multi-layered medium[J].Journal of Physics of the Earth,19(1):31-46.

SAVAGE B K,HELMBERGER D V,2004.Site response from incident Pnl waves[J].Bulletin of the Seismological Society of America,94(1):357-362.

SAVAGE B K,2004.Regional Seismic wavefield propagation[M].California:California Institute of Technology.

SCHMANDT B,LIN F C,Karlstrom K E,2015.Distinct crustal isostasy trends east and west of the Rocky Mountain Front[J].Geophysical Research Letters,42(23):10290-10298.

SCHOLZ C H, 1990. The mechanics of earthquakes and faulting [M]. Cambridge:Cambridge university press.

SCHOLZ C H, 2002. The mechanics of earthquakes and faulting [M]. Cambridge:Cambridge university press.

SCRIVNER C W,Helmberger D V,1994.Seismic waveform modeling in the Los Angeles Basin[J].

Bulletin of the Seismological Society of America,84(5):1310-1326.

SCRIVNER C W, Helmberger D V, 1999. Variability of ground motions in southern California—Data from the 1995 to 1996 Ridgecrest sequence[J]. Bulletin of the Seismological Society of America,89(3):626-639.

SHAN B,XIONG X,ZHENG Y,et al.,2013.Stress changes on major faults caused by 2013 Lushan earthquake and its relationship with 2008 Wenchuan earthquake[J]. Science China Earth Sciences,56(7):1169-1176.

SHAO G,JI C,HAUKSSON E,2012.Rupture process and energy budget of the 29 July 2008 M_W 5.4 Chino Hills, California, earthquake[J]. Journal of Geophysical Research:Solid Earth,117(B7).

SHAPIRO N M,CAMPILLO M,STEHLY L,et al.,2005.High-resolution surface-wave tomography from ambient seismic noise[J].Science,307(5715):1615-1618.

SHAPIRO N M,CAMPILLO M,2004.Emergence of broadband Rayleigh waves from correlations of the ambient seismic noise[J].Geophysical Research Letters,31(7).

SHEARER P M,1997.Improving local earthquake locations using the L1 norm and waveform cross correlation:Application to the Whittier Narrows, California, aftershock sequence[J].Journal of Geophysical Research:Solid Earth,102(B4):8269-8283.

SHEARER P, HAUKSSON E, LIN G, 2005. Southern California hypocenter relocation with waveform cross-correlation, Part 2:Results using source-specific station terms and cluster analysis[J].Bulletin of the Seismological Society of America,95(3):904-915.

SHEN W, LUO Y, NI S, et al., 2010Resolving near surface S velocity structure in natural earthquake frequency band:A case study in Beijing region[J].Acta Seismologica Sinica,32(2):137-146.

SHIMAZAKI K,NAKATA T,1980.Time-predictable recurrence model for large earthquakes[J]. Geophysical Research Letters,7(4):279-282.

ŠÍLENÝ J,PANZA G F,1991.Inversion of seismograms to determine simultaneously the moment tensor components and source time function for a point source buried in a horizontally layered medium[J].Studia Geophysica et Geodaetica,35(3):166-183.

SILVER P G,JORDAN T H,1983.Total-moment spectra of fourteen large earthquakes[J].Journal of Geophysical Research:Solid Earth,88(B4):3273-3293.

SINGH S J,1970.Static deformation of a multilayered half-space by internal sources[J].Journal of Geophysical Research,75(17):3257-3263.

SMITH K, PECHMANN J, MEREMONTE M, et al., 2011. Preliminary analysis of the M_W 6.0 Wells,Nevada,earthquake sequence[J].Geol.Spec.Publ.,36:127-145.

SOKOLOV V,WALD D J,2002.Instrumental intensity distribution for the Hector Mine,California, and the Chi-Chi, Taiwan, earthquakes: Comparison of two methods [J]. Bulletin of the Seismological Society of America,92(6):2145-2162.

SOKOS E N,ZAHRADNIK J,2008.ISOLA a Fortran code and a Matlab GUI to perform multiple-point source inversion of seismic data[J].Computers & Geosciences,34(8):967-977.

SOMERVILLE P G, SMITH N F, GRAVES R W, et al., 1997. Modification of empirical strong ground motion attenuation relations to include the amplitude and duration effects of rupture directivity[J].Seismological Research Letters,68(1):199-222.

SOMERVILLE P G,2003.Magnitude scaling of the near fault rupture directivity pulse[J].Physics of the earth and planetary interiors,137(1-4):201-212.

SOMERVILLE P G,2000.Seismic hazard evaluation[J].Bulletin of the New Zealand Society for Earthquake Engineering,33(3):371-386.

SOMERVILLE P, COLLINS N, ABRAHAMSON N, et al., 2001. Ground motion attenuation relations for the central and eastern United States[R].Reston:Final Report to the USGS,June, 30:2001.

SONG X J,HELMBERGER D V,ZHAO L,1996.Broad-band modelling of regional seismograms: The basin and range crustal structure[J].Geophysical Journal International,125(1):15-29.

SPENCE W, 1980. Relative epicenter determination using P-wave arrival-time differences [J]. Bulletin of the Seismological Society of America,70(1):171-183.

STÄHLER S C, SIGLOCH K, 2014. Fully probabilistic seismic source inversion-Part 1: Efficient parameterisation[J].Solid Earth,5(2):1055-1069.

STEIN S, WYSESSION M, 2009. An introduction to seismology, earthquakes, and earth structure [M].New York:John Wiley & Sons.

STEKETEE J A, 1958. On Volterra's dislocations in a semi-infinite elastic medium[J]. Canadian Journal of Physics,36(2):192-205.

STIRLING M, MCVERRY G, GERSTENBERGER M, et al., 2012. National seismic hazard model for New Zealand:2010 update[J].Bulletin of the Seismological Society of America, 102(4): 1514-1542.

STRAMONDO S,MORO M,TOLOMEI C,et al.,2005.InSAR surface displacement field and fault modelling for the 2003 Bam earthquake(southeastern Iran)[J].Journal of Geodynamics,40(2-3):347-353.

STRAMONDO S,TESAURO M,BRIOLE P,et al.,1999.The September 26,1997 Colfiorito,Italy, earthquakes:modeled coseismic surface displacement from SAR interferometry and GPS[J]. Geophysical research letters,26(7):883-886.

STRELITZ R A, 1978. Moment tensor inversions and source models[J]. Geophysical Journal International, 52(2):359-364.

STRELITZ R A, 1980. The fate of the downgoing slab: a study of the moment tensors from body waves of complex deep-focus earthquakes[J]. Physics of the Earth and Planetary Interiors, 21 (2-3):83-96.

STUMP B W, JOHNSON L R, 1984. Near-field source characterization of contained nuclear explosions in tuff[J]. Bulletin of the Seismological Society of America, 74(1):1-26.

STUMP B W, JOHNSON L R, 1977. The determination of source properties by the linear inversion of seismograms[J]. Bulletin of the Seismological Society of America, 67(6):1489-1502.

SUN X, HARTZELL S, 2014. Finite-fault slip model of the 2011 M_W 5.6 Prague, Oklahoma earthquake from regional waveforms[J]. Geophysical Research Letters, 41(12):4207-4213.

SYKES L R, 1967. Mechanism of earthquakes and nature of faulting on the mid-oceanic ridges[J]. Journal of Geophysical Research, 72(8):2131-2153.

TAJIMA F, KANAMORI H, 1985. Aftershock area expansion and mechanical heterogeneity of fault zone within subduction zones[J]. Geophysical Research Letters, 12(6):345-348.

TAKEO M, 1987. An inversion method to analyze the rupture processes of earthquakes using near-field seismograms[J]. Bulletin of the Seismological Society of America, 77(2):490-513.

TAKEO M, 1992. The rupture process of the 1989 offshore Ito earthquakes preceding a submarine volcanic eruption[J]. Journal of Geophysical Research: Solid Earth, 97(B5):6613-6627.

TALEBIAN M, BIGGS J, BOLOURCHI M, et al., 2006. The Dahuiyeh(Zarand) earthquake of 2005 February 22 in central Iran: reactivation of an intramountain reverse fault[J]. Geophysical Journal International, 164(1):137-148.

TAN Y, HELMBERGER D V, 2007. A new method for determining small earthquake source parameters using short-period P waves[J]. Bulletin of the Seismological Society of America, 97 (4):1176-1195.

TAN Y, HELMBERGER D V, 2010. Rupture directivity characteristics of the 2003 Big Bear sequence[J]. Bulletin of the Seismological Society of America, 100(3):1089-1106.

TAN Y, ZHU L, HELMBERGER D V, et al., 2006. Locating and modeling regional earthquakes with two stations[J]. Journal of Geophysical Research, 111, B01306.

TAN Y, SONG A, WEI S, et al., 2010. Surface wave path corrections and source inversions in southern California[J]. Bulletin of the Seismological Society of America, 100(6):2891-2904.

TAN Y, 2006. Broadband waveform modeling over a dense seismic network[D]. California: California Institute of Technology.

TAPE C, 2009. Seismic tomography of southern California using adjoint methods[D]. California:

California Institute of Technology.

THIO H K, KANAMORI H, 1995. Moment-tensor inversions for local earthquakes using surface waves recorded at TERRAscope[J]. Bulletin of the Seismological Society of America, 85(4): 1021-1038.

THIO H K, KANAMORI H, 1996. Source complexity of the 1994 Northridge earthquake and its relation to aftershock mechanisms [J]. Bulletin of the Seismological Society of America, 86 (1B): S84-S92.

THOMSON W T, 1950. Transmission of elastic waves through a stratified solid medium[J]. Journal of applied Physics, 21(2): 89-93.

TIAN B, LI Z, LIU S, et al., 2013. High-resolution seismic tomography of the upper crust in the source region of the April 20, 2013 Lushan earthquake and its seismotectonic implications[J]. Earthquake Science, 26(3-4): 213-221.

TSAI V C, NETTLES M, EKSTRÖM G, et al., 2005. Multiple CMT source analysis of the 2004 Sumatra earthquake[J]. Geophysical Research Letters, 32(17).

TSAI Y B, AKI K, 1969. Simultaneous determination of the seismic moment and attenuation of seismic surface waves[J]. Bulletin of the Seismological Society of America, 59(1): 275-287.

UMINO N, HASEGAWA A, MATSUZAWA T, 1995. sP depth phase at small epicentral distances and estimated subducting plate boundary [J]. Geophysical Journal International, 120(2): 356-366.

USKI M, HYVÖNEN T, KORJA A, et al., 2003. Focal mechanisms of three earthquakes in Finland and their relation to surface faults[J]. Tectonophysics, 363(1-2): 141-157.

VELASCO A A, AMMON C J, LAY T, 1994. Empirical green function deconvolution of broadband surface waves: Rupture directivity of the 1992 Landers, California ($M_W = 7.3$), earthquake[J]. Bulletin of the Seismological Society of America, 84(3): 735-750.

VIDALE J E, HELMBERGER D V, 1988. Elastic finite-difference modeling of the 1971 San Fernando, California earthquake[J]. Bulletin of the Seismological Society of America, 78(1): 122-141.

VIDALE J E, HELMBERGER D V, 1987. Path effects in strong motion seismology [J]. Seismic Strong Motion Synthetics: 267-319.

VIDALE J E, HOUSTON H, 1993. The depth dependence of earthquake duration and implications for rupture mechanisms[J]. Nature, 365(6441): 45-47.

VOGFJÖRD K S, LANGSTON C A, 1987. The Meckering earthquake of 14 October 1968: A possible downward propagating rupture[J]. Bulletin of the Seismological Society of America, 77 (5): 1558-1578.

WALD D J,GRAVES R W,2001.Resolution analysis of finite fault source inversion using one-and three-dimensional Green's functions:2. Combining seismic and geodetic data[J]. Journal of Geophysical Research:Solid Earth,106(B5):8767-8788.

WALD D J, HEATON T H, HUDNUT K W, 1996. The slip history of the 1994 Northridge, California,earthquake determined from strong-motion,teleseismic,GPS,and leveling data[J]. Bulletin of the Seismological Society of America,86(1B):S49-S70.

WALD D J, HEATON T H, 1994a. A dislocation model of the 1994 Northridge, California, earthquake determined from strong ground motions[M].Reston:US Geological Survey.

WALD D J,HEATON T H,1994b.Spatial and temporal distribution of slip for the 1992 Landers, California,earthquake[J].Bulletin of the Seismological Society of America,84(3):668-691.

WALD D J,HELMBERGER D V,HEATON T H,1991.Rupture model of the 1989 Loma Prieta earthquake from the inversion of strong-motion and broadband teleseismic data[J].Bulletin of the Seismological Society of America,81(5):1540-1572.

WALDHAUSER F,ELLSWORTH W L,2000.A double-difference earthquake location algorithm: Method and application to the northern Hayward fault, California [J]. Bulletin of the Seismological Society of America,90(6):1353-1368.

WALLACE T C, HELMBERGER D V, 1982. Determining source parameters of moderate-size earthquakes from regional waveforms[J].Physics of the Earth and Planetary Interiors,30(2-3): 185-196.

WALTER W R,1993.Source Parameters of the June 29,1992 Little Skull Mountain Earthquake from Complete Regional Wave-Forms at a Single Station[J].Geophysical Research Letters,20 (5):403-406.

WANG C Y,HERRMANN R B,1980.A numerical study of P-,SV-,and SH-wave generation in a plane layered medium[J].Bulletin of the Seismological Society of America,70(4):1015-1036.

WANG D,MORI J,KOKETSU K,2016.Fast rupture propagation for large strike-slip earthquakes [J].Earth and Planetary Science Letters,440:115-126.

WANG E,RUBIN A M,2011.Rupture directivity of microearthquakes on the San Andreas Fault from spectral ratio inversion[J].Geophysical Journal International,186(2):852-866.

WANG R,MARTÌN F L,ROTH F,2003.Computation of deformation induced by earthquakes in a multi-layered elastic crust—FORTRAN programs EDGRN/EDCMP [J]. Computers & Geosciences,29(2):195-207.

WANG S,XU Z,PEI S,2003.Velocity structure of uppermost mantle beneath North China from Pn tomography and its implications[J].Science in China Series D:Earth Sciences,46:130-140.

WANG Y,2001.Heat flow pattern and lateral variations of lithosphere strength in China mainland:

constraints on active deformation[J].Physics of the Earth and Planetary Interiors,126(3-4):
121-146.

WARD S N, BARRIENTOS S E, 1986. An inversion for slip distribution and fault shape from
geodetic observations of the 1983, Borah Peak, Idaho, earthquake [J]. Journal of Geophysical
Research:Solid Earth,91(B5):4909-4919.

WARD S N, 1980a. A technique for the recovery of the seismic moment tensor applied to the
Oaxaca, Mexico earthquake of November 1978 [J]. Bulletin of the Seismological Society of
America,70(3):717-734.

WARD S N, 1980b.Body wave calculations using moment tensor sources in spherically symmetric,
inhomogeneous media[J].Geophysical Journal International,60(1):53-66.

WEI S, BARBOT S, GRAVES R, et al., 2015. The 2014 M_W 6. 1 South Napa earthquake: A
unilateral rupture with shallow asperity and rapid afterslip[J].Seismological Research Letters,
86(2A):344-354.

WEI S,HELMBERGER D,OWEN S,et al.,2013.Complementary slip distributions of the largest
earthquakes in the 2012 Brawley swarm, Imperial Valley, California[J]. Geophysical Research
Letters,40(5):847-852.

WEI S, NI S, ZHA X, et al., 2011. Source model of the 11th July 2004 Zhongba earthquake
revealed from the joint inversion of InSAR and seismological data[J].Earthquake Science,24
(2):207-220.

WEI S, ZHAN Z, TAN Y, et al., 2012. Locating earthquakes with surface waves and centroid
moment tensor estimation[J].Journal of Geophysical Research:Solid Earth,117(B4).

WELLS D L, COPPERSMITH K J, 1994. New empirical relationships among magnitude, rupture
length,rupture width,rupture area,and surface displacement[J]. Bulletin of the seismological
Society of America,84(4):974-1002.

WESTON J, FERREIRA A M G, FUNNING G J, 2011. Global compilation of interferometric
synthetic aperture radar earthquake source models:1.Comparisons with seismic catalogs[J].
Journal of Geophysical Research:Solid Earth,116(B8).

WOODHOUSE J H, DZIEWONSKI A M, 1984. Mapping the upper mantle:Three-dimensional
modeling of Earth structure by inversion of seismic waveforms [J]. Journal of Geophysical
Research:Solid Earth,89(B7):5953-5986.

WORDEN C B,WALD D,2016.ShakeMap Manual Release 2.0[R].

WU W, NI S, ZHAN Z, 2018. A three-dimensional hybrid method for modeling teleseismic body
waves with complicated source-side structure [J]. Geophyical journal international, 215 (1):
133-154.

XIE J,ZENG X,CHEN W,et al.,2011.Comparison of ground truth location of earthquake from InSAR and from ambient seismic noise:A case study of the 1998 Zhangbei earthquake[J]. Earthquake science,24(2):239-247.

XU C,DING K,CAI J,et al.,2009.Methods of determining weight scaling factors for geodetic-geophysical joint inversion[J].Journal of Geodynamics,47(1):39-46.

XU J,ZHANG H,CHEN X,2015a.Rupture phase diagrams for a planar fault in 3-D full-space and half-space[J].Geophysical Journal International,202(3):2194-2206.

XU X,XU C,YU G,et al.,2015b.Primary surface ruptures of the Ludian M_W 6.2 earthquake, southeastern Tibetan plateau,China[J].Seismological Research Letters,86(6):1622-1635.

XU X W,WEN X Z,HAN Z J,et al.,2013.Lushan M_S 7.0 earthquake:a blind reserve-fault event [J].Chinese Science Bulletin,58(28-29):3437-3443.

XU X,WEN X,ZHENG R,et al.,2003.Pattern of latest tectonic motion and its dynamics for active blocks in Sichuan-Yunnan region,China[J].Science in China Series D:Earth Sciences,46: 210-226.

XU Y,KOPER K D,SUFRI O,et al.,2009.Rupture imaging of the M_W 7.9 12 May 2008 Wenchuan earthquake from back projection of teleseismic P waves[J].Geochemistry, Geophysics,Geosystems,10(4).

YAGI Y,KIKUCHI M,2000.Source rupture process of the Kocaeli,Turkey,earthquake of August 17,1999,obtained by joint inversion of near-field data and teleseismic data[J].Geophysical Research Letters,27(13):1969-1972.

YANG H,ZHU L,CHU R,2009.Fault-plane determination of the 18 April 2008 Mount Carmel, Illinois,earthquake by detecting and relocating aftershocks[J].Bulletin of the Seismological Society of America,99(6):3413-3420.

YANG Y,RITZWOLLER M H,LEVSHIN A L,et al.,2007.Ambient noise Rayleigh wave tomography across Europe[J].Geophysical Journal International,168(1):259-274.

YANG Y,RITZWOLLER M H,2008.Characteristics of ambient seismic noise as a source for surface wave tomography[J].Geochemistry,Geophysics,Geosystems,9(2).

YAO H,SHEARER P M,GERSTOFT P,2012.Subevent location and rupture imaging using iterative backprojection for the 2011 Tohoku M_W 9.0 earthquake[J].Geophysical Journal International,190(2):1152-1168.

YAO H,VAN DER HILST R D,DE HOOP M V,2006.Surface-wave array tomography in SE Tibet from ambient seismic noise and two-station analysis—I.Phase velocity maps[J].Geophysical Journal International,166(2):732-744.

YAO Z X,HARKRIDER D G,1983.A generalized reflection-transmission coefficient matrix and discrete wavenumber method for synthetic seismograms[J].Bulletin of the Seismological Society of America,73(6A):1685-1699.

YE L,LAY T,KANAMORI H,2013.Large earthquake rupture process variations on the Middle America megathrust[J].Earth and Planetary Science Letters,381:147-155.

YEATS R S,SIEH K E,ALLEN C R,et al.,1997.The geology of earthquakes[M].New York: Oxford university press.

YOMOGIDA K,1994.Detection of anomalous seismic phases by the wavelet transform[J]. Geophysical Journal International,116(1):119-130.

ZENG X,XIE J,NI S,2015.Ground Truth Location of Earthquakes by Use of Ambient Seismic Noise From a Sparse Seismic Network:A Case Study in Western Australia[J].Pure and Applied Geophysics,172(6):1397-1407.

ZENG Y,ANDERSON J G,1996.A composite source model of the 1994 Northridge earthquake using genetic algorithms[J].Bulletin of the Seismological Society of America,86(1B):S71-S83.

ZHA X,FU R,DAI Z,et al.,2009.Applying InSAR technique to accurately relocate the epicentre for the 1999 M_S = 5.6 Kuqa earthquake in Xinjiang province,China[J].Geophysical Journal International,176(1):107-112.

ZHAN Z,HELMBERGER D V,KANAMORI H,et al.,2014.Supershear rupture in a M_W 6.7 aftershock of the 2013 Sea of Okhotsk earthquake[J].Science,345(6193):204-207.

ZHAN Z,HELMBERGER D V,SIMONS M,et al.,2012.Anomalously steep dips of earthquakes in the 2011 Tohoku-Oki source region and possible explanations[J].Earth and Planetary Science Letters,353:121-133.

ZHAN Z,WEI S,NI S,et al.,2011.Earthquake centroid locations using calibration from ambient seismic noise[J].Bulletin of the Seismological Society of America,101(3):1438-1445.

ZHANG H M,CHEN X F,CHANG S,2003.An efficient numerical method for computing synthetic seismograms for a layered half-space with sources and receivers at close or same depths[J].Pure and Applied Geophysics,160(3-4):467-486.

ZHANG J,ZHANG H,CHEN E,et al.,2014.Real-time earthquake monitoring using a search engine method[J].Nature communications,5(1):5664.

ZHANG W,ZHANG Z,CHEN X,2012.Three-dimensional elastic wave numerical modelling in the presence of surface topography by a collocated-grid finite-difference method on curvilinear grids [J].Geophysical Journal International,190(1):358-378.

ZHANG X,2005.The general statement on shear wave velocity structure research methods[J]. Progress in Geophysics,20(1):135-141.

ZHAO L S,HELMBERGER D V,1991.Geophysical Implications from Relocations of Tibetan

Earthquakes - Hot Lithosphere[J].Geophysical Research Letters,18(12):2205-2208.

ZHAO L S,HELMBERGER D V,1994.Source estimation from broadband regional seismograms [J].Bulletin of the Seismological Society of America,84(1):91-104.

ZHAO L S,HELMBERGER D V,1993.Source retrieval from broadband regional seismograms: Hindu Kush region[J].Physics of the earth and planetary interiors,78(1-2):69-95.

ZHAO L,JORDAN T H,CHAPMAN C H,2000.Three-dimensional Fréchet differential kernels for seismicdelay times[J].Geophysical Journal International,141(3):558-576.

ZHAO L,LUO Y,LIU T Y,et al.,2013.Earthquake focal mechanisms in Yunnan and their inference on the regional stress field[J].Bulletin of the Seismological Society of America,103 (4):2498-2507.

ZHENG S H,1983.Seismic moment tensor inversion of earthquakes in and near the Tibetan plateau and their tectonic implications[D].Sentai:Tohoku University.

ZHENG Y,LI J,XIE Z,et al.,2012.5 Hz GPS seismology of the El Mayor—Cucapah earthquake: estimating the earthquake focal mechanism[J].Geophysical Journal International,190(3): 1723-1732.

ZHU L P,HELMBERGER D V,SAIKIA C K,et al.,1997.Regional waveform calibration in the Pamir-Hindu Kush region[J].Journal of Geophysical Research:Solid Earth,102(B10): 22799-22813.

ZHU L P,HELMBERGER D V,1996a.Advancement in source estimation techniques using broadband regional seismograms[J].Bulletin of the Seismological Society of America,86(5): 1634-1641.

ZHU L P,HELMBERGER D V,1996b.Intermediate depth earthquakes beneath the India-Tibet collision zone[J].Geophysical Research Letters,23(5):435-438.

ZHU L P,KANAMORI H,2000.Moho depth variation in southern California from teleseismic receiver functions[J].Journal of Geophysical Research:Solid Earth,105(B2):2969-2980.

ZHU L P,RIVERA L A,2002.A note on the dynamic and static displacements from a point source in multilayered media[J].Geophysical Journal International,148(3):619-627.

ZHU L P,TAN Y,HELMBERGER D V,et al.,2006.Calibration of the Tibetan Plateau using regional seismic waveforms[J].Pure and Applied Geophysics,163(7):1193-1213.

ZHU L P,ZHOU X F,2016.Seismic moment tensor inversion using 3D velocity model and its application to the 2013 Lushan earthquake sequence[J].Physics and Chemistry of the Earth, Parts A/B/C,95:10-18.

ZHU L,BEN-ZION Y,2013.Parametrization of general seismic potency and moment tensors for source inversion of seismic waveform data[J].Geophysical Journal International,194(2):

839-843.

ZHUANG Z,TENG T L,CHAO C H,1984.Error analysis and damping factor estimation for grid dispersion inversion in surface wave study[J].Eos Trans Am Geophys Un,65:S52b-12.

ZWICK P,MCCAFFREY R,ABERS G,1994.MT5 program[R].IASPEI software library,4.